EXAMEN

PHYSICO-CHIMIQUE

DES PRINCIPES

DE L'AIR ET DU FEU;

O U

LETTRES

A Mme. la M^{ise}. de P*. M**.

SUR LA CHALEUR DU GLOBE,

PAR M. LESEMELIER.

SECONDE PARTIE.

Mundum tradidit disputationibus eorum.

A AMSTERDAM;

Et se trouve

A PARIS,

Chez { P. F. DIDOT jeune, Imprimeur, quai des Augustins,
P. THÉOPHILE BARROIS jeune, Lib. rue du Hurepoix.
CROULLEBOIS, Libraire, rue des Mathurins.

M. DCC. LXXXVIII.

ERRATA

DE LA SECONDE PARTIE.

Page 459, ligne 6, qui lui eſt proore, *liſez*, qui lui eſt propre.

Pag. 459, lig. 20, il eſt à croire de là que, *liſez*, il eſt à croire que.

Pag. 462, lig. 1, quil nous ſuffie, *liſez*, qu'il nous ſuffiſe.

Pag. 469, lig. 16, repréſentante, *liſez*, repréſentant.

Pag. 471, lig. 16, phoſporiques, *liſez*, phoſphoriques.

Pag. 472, lig. 9, & nous ne la regarderions pas comme, *liſez*, nous ne la regarderions pas moins comme.

Pag. 474, lig. 20, d'ailleurs, s'ils ont, *liſez*, d'ailleurs, que s'ils ont.

Pag. 475, lig. 6, dont on pourroit, s'ils nous étoient connus, tirer, *liſez*, dont on pourroit tirer, s'ils nous étoient connus.

Pag. 475, lig. 12, de l'art, *liſez*, de l'art;

Pag. 477, lig. 8, j'appreds, *liſez*, j'apprends.

Pag. 506, lig. 27, le mème eſpace ſeulement donné, *liſez*, le mème eſpace donné.

Pag. 526, lig. 7, pour $\frac{6}{17}$ ſeulement, *liſez* pour $\frac{7}{17}$ ſeulement.

Pag. 547, lig. 18, de part & d'autres, *liſez*, de part & d'autre.

Pag. 554, lig. 22, & de la chaleur, ne font, *liſez*, & de la chaleur ne font.

Pag. 554, lig. 27, plus facile, qu'elles, *liſez*, plus facile qu'elles.

Pag. 557, lig. 19, n'a pour, *liſez*, n'a, pour.

Pag. 569, lig. 25, ſoit augmentée, *liſez*, fut augmentée.

Pag. 592, lig. 9, avec l'autre & l'un, *lisez*, avec l'un & l'autre.

Pag. 597, lig. 5, que nous expliquons, fert, *lisez*, que nous expliquons fert.

Ibid. lig. 22, (& il en eft de même de tout autre principe avec les parties qui lui font congénérés), *lisez*, (& il en eft de même de tout autre principe,) avec les parties qui lui font congénères.

Pag. 606, lig. 6, couleurs élémentaires génératrices, *lisez*, couleurs élémentaires & génératrices.

Pag. 607, lig. 11, celle, *lisez*, celles.

Pag. 621, lig. 16, les abforbe, *lisez*, les abforber.

Pag. 637, lig. 12, loboratoires, *lisez*, laboratoires.

Pag. 647, lig. 12, privation, *lisez*, privation ;

Pag. 647, lig. 14, fanctification . elle, *lisez*, fanctification , elle

Pag. 649, lig. 19, occupés, *lisez*, occupées.

Pag. 650, lig. 15, en confomme le plus, *lisez*, qui en confomme le plus.

Pag. 658, lig. 5, qu'elle foumette, *lisez*, qu'elle foumit.

Pag 658, lig. 6, qu'elle les paffe paffer, *lisez*, qu'elle les fit paffer.

Pag. 658, lig. 7, & qu'elle commence, *lisez*, & qu'elle commençât.

Pag. 665, lig. 24, dans ce cas là, toujours, *lisez*, dans ce cas là toujours.

Pag. 672, lig. 26, de l'élever, *lisez*, de s'élever.

Pag. 674, lig. 5, plus d'élan, *lisez*, plus d'élans.

Pag. 676, lig. 30, de con... dans lequel ils femblent... *lisez*, de concrétion, état dans lequel ils femblent s'anéantir.

Pag. 683, lig. 25, a éprouvées, *lisez*, a éprouvé.

Pag. 718, lig. 11, de ces pierres, *lisez*, de fes pierres.

Pag. 748, lig. 11, fufceptibles, *lisez*, fufceptible.

Pag. 765, lig. 24, l'one, *lisez*, l'on.

Pag. 765 , lig. 26 , ft , *lifez* , eft.

Pag. 766 , lig. 16 , & fucceffivement féduit , *lifez* , & fucceffivement. Séduit.

Pag. 787 , lig. 22 , at donc , *lifez* , a-t-il donc.

Pag. 810 , lig. 22 , pourtant , *lifez* , partout.

TABLE DES MATIÈRES

CONTENUES

DANS CETTE SECONDE PARTIE.

Fin de la Table des Matières.

EXAMEN
PHYSICO-CHIMIQUE
DES PRINCIPES
DE L'AIR ET DU FEU.

LETTRE QUATRIÈME (1).

De l'Électricité & du Magnétisme.

LES pas que nous avons faits dans la carrière que nous parcourons, les poftes que nous avons pris, les faits que nous avons débrouillés, les

---

(1) Je n'avois jamais compté que cet ouvrage dût comporter plus d'un volume; & j'allois toujours, non fans m'apercevoir de l'extenfion qu'il prenoit peu à peu,

réſultats , en un mot, que nous avons obtenus par la diſcuſſion des matières qui précèdent , tout cela forme des données qui nous mettent en avance , & nous laiſſent d'autant moins à dire ſur les objets qui ſe préſentent enſuite ; il ne reſte , en quelque ſorte , que des applications à faire à leur égard ; & telle eſt, quant à l'électricité & au magnétiſme , la poſition où nous ſommes. En effet, ſi nous nous rappelons tout ce que nous avons dit en parlant des matières de la lu-mière & de la chaleur, 1°. ſur leur énergie, leur ténuité, leur volatilité & leur expanſibilité ; 2°. ſur les traits qui les caractériſent & les diſtinguent l'une de l'autre ; 3°. ſur les différens états que ces deux matières ſont ſuſceptibles de prendre ; & qu'à cela nous joignions le tableau comparé des faits dus à l'électricité & au magnétiſme ; le tout bien conſidéré , dans ces matières à l'inſtant nous reconnoîtrons, vu les rapports qui exiſtent entre-elles, & les effets dont nous parlons , nous recon-noîtrons, dis-je , & la cauſe qui les produit , &

---

mais ſans ſonger à la groſſeur démeſurée que ce volume pourroit avoir à la fin ; ce n'eſt qu'alors , & en voyant le tout réuni ſous mes yeux, que j'ai ſenti la néceſſité de le diviſer en deux, pour le rendre ſupportable au lecteur. Les choſes n'ayant pas été diſpoſées pour cela , cette coupure n'étoit pas facile ; & ce n'eſt qu'ici, où ſe termine tout ce qui regarde le Feu , qu'elle a pu ſe faire , au moyen de quelques changemens, & en convertiſſant en lettres particulières , ce qui n'étoit avant que des appendices & des ſections de celle qui précède.

les sources d'où découlent séparément les fluides
électrique & magnétique auxquels on les attribue ; & nous n'aurons encore ici nulle peine à
nous convaincre que c'est d'elles, & à leurs dépens, que se composent l'un & l'autre de ces
fluides : il faut dès-lors, & tout d'ailleurs nous
invite à le croire, il faut, dis-je, qu'outre l'état
fixe & concret qu'elles prennent dans les corps,
les matières de la lumière & de la chaleur se
tiennent, pour constituer ces fluides, sous une
autre forme encore dans la nature, & qu'elles
y soient , chacune à part, hors des corps ou dans
les corps, & n'importe à quelle cause elles le
doivent, soit aux émanations solaires, soit à la chaleur du globe, dans un état actuel d'expansion
& de fluidité ; au moins faut-il, supposé que les
choses ne soient pas exactement comme nous les
annonçons, & dussent ces matières ne point exister
séparément dans la nature, au moins, dis-je, faut-
il qu'elles soient, dans les combinaisons où elles se
trouvent, si près de la fluidité & de l'expansion ,
qu'elles puissent , au moindre ébranlement, &
par le moyen du plus foible levier, se dégager
à l'instant, pour représenter celui des fluides énoncés qu'on cherche à mettre en scène ; l'on doit
d'autant moins se refuser à cette hypothèse, que
l'état de consistance & de fixité qu'obtiennent ces
matières en s'introduisant dans les corps, n'est
point par lui-même un état nécessaire , ni exclusif,
mais seulement un état précaire , état qui n'est

dû qu'à l'agrégation de leurs parties , & dont
elles peuvent fortir inceffamment, ou par le frottement, ou par le moyen du feu : ici le levier
fe mefure fur la fixité que ces matières pourroient avoir prifes, & il fert à fon tour à en mar-
quer le degré : de-là naît toute la différence que
préfentent entr'elles leurs parties difperfées & confondues par-tout ; elle ne gît que dans l'état &
la forme ; ces parties d'ailleurs font, nonobftant
la fixité ou la volatilité qui les diftingue , les
mêmes quant au fond ; auffi n'eft-il, pour les ramener de toutes parts au même état , à leur état
primitif, befoin que d'augmenter plus ou moins
la force du véhicule qu'on y emploie. Enfin ,
comme de tous les mixtes où ces matières fe
trouvent, l'air eft, par fa nature, le plus facile à
décompofer , & qu'elles peuvent , à l'aide du plus
foible véhicule, s'en dégager aifément, c'eft de
l'air auffi, c'eft de ce fluide mixte où elles font
d'avance dans la plus grande divifion, & finon
en expanfion, au moins dans un état actuel de
fluidité, qu'elles fe tirent le plus communément
pour former les fluides électrique & magnétique
dont il s'agit ici ; mais quoique ces fluides particuliers puiffent, de l'air, s'extraire l'un & l'autre,
& qu'ils foient , par leur pofition dans ce fluide
compofé, toujours prêts à s'en détacher, aucun
d'eux néanmoins ne s'en fépare qu'en conféquence des moyens qu'on y emploie, des amorces
qu'on leur préfente , & des rapports qu'ont avec

ces amorces les matières qui les conftituent.

Cela pofé, fi nous examinons féparément chacun de ces fluides, nous verrons d'abord, quant au fluide électrique, que cette matière ténue & fubtile qui, en s'échappant des corps, fe rend fenfible au tact, qui paffe à travers les corps les plus imperméables, qui eft odorante, lumineufe, qui brûle & s'enflamme, qui parcourt les airs, & fait jaillir le feu du fein des eaux, qui tranfmet enfin fes mouvemens avec une vîteffe à qui rien n'eft comparable, nous verrons, je le répète, que cette matière qui fait ici l'objet de nos récréations philofophiques, & dont ailleurs fe compofent la foudre & les éclairs, n'eft & ne peut, vu toutes ces circonftances, être autre que la matière même de la lumière, extraite tant des corps que de l'air, & mife en expanfion par quelque moyen; & dans le fait, il n'eft qu'elle dans la nature qui puiffe, en fe développant, répondre par elle-même aux effets que nous venons d'énoncer : en l'excluant d'ici, tout refte dans l'obfcurité ; en l'adoptant, au contraire, pour la matière conftitutive du fluide électrique, tout s'éclaircit, tout s'explique à l'inftant, & l'effet fe trouve en rapport avec la caufe que nous lui donnons ; il fe déduit tout naturellement des propriétés connues de la matière de la lumière, de cet élément actif qui fe trouve, ainfi que dans l'air, généralement répandu dans tous les corps folides. L'expanfibilité de cette matière, la promptitude avec laquelle elle prend l'effor, la force étonnante qu'elle déploie lorsqu'elle fe dilate, fa ténuité, fon imflammabilité, la rapidité de fa marche, &, pour tout dire, une certaine affinité établie en raifon des mêmes données entre toutes fes parties : tels font, d'une part, les moyens qui nous fervent de l'autre à expliquer les faits produits par le fluide électrique, & nous aident à concevoir comment les parties ébranlées de ce fluide peuvent auffi rapidement tranfmettre de l'une à l'autre, & jufqu'à des diftances affez éloignées, l'impulfion qui leur eft donnée ; comment les unes vont cherchant dans les corps les parties éparfes qui leur reffemblent, pour les amener au même état ; comment enfin celles-ci peuvent, étant à peine touchées, s'émouvoir au même inftant, & fe mettre en équilibre avec les autres. L'on peut en dire autant des autres faits électriques ; ils cefferont tous de nous paroître auffi extraordinaires & auffi incompréhenfibles, dès que nous ne verrons plus en eux que des effets réfultans de l'énergie & des propriétés de la matière lumineufe ; il ne fera même plus étonnant, alors que cette matière fera regardée comme ne faifant qu'une avec la matière électrique, de trouver cette dernière généralement répandue dans les corps, & notamment dans les fubftances métalliques où elle exifte en quantité, puifque là, comme ailleurs, elle ne repréfente qu'un des élémens même qui conftituent ces fubftances ; & cela confirme encore ce que nous

avons

avons dit précédemment à leur égard. Ce n'eſt donc qu'autant qu'ils admettent le phlogiſtique, ou la matière inflammable dans leur compoſition, que les corps peuvent contribuer, & participer de manière ou d'autre aux effets de l'électricité, les uns, en fourniſſant d'eux-mêmes le principe qui les produit, & les autres, en l'attirant à eux. Otez le phlogiſtique de l'air, vous n'en verrez plus ſortir ni l'éclair, ni la foudre; & de même ſans lui l'on ne verroit d'aucun corps ſortir l'é-tincelle électrique : toutesfois, quoiqu'il ne ſoit dû qu'à la préſence de ce principe, l'effet élec-trique paroît moins dépendre de ſa quantité que de l'état même où il ſe trouve dans les corps; & c'eſt de cet état, autrement du degré de volatilité ou de fixité qu'il peut y avoir, & de la conſiſtance même qu'ont les corps, que pro-viennent les différences que l'on remarque tant dans la manière dont s'exprime l'effet électrique, que dans celle dont les corps l'éprouvent & y participent : ainſi, de ce que quelques ſubſtan-ces, telles que le ſoufre, la cire, les réſines, la ſoie, &c. ſeroient, ou parce qu'elles refuſent d'ad-mettre en elles le fluide électrique, ou parce qu'elles le retiennent, moins propres pour le tranſmettre à d'autres, l'on ne doit pas croire pour cela qu'elles doivent cet état négatif à l'ab-ſence, ou à la rareté du principe dont ce fluide ſe compoſe : non, celles que nous avons dénommées en ſont au contraire abondamment pourvues ; &

F f

ſi elles n'ont point cette vertu communicative dont beaucoup d'autres ſont partagées, cela vient uniquement, ou de ce que le principe électrique qu'elles contiennent ne s'y trouve pas dans l'état qu'il convient, ce qui l'empêche de répondre à la commotion qui lui eſt donnée ; ou de ce que ces ſubſtances elles-mêmes n'ont point dans leur conſiſtance la denſité requiſe pour cet effet, au moyen de quoi le fluide qui peut s'y introduire s'y égare, s'y perd, & s'y arrête ſans paſſer outre ; auſſi ces mêmes ſubſtances que l'on regarde comme non électriques, & qui ſont par cette raiſon reduites à ſervir de ſupport dans les expériences, y pourroient-elles, comme d'autres, faire l'office de conducteurs, ſi elles avoient plus de dureté, plus de denſité, ou du moins, comme l'obſerve M. *Marat*, un volume qui pût y ſuppléer.

En général les corps mols, qu'ils ſoient ou non pourvus du principe inflammable, ſont, à cauſe de leur conſiſtance, peu propres à l'électricité ; il s'en faut du moins qu'ils aient à cet égard autant d'avantages que les corps durs ; ils ne ſont pas également faits pour donner, recevoir & propager la commotion électrique, & la raiſon en eſt toute ſimple : l'effet que produit le fluide électrique, alors qu'il s'échappe des corps où il ſe contient, n'eſt jamais, quel qu'il ſoit, qu'un effet relatif aux efforts que ce fluide eſt obligé de faire pour s'en dégager, & pour vaincre les obſtacles

qui s'y oppofent (1) : or, fi d'un côté cet effet
s'augmente en raifon de la réfiftance que le fluide

---

(1) Nous fommes, d'après cela, très-éloignés de penfer
que le fluide électrique n'ait, comme l'annonce M. *Marat*,
aucune élafticité ; & nous le penfons d'autant moins que la
matière qu'il repréfente, ou que nous croyons qu'il repréfente, eft, felon nous, comme le plus expanfible, l'é-
lément le plus actif de la nature, & conféquemment le plus
élaftique : c'eft à cela même que nous attribuons fon ener-
gie. En n'envifageant d'ailleurs que le fluide dont nous
parlons, comment fe pourroit-il qu'il fût expanfible s'il
n'étoit compreffible, & compreffible, s'il n'étoit élaftique ?
Comment ce même fluide, s'il n'avoit cette qualité effen-
tielle, feroit-il fufceptible d'autant d'effet ? Plus on y
penfe, moins on le conçoit : il fe pourroit cependant que
M. *Marat* eût, même en fe trompant, quelque efpèce de
raifon ; & l'on fent qu'il a pu croire le fluide électrique fans
élafticité, s'il n'a confidéré ce fluide que dans fon expanfion, & lorfque fon reffort étoit abfolument détendu ;
alors il n'a vu que fon action, & non le moyen qui le fait
agir, & qui ceffe de fe manifefter dès qu'il a rempli fa
fonction. Je n'apperçois point dans une boule qui roule
le mobile qui l'a pouffée ; ce n'eft donc point lorfque l'expanfion eft complette, mais, s'il fe peut, avant qu'elle commence, & fur-tout lorfqu'elle commence, qu'il faut obferver le fluide électrique pour juger de fon élafticité ;
l'on ne peut dans le fait connoître la qualité d'un fluide,
ou d'un principe quelconque, qu'on n'ait auparavant obfervé ce fluide ou ce principe dans l'action, & dans le repos, & généralement dans tous les états où il peut être ;
fi l'air n'avoit jamais été confidéré que dans fa dilatation,
on lui auroit peut-être refufé l'élafticité comme M. *Marat*
la refufe au fluide électrique.

électrique éprouve de la part des corps durs par le rapprochement extrême de leurs parties, il eſt cenſé qu'il doit de l'autre s'affoiblir, & ſe reduire à rien, ou preſque à rien dans les corps mols, en conséquence de la grande facilité qu'a ce même fluide, alors qu'il ſe développe, de s'en dégager de toutes parts, ſoit par les iſſues qui lui ſont ouvertes, ſoit par celles qu'il peut ſe pratiquer lui-même, en écartant un peu les parties mobiles & obéiſſantes de ces corps ; il n'a de la ſorte aucun beſoin de déployer ſes forces, ou s'il les déploie, il les épuiſe ſans effet dans l'eſpace qui lui eſt donné.

Il eſt enfin à remarquer ici que le fluide électrique, quoiqu'il ait pour s'exalter preſque toujours beſoin d'être provoqué par le frottement, & qu'ainſi la chaleur paroiſſe en quelque ſorte néceſſaire à ſon développement, il eſt, dis-je, à remarquer que ce fluide a malgré cela moins d'effet par la chaleur que par le froid, & cela n'eſt pas étonnant ; en le dilatant, la chaleur le diſperſe & le diſſipe, tandis que le froid le reſſient & le raſſemble en un point. L'air d'ailleurs aux dépens duquel ce fluide, comme nous l'avons vu, ſe compoſe en grande partie, doit, lorſqu'il eſt condenſé par le froid, lui fournir, comme étant plus rapproché, comme ayant plus de parties réunies dans le même eſpace, une plus grande quantité de matière, que lorſqu'il eſt raréfié par la chaleur ; & de là vient qu'une tem-

pérature froide eſt beaucoup plus qu'une température chaude favorable aux effets que l'on attend de l'électricité.

Je ne m'étendrai pas davantage ſur cet objet,
je ne voulois ici que vous faire connoître quelle
eſt au vrai la matière unique ou principale dont
ſe compoſe le fluide électrique, & mon but eſt
rempli. Je vous ai montré que cette matière, quoiqu'elle ne s'annonce pas toujours ſous des traits
lumineux, n'eſt cependant autre que le phlogiſtique ou la matière de la lumière, extraite tant des
corps que de l'air où elle ſe trouve répandue. Je
vous ai fait voir que ſes effets ſe déduiſent tout
naturellement des propriétés connues de cette
matière, & ſont toujours en rapport avec les états
où elle ſe trouve, & le degré d'expanſion qu'elle
peut avoir reçue ; nous n'enviſageons dès-lors
l'étincelle électrique, que comme un extrait rapproché de cette matière miſe en action, & portée
par ſon inflammation au plus haut degré d'expanſion ; il en eſt de même de la foudre, elle ne
doit de ſon côté être regardée que comme une
maſſe plus conſidérable de cette matière enflam-
mée ; elle ſe forme des parties de ce principe
exiſtantes dans les nuages qui ſe briſent l'un contre
l'autre, & ſon effet répond à la quantité des parties qui ſe réuniſſent pour la former. Quant aux
autres faits dépendans de l'électricité, il paroît
aſſez inutile d'entrer à leur égard dans des détails
qui ne finiroient pas : tout ce que je puis dire

en général, & après m'en être convaincu, c'est qu'il n'est, en admettant le principe ci-dessus, aucun fait électrique qui ne puisse, moyennant cette donnée, trouver ici sa solution.

Les avantages que nous procure cette hypothèse ne se bornent pas là ; le jour qu'elle répand sur le fluide électrique va se réfléchissant jusques sur le fluide magnétique ; & la main qui nous montre quelle est la matière dont le premier de ces fluides se compose, semble nous indiquer en même temps quelle peut-être celle dont l'autre se forme à son tour : l'on sent déja que cette matière ne peut, vu la différence que ces fluides nous présentent & dans leur caractère & dans leurs effets, l'on sent, dis-je, que cette matière ne peut être la même dans les deux ; & comme nous n'avons ici à opter qu'entre les matières de la lumière & de la chaleur, le choix que nous avons fait de l'une pour le fluide électrique, détermine celui qui nous reste à faire pour le fluide magnétique ; ainsi, nous nous conduisons par le même fil à la source différente de ces deux fluides. En rapprochant donc sous le même point de vue, & ce que nous avons dit ailleurs des propriétés de la matière de la chaleur, & ce que nous pouvons connoître des qualités distinctives du fluide magnétique (1), nous verrons que ce fluide, qui

----

(1) Je crois devoir mettre ici sous les yeux du lecteur ce qu'en dit M. Marat dans ses recherches sur l'Electricité.

n'eſt acceſſible à aucun de nos ſens, qui ne ſe communique qu'à certains corps, & n'agit ſur eux qu'à des diſtances aſſez bornées, qui diffèrent en

---

Quoiqu'on ait, dit-il, fait du fluide électrique le vrai principe de la chaleur, on rapporte aſſez généralement à la même cauſe le magnétiſme & l'électricité. Par quelle bizarre inconſéquence ? car le magnétiſme & le feu n'offrent pas un ſeul phénomène commun.

Dans ce ſyſtême un aimant naturel n'eſt qu'une pyrite martiale ſaturée de fluide électrique ; néanmoins, à la toucher au doigt, on n'éprouve aucune de ces ſenſations que produit le contact d'un corps foiblement ou fortement électriſé : ainſi, en admettant que le magnétiſme dépende d'un fluide, comme cela eſt indubitable, ces fluides ne ſont certainement pas homogènes.

Pour peu qu'on examine avec ſoin leur nature, ils ne paroiſſent avoir en commun d'autres propriétés qu'une force attractive réelle, & une force répulſive apparente ; encore la répulſive eſt-elle un phénomène beaucoup moins durable dans le magnétiſme que dans l'électricité.

S'ils ont ſi peu d'analogie dans leurs attributs, quelle différence dans leur manière d'agir !

Le fluide électrique tombe ſous les ſens ; le fluide magnétique leur échappe.

L'électricité ſe communique à tous les corps, le magnétiſme ne ſe communique qu'au fer & à l'acier.

Le magnétiſme ſe développe dans ces corps par frottement, percuſſion, ou torſion ; l'électricité ne peut s'y développer d'aucune manière, à moins qu'ils ne ſoient iſolés.

Le magnétiſme eſt excité par le frottement dont la direction eſt unique ; l'électricité eſt excitée par un frottement en tous ſens.

E e iv

tout du fluide électrique, est moins preste dans son développement, moins rapide dans sa marche, moins vif dans son action , & plus borné

Le magnétisme ne se manifeste que lorsque les corps frottés sont homogènes, l'électricité ne se manifeste que lorsque les corps frottés sont hétérogènes.

L'électricité se manifeste spontanément dans certains corps, tels que la torpille, l'anguille de Surinam ; & le magnétisme se manifeste spontanément dans d'autres corps, tels que la pyrite martiale, les vieux ferremens des édifices , &c.

Le magnétisme se conserve des siècles entiers ; l'électricité se conserve à peine quelques années dans les corps qui la retiennent fortement , & à peine quelques minutes dans les corps qui la retiennent foiblement.

Dans un barre de fer la vertu électrique se trouve également distribuée à toute la masse, au lieu que la vertu magnétique, très-foible au centre, se trouve rassemblée aux extrémités.

L'eau n'affoiblit point le magnétisme, elle affoiblit prodigieusement l'électricité.

Dans certains cas l'attraction électrique cesse après le plus léger contact : dans aucun cas l'attraction magnétique ne cesse par des contacts multipliés.

Le feu augmente l'attraction électrique ; il affoiblit beaucoup, ou plutôt il détruit totalement l'attraction magnétique.

La simple interposition d'un corps très-mince empêche quelquefois l'électricité de se manifester : le magnétisme se déploie toujours, même à travers les corps d'un très-grand volume.

Un corps électrisé ne peut soulever que d'assez petites masses : un corps aimanté peut en soulever d'assez grandes

dans fes effets ; nous verrons, dis-je, que ce fluide ne peut, d'après ces confidérations, tirer fon origine que de la matière de la chaleur, laquelle étant de fon côté moins tenue, plus pefante, & moins expanfible que la matière de la lumière, ne peut s'exalter avec la même promptitude, ni *s'éloigner autant qu'elle des corps dont elle émane.* Elle eft donc à l'égard de cette matière ce qu'eft le fluide magnétique à l'égard du fluide électrique ; & des différences qui exiftent entre l'une & l'autre de ces matières élémentaires fe forment les rapports qu'elles ont, l'une, avec le fluide électrique, & l'autre avec le fluide magnétique : ainfi, tandis que la matière de la lumière, & comme elle le fluide électrique, vont, lorfqu'ils prennent l'effort, fe précipitant dans l'efpace, & fe portant en un clin d'œil à des diftances très-

---

La fphère d'activité du magnétifme eft beaucoup moins étendue que celle de l'électricité.

Mille chofes altèrent l'électricité, peu de chofes altèrent le magnétifme.

Enfin le figne qui caractérife le magnétifme ne fe trouve point dans l'électricité : car une aiguille électrique ne fe tourne pas d'elle-même vers les pôles du monde, comme fait une aiguille aimantée.

Le fluide électrique & le fluide magnétique diffèrent donc effentiellement, bien que l'électricité puiffe quelquefois exciter le magnétifme.

Recherches phyfiques fur l'Electricité, par M. Marat, pages 28 & fuivantes.

reculées, à fon tour celle de la chaleur va, comme le fluide magnétique, marchant d'un pas plus lent, & s'arrêtant toujours, à moins qu'elle ne foit entraînée au-delà par la matière précédente, à des termes moins diftans des corps dont elle fe dégage. Elle n'eft d'ailleurs, comme ce même fluide, aucunement gênée par la préfence de l'eau, comme lui elle fe fait jour à travers les corps les plus compactes ; & elle fait dans ceux où elle s'arrête, fe maintenir dans le même état plus long-temps que ne fait la matière de la lumière dans ceux qu'elle pénètre : l'impreffion par conféquent qu'elle fait fur eux eft beaucoup plus durable, quoique d'ailleurs fon action foit moins brillante & moins vive ; & en cela elle s'accorde encore avec le fluide magnétique : il a à cet égard fur le fluide électrique le même avantage qu'elle a de fon côté fur la matière de la lumière. D'après cela, & vu les analogies qui fe préfentent entre la matière de la chaleur & le fluide magnétique, il feroit difficile de ne pas voir dans cette matière l'élément dont ce fluide fe compofe, élément qui n'étant pas lumineux par lui-même fe rend reconnoiffable ici par l'obfcurité même dans laquelle ce fluide fe maintient.

En nous rappellant d'ailleurs ce qui a été dit précédemment au fujet de l'électricité, nous verrons encore ici que, fi l'air eft, en fe décompofant, en fe dépouillant de l'un de fes principes conftitutifs, favoir, du principe de la lumière,

capable de fournir de lui-même la matière dont
fe compofe le fluide électrique, il peut, dans d'autres circonftances, & d'après des moyens différens,
fe détacher également de quelque autre principe
pour fournir à fon tour au fluide magnétique la
matière qui lui eft proore ; & le principe qui pour
lors fe détache de l'air, ne peut être que la matière
de la chaleur, qui s'y trouve conjointement avec
celle de la lumière, & qui étant abfolument différente de celle-ci, doit néceffairement, lorfqu'elle s'en fépare, mettre dans fon effet une
expreffion différente, & donner au fluide particulier qu'elle conftitue un autre caractère. Enfin
comme l'air eft, ainfi que nous l'avons déja dit,
de toutes les fubftances où cette matière fe contient, la plus facile à décompofer ; que cette matière s'y trouve déja dans un état de ténuité & de
fluidité très-favorable à fon extraction, & qu'elle
eft par cet état même très-difpofée à s'en féparer à
la première occafion, il eft à croire de là, que
de ce fluide mixte & inépuifable fe tire très-fou-
vent encore, & prefque autant que de l'aimant,
la matière dont fe forme le fluide magnétique :
auffi voit-on ce fluide fe produire quelquefois en
même temps que le fluide électrique, & cela n'eft
point étonnant ; tandis que la matière de la lumière provoquée par le jeu de l'électricité va fe
dégageant de l'air pour conftituer à part le fluide
électrique, celle de la chaleur privée par-là du
principe qui lui étoit adjoint, & qui fervoit à la

neutralifer, va de fon côté fous la forme du fluide magnétique s'exerçant fur des matières qui lui font analogues, & leur communiquant la vertu qui lui eft propre. La même chofe s'obferve toutes les fois que l'air fe décompofe , & notamment dans les temps d'orage ; alors on voit cette même matière délaiffée portant fon effet fur les ferremens élevés qu'elle rencontre & qu'elle aimante , tandis que celle de la lumière s'emploie de fon côté pour former la foudre & les eclairs (1).

____

(1) Frappé des avantages que ces faits nous procurent, j'ai voulu étayer ces premières données par d'autres faits plus décififs encore ; j'avois en conféquence imaginé de fufpendre dans un flacon rempli d'air méphitique une petite barre de fer, efpérant que cette barre pourroit, par fon féjour dans ce fluide, acquérir quelque vertu magnétique. Je gagnois tout fi j'avois réuffi ; mais je n'ai rien obtenu : alors j'ai penfé que fi le fluide électrique a, pour fe manifefter, befoin d'être provoqué par le mouvement ; que fi l'air ne donne & le fluide électrique & le fluide magnétique qu'autant qu'il y eft excité par un mouvement capable de le décompofer , il pourroit bien en être de même à l'égard du fluide méphitique dont il s'agit ici ; & qu'il faudroit, pour que celui-ci produisît de l'effet , qu'il fût également mis en mouvement. D'après cela je me perfuade que fi, au lieu d'un appareil électrique, on plaçoit un appareil propre au magnétifme au deffus d'une cuve de bierre en fermentation, l'on pourroit là où l'on n'obtient point d'électricité obtenir beaucoup de matière magnétique. Je n'ai parlé de l'effai infructueux que j'ai fait que pour engager ceux des Phyficiens qui pourroient fe procurer un appareil convenable de tenter l'expérience dont nous parlons. J'ai l'idée qu'elle ne feroit pas en pure perte pour eux.

Quoique le fluide magnétique puiſſe , comme nous voyons , ſe former , ainſi que le fluide élec-trique , aux dépens de l'air décompoſé , & de l'un de ſes principes conſtitutifs ; c'eſt néanmoins d'une certaine mine de fer , qu'on nomme *aimant* , & où ce fluide ſe trouve tout formé , qu'il ſe tire le plus communément ; mais de quelque ſource qu'il provienne , qu'il parte de l'aimant ou d'ail-leurs , ce n'eſt guère que ſur le fer qu'il dirige alors ſon action ; c'eſt ce métal ſeul qu'il cher-che , qu'il attire , & auquel il s'attache de pré-férence , ce qui ſuppoſe une grande affinité non-ſeulement entre le fer & l'aimant , mais encore entre le fer & la matière magnétique elle-même : & quant à cette affinité , il me ſemble difficile de l'expliquer , à moins d'en placer la cauſe dans l'homogénéité de ces matières ; au moyen de quoi le fer ſeroit , comme il y a d'ailleurs lieu de le préſumer , entièrement ou preſque entiè-rement compoſé de la même matière dont ſe forme le fluide magnétique ; & la différence qui exiſte entre ce fluide & le fer , ne viendroit pour lors que de l'état différent où ſe trouve la ma-tière commune dont ils ſe compoſent tous deux , & notamment de ce que cette matière ſeroit fixe dans l'un , & volatile dans l'autre : il nous reſte , quant à la cauſe dont nous faiſons dé-pendre l'affinité du fer avec le fluide magné-tique , à produire les raiſons qui nous détermi-nent pour celle que nous avons indiquée ; mais qu'il nous suffie ici de l'avoir énoncée ; nous reprendrons cette difcuffion ailleurs ; & nous verrons inceffamment , en parlant de l'affinité des fubftances , que cette affinité n'a vraiment fa fource que dans l'identité de leurs principes , ou dans le pouvoir que ces principes ont , en raifon de leur identité , de fe mettre en équilibre enfemble. L'on peut ainfi regarder ce que nous venons de dire fur l'affinité du fer avec le fluide magnétique, comme une conféquence prématurée de la théorie que nous nous propofons d'établir à cet égard : en difant au furplus que le fer n'eft en grande partie compofé que de la matière dont fe forme le fluide magnétique , c'eft-à-dire, de la matière de la chaleur , je ne crois pas que cette affertion , dût-elle paroître étrange à quelques-uns , foit abfolument une nouveauté pour la phyfique ; d'autres que moi , je penfe , ont déja dit que le fer étoit tout acide , ou prefque tout acide (1) , & je ne fais ici

____

(1) En partant de cette fuppofition , ne fembleroit-il pas que , fi le fer eft tout acide , la rouille qui en provient doit en être également & uniquement compofée ? Et comme d'ailleurs nous attribuons à l'acide exclufivement les effets cauftiques & déchirans des chaux métalliques , il s'enfuivroit encore que cette rouille devroit être en raifon de fon principe auffi malfaifante que celle des autres métaux ; & puifqu'elle ne l'eft pas , n'en pourroit-on pas inférer qu'elle n'eft point formée d'acide , & par contre-coup que le fer n'eft point acide ? A dire vrai l'objection eft preffante , & nous ne fommes pas peu embarraffés pour y répondre. Il y a cependant , & fans renoncer à

que m'accorder avec des auteurs dont le nom m'eſt échappé. J'ignore d'ailleurs quelles ſont les

---

l'hypothèſe précédente, moyen de concilier tout cela; au lieu d'eſtimer la rouille du fer toute compoſée d'acide, ne pourroit-on pas ſuppoſer que ce principe , fût-il le ſeul élément de ce métal , ne ſeroit cependant pas le ſeul dont ſe compoſe la rouille qui s'en extrait ; ainſi cette rouille ſeroit cenſée ſe former , non - ſeulement aux dépens de l'acide du fer , mais encore aux dépens du phlogiſtique de l'air , lequel trouvant le principe du fer attaqué & ſaiſi par l'humidité , s'aſſocieroit à lui pour conſtituer enſemble une rouille particulière, une chaux , qui , étant mixte , ne participeroit point aux qualités malfaiſantes des autres chaux métalliques : au fond la choſe paroit aſſez probable. Mais , dira-t-on, ſi tels ſont les principes dont ſe forment cette rouille , pourquoi faut-il, pour la reduire en fer , lui rendre du phlogiſtique ? Cela ne ſuppoſe-t-il pas ou qu'elle eſt dépourvue de ce principe , ou qu'elle eſt au moins excédente en acide? & ſi elle eſt excédente en acide, elle doit d'après vous-même , être dangereuſe & malfaiſante. A ſon tour la conſéquence eſt juſte; ainſi nous nous trouvons , à peine ſortis d'un mauvais pas , replongés dans un autre ; & , le dirai-je, ſans aucun moyen pour nous en tirer, à moins qu'on ne regarde le phlogiſtique que l'on rend alors à cette rouille pour ſa réduction, plutôt comme une matière propre à faciliter , en écartant les principes hétérogènes qui pourroient s'y trouver , le rapprochement des molécules de fer, ou d'acide convertible en fer , qui y ſeroient contenues , que comme une matière néceſſaire à ſa revivification. Quoiqu'il en ſoit, ayant ailleurs invité les Phyſiciens à faire quelques recherches ſur la rouille du fer, j'ai cru devoir ici leur faire part de mes idées ſur cet objet , afin qu'ils puiſſent en même temps porter quelque attention ſur elles , & m'aider de leurs ſecours.

raifons fur lefquelles ils peuvent fe fonder, j'imagine qu'elles fe tirent de l'aigre de ce métal, de la force de fon nerf, de la tenacité de fes parties, de l'effet rongeur de l'humidité fur lui, en un mot de l'état où il fe trouve, lorfqu'il eft forgé, état très-différent, & de celui qu'il avoit avant qu'il fût par le marteau dépouillé de fon zinc, autrement du principe inflammable qui paroît lui avoir été donné moins par la nature dans la mine, que par les charbons dans la fonte de cette mine, & de celui qu'il obtient lorfqu'on rend à ce fer forgé quelques parties de phlogiftique, lequel s'interpofant entre celles du fer, diminue fa force, affoiblit fon nerf, & lui donne, en rendant fa fibre plus courte & plus caffante, un grain plus fin & plus ferré; par-là, par l'infertion de ce phlogiftique dans le fer, la nature de ce métal fe trouve un peu changée, l'acide alors n'y domine plus autant, & fi l'on veut maintenir le fer dans cet état, il faut au moment qu'on le retire du feu le plonger dans l'eau froide; c'eft le moyen qu'il convient d'employer pour retenir & fixer en lui le principe fugace qui lui eft donné, l'eau ayant par fon oppofition avec ce principe la vertu d'arrêter fon action; fans cela, fans cette immerfion, ce principe volatil, déja exalté par le feu, ne tarderoit pas à s'échapper; il n'eft même, pour en purger le fer de nouveau, & faire perdre à ce métal les qualités qu'il a acquifes dans la trempe, befoin que de le repréfenter au feu.   Outre

Outre le fer qui par dessus tout se montre
obéissant à l'action du fluide magnétique, & semble avoir avec lui une correspondance plus marquée (1), » il est, dit *Mussembroch*, beaucoup
» d'autres matières, qui, pourvu qu'elles con-
» tiennent du fer parfait, ou du fer imparfait, sont
» également susceptibles d'être attirées par l'ai-
» mant ; ainsi l'aimant attire toutes les parties
» des corps qui renferment le principe du fer,

------

(1) Pour expliquer la tendance réciproque du fluide
magnétique & du fer, & cette correspondance particulière
qui se trouve établie entre eux, ne pourroit-on pas, sans
toutefois nous départir de la raison que nous en avons
donnée plus haut, & que nous avons tirée de la nature
ou de l'identité de leurs principes, raison à laquelle nous
devons adhérer comme à un moyen principal, ne pourroit-on pas, dis-je, tirer quelque moyen encore de la forme même tant de la matière magnétique que du fer,
ainsi que de l'aspérité des parties intégrantes de ce métal?
Enfin cette correspondance à peu près exclusive ne pourroit-elle pas se déduire de ce que la matière magnétique, qui
de son côté se trouve moins tenue que la matière électrique, auroit vis-à-vis du fer, comme étant plus poreux
& moins compacte que les autres métaux, quoique d'ailleurs il soit le plus dur de tous, plus de facilité pour s'introduire en lui, s'y placer, & se procurer, en s'y attachant, ou des moyens pour l'attirer, ou des dépôts
d'où elle partiroit ensuite pour exercer le même effet sur
d'autres parties ferrugineuses. Quoi qu'il en soit, ceci peut
au moins nous aider à concevoir pourquoi la matière
magnétique n'a pas le même pouvoir sur les autres métaux.

G g

» & comme ce principe eſt univerſellement ré-
» pandu, de là vient qu'il y a tant de matières ca-
» pables d'être attirées par l'aimant, & qu'il en
» eſt peu d'exceptées. « Ici ſe trouvent en abrégé
l'explication & la preuve de tout ce qui précède ;
en effet, s'il eſt, outre le fer, d'autres ſubſtances
ſuſceptibles d'être attirées par l'aimant ; & ſi ces
ſubſtances n'ont, pour éprouver cet effet, beſoin
que de renfermer en elles ou du fer imparfait, ou,
ce qui revient au même, le principe même du fer,
il s'enſuit, & nous devons le preſſentir depuis
que nous commençons à connoître quels peuvent être & le principe dont le fer ſe compoſe,
& celui dont ſe forme à ſon tour le fluide magnétique, il s'enſuit, dis-je, que toutes ces ſubſtances,
ſans en excepter le fer, ne doivent la propriété
qu'elles ont d'être attirables à l'aimant, qu'à la
préſence ſeule de ce principe en elles ; & cela
ſeul doit nous convaincre que ce principe n'eſt
vraiment autre que la matière de la chaleur qui,
plus que le fer encore, ſe trouve répandue par-
tout (1), & qui n'ayant, pour repréſenter le fluide

---

(1) Aſſez communément le fer & l'acide ſe trouvent
enſemble dans les corps : ce n'est cependant pas que l'acide
n'y puiſſe exiſter, & n'y ſoit très-ſouvent ſans qu'il y ait
du fer ; mais le fer ne s'y trouve guère ſans qu'il y ait de
l'acide ; ils ſe rencontrent ainſi l'un & l'autre dans le ſang,
dans le vin, dans les pyrites martiales, dans le vitriol, &c.
& l'adjonction habituelle de ces deux matières dans ces
ſubſtances nous donne vraiment lieu de croire qu'elles

magnétique, befoin que d'être plus rapproché,
plus ifolée, & portée à un certain degré d'expanfion, n'a de même, pour devenir attirable à l'aimant, befoin que d'être dans les corps, non dans

---

pourroient bien tirer leur origine l'une de l'autre, ou
mieux, qu'elles pourroient n'être qu'une même chofe
dans deux états différens ; la croûte ferrugineufe qui fe
forme autour des pyrites martiales, & l'efflorefcence
ochreufe dont fe couvrent peu à peu les criftaux de vitriol qui restent expofés à l'air, en font ici, comme fe
formant aux dépens des fubftances mêmes qu'elles enveloppent, comme tirant d'elles la matière dont elles fe
compofent, une preuve affez fenfible ; ces enduits fer-
rugineux femblent ainfi de la place qu'ils occupent nous
montrer dans l'acide que ces fubftances renferment dans
leur fein la fource, & pour ainfi dire, le germe d'où ils
proviennent ; & comme ils font en tout femblables à la
rouille que le fer contracte, lorfqu'il eft à l'humidité, ils
nous font en même temps regarder cette rouille comme
le produit d'un acide concentré exiftant dans ce métal ;
nous obferverons au furplus que l'acide qui exifte foit
dans les pyrites, foit dans le vitriol, peut d'autant mieux
s'employer aux efflorefcences dont nous parlons, qu'il eft
ici par la fixité qu'il a acquife affez près de l'état où ce
principe fe trouve tant dans le fer que dans le cuivre, métal que nous regardons auffi comme admettant beaucoup
d'acide dans fa compofition. Il n'eft enfin, pour fe convaincre de l'exiftence de ce principe dans l'un & l'autre
de ces métaux, befoin que de faire attention à l'effet fingulier de l'humidité fur eux, & à la facilité avec laquelle
l'eau les attaque, les ronge, & les détruit : en effet, comment l'eau que nous jugeons impuiffante par elle-même,
& qui ne peut rien fur l'or, le mercure, le foufre, en un

l'état d'agrégation & de fixité où elle fe trouve dans le fer, mais dans une pofition analogue quant au refte. Ce n'eft donc, à commencer par le fer, qu'à cette matière dont il fe compofe, & non à fa qualité métallique que ce métal doit la propriété d'être autant attirable à l'aimant ; & s'il eft dans les corps des parties qui jouiffent de la même propriété, l'on ne doit pas croire pour cela qu'ils la doivent au fer, ni même qu'ils en contiennent; s'il y exifte, ce n'eft qu'en très-petite quantité ; fa préfence même en elles fe préfume plus qu'elle ne

---

met fur toutes les fubftances qui contiennent beaucoup de phlogiftique, comment, dis-je, l'eau pourroit-elle agir de la forte fur des matières auffi dures, auffi compactes, auffi tenaces que le fer & le cuivre, fi ces matières ne portoient en elles l'inftrument même de leur deftruction, fi de leur côté ces matières n'étoient pourvues, & même formées du principe qui paroît avoir feul de l'affinité avec l'eau, du principe qui peut feul, comme on fait, engendrer de la chaleur avec elle, du principe enfin qui dans quelqu'état qu'il fe trouve, eft feul capable de s'évertuer à fon approche, & peut exclufivement encore, en s'affociant à elle, lui prêter quelque vertu, & lui donner une forte d'action. Plus on y penfe, moins il paroît poffible que cela foit autrement. Ce n'eft donc qu'à la préfence néceffaire de ce principe actif, c'eft-à-dire, de l'acide dans ces corps durs qu'il nous faut rapporter les effets que l'eau peut produire, tant fur eux, que fur d'autres de pareille nature, notamment les rouilles, les efflorefcences, & toutes les diffolutions, ou décompofitions qui pourroient ainfi s'opérer par l'intermède de l'eau.

fe démontre : l'effet par conféquent que l'aimant exerce fur ces parties doit comme ci - devant fe rapporter, non à ce fer fuppofé, mais à cette matière de la chaleur qui exifte véritablement en elles, & dont en général les folides comme les fluides font plus ou moins pourvus. Cela pofé, s'il fe trouve, foit dans le fang des animaux, foit dans la pierre des néphrétiques, comme le rapporte *Muf-fembroch*, beaucoup de ces parties attirables à l'aimant, il n'en faut pas conclure, comme on le fait d'ordinaire, que ces fubftances contiennent du fer, ni que leur vertu en provienne ; non, cette vertu, je le répète, n'émane effentiellement que de la matière de la chaleur qui fe trouve, tant dans le fang des animaux, que dans la pierre des néphrétiques raffemblée en quantité, repréfentante dans l'un, un principe de vivification, & dans l'autre, un inftrument de douleurs. Suppofez même que tant de ces fubftances que d'autres, on puiffe, en les analyfant, retirer quelques parcelles de matière qui foient ou réductibles en fer, ou actuellement même en confiftance de fer, l'on ne pourroit encore, malgré cette preuve de l'exiftence actuelle de quelques parties ferrugineufes dans ces fubftances, en inférer qu'elles y auroient toujours exifté ; & comme il n'eft pas à croire que ces parties proviennent d'aucun fer étranger, ni qu'elles aient été introduites dans ces corps fous cette forme métallique, nous ne pouvons à cet égard penfer autre chofe, finon qu'elles s'y font, à l'aide du

G g iij

mouvement organique, formées elles-mêmes aux
dépens de la matière ci-deſſus énoncée, & par
l'agrégation de quelques-unes de ſes parties ſuffiſamment rapprochées, & amenées à l'état qu'il
convient pour conſtituer du fer ; & ce qui ſe dit
ici des parcelles de fer qui ſe retirent des corps dé-
compoſés, peut s'appliquer aux parcelles d'or qui
ſe rencontrent dans les cendres de certains végétaux ; il eſt à leur égard également à croire qu'elles
n'ont été dans aucun d'eux introduites ſous cette
forme, qu'ainſi elles n'y ſont que pour s'y être
formées comme les précédentes aux dépens des
matières élémentaires de la lumière & de la chaleur qui ſe trouvent dans les végétaux comme dans
l'or, & l'on ne doit voir dans ces parcelles d'or
qu'un jeu de la nature, qu'un accident particulier ;
en un mot, qu'un réſultat dû à l'aſſemblage for-
tuit de quelques parties rapprochées de ces élémens qu'on peut dire propres à tout, & dont
ſe forment les plantes, les animaux, les métaux
& les pierres (1).

---

(1) Un homme inſtruit m'a dit avoir lu quelque part
qu'en laiſſant ſéjourner des pièces d'or dans de l'urine, on
les trouvoit enſuite, légérement, il eſt vrai, mais ſenſiblement augmentées en peſanteur ; ce fait, que je n'ai pu
vérifier, faute d'avoir des balances d'eſſai, & qui cependant mériteroit bien de l'être, ſeroit, s'il étoit vrai, bien
propre à confirmer ce que nous venons de dire ; il n'y
auroit au ſurplus, quand les choſes ſeroient telles qu'on le
rapporte, aucun lieu de s'en étonner. Si l'acide, ſi l'éther

Il n'eſt pas juſques à la méthode curative de
M. *Meſmer* dont on ne puiſſe encore tirer quelque
induction en faveur de la théorie que nous avons
embraſſée ; toutes fois , en m'exprimant de la
ſorte, je ſuppoſe que c'eſt, ainſi qu'on l'a toujours

---

ont , lorſqu'ils tiennent de l'or en digeſtion , le pouvoir
l'un & l'autre d'en détacher , d'en enlever quelques parties ,
& de mettre ces parties diſſoutes en équilibre avec celles
dont ils ſe compoſent eux-mêmes , n'eſt-il pas à croire
qu'en changeant de moyens , les choſes pourroient être
autrement ; & que l'or , au lieu de perdre , pourroit au
contraire acquérir quelque choſe par ſon ſéjour dans une
liqueur mixte , telle que l'urine , qui , n'étant ni auſſi ſimple , ni auſſi rapprochée que les précédentes , n'auroit pas
la même action ſur lui , & ſeroit , comme tenant en diſſolution des principes phoſporiques , principes analogues à
ceux dont nous croyons l'or compoſé , capable de fournir
à cet or quelques parties de ces principes ſimilaires que l'or
attireroit à lui , & qu'il rameneroit à ſon état naturel ? En
cela même l'or que nous regardons , malgré ſa fixité ,
comme un vrai phoſphore , ne feroit autre choſe que ce que
fait un bâton de phoſphore ordinaire plongé dans une diſſolution d'or , qui ſeroit de précipiter ſur lui les parties
phoſphoriques qui ſe trouvent éparſes dans l'urine , comme
celui-ci précipite les parties d'or qui ſe trouvent dans la
diſſolution énoncée: nous ne voyons par conſéquent dans
l'application prétendue des parties phoſphoriques de l'u-
rine ſur l'or , que l'effet d'une vraie précipitation , & dans
l'augmentation que l'or pourroit en recevoir , que celui
d'une eſpèce de réduction de ces parties ; car , la réduction n'eſt , par quelque voie qu'on y procède , qu'un moyen
de ramener au même état , & au même point d'agrégation
toutes les parties d'un même principe , ou d'une même

Gg iv

dit, dans le magnétifme même qu'il puife fes moyens; au furplus, quand aujourd'hui il refuferoit d'en convenir, quand il tireroit même fa matière médicale d'une autre fource que de l'aimant, & qu'enfin il la diroit différente du fluide qui en émane, il nous feroit, malgré cela, difficile de prendre le change fur cette matière, elle fe décèle elle-même par fes propres effets, & nous ne la regarderions pas comme une matière analogue à la matière magnétique & dépendante du même principe. L'impreffion fingulière que MM. *Mefmer*, & *Deflon* fon coopérateur, font fur nous à la pré-

---

fubftance éparfes dans les corps, & mélangées avec des matières hétérogènes; & ce que l'or feroit ici vis-à-vis de ces parties phofphoriques de l'urine, en caufant leur réduction, le phofphore le fait encore vis-à-vis de l'or, de l'argent, du cuivre & du mercure, comme M. Sage l'a démontré à l'Académie. Enfin, fi nous tronvons dans l'urine & les offemens des animaux la matière du phofphore, & dans celle-ci la matière du diamant, pourquoi n'y trouveroit-on pas de même la matière de l'or? L'or & le diamant affectant la même forme dans leurs criftallifations, ne doivent-ils pas avoir les mêmes principes? Mais je m'apperçois que je m'avance un peu trop dans une difcuffion qui demanderoit avant tout la vérification du fait qui m'en a fourni le fujet: quoi qu'il en foit, s'il faut attendre cette vérification pour déclarer l'urine vraiment capable d'augmenter par elle-même la pefanteur de l'or; au moins pouvons-nous dès à préfent regarder cette matière comme la meilleure dont on puiffe fe fervir pour le nettoyer, & lui rendre fon luftre.

fentation feule de cette matière médicale, la chaleur extraordinaire qu'ils y excitent par fon moyen,
& la fueur qu'ils provoquent, nous font affez connoître que le principe invifible qu'ils y introdui-
fent alors, & qui va cherchant en nous les parties qui lui font analogues pour les mettre en équilibre avec lui, n'eft, quelque part qu'il fe prenne,
que la matière de la chaleur dont nous avons
parlé, & dont fe forme, comme nous l'avons dit,
le fluide magnétique lui-même. Nous en jugeons
ainfi & par les effets que nous venons d'énoncer,
& par la différence qu'ils préfentent avec ceux
qui fe produifent, lorfqu'au lieu de cette matière
on fait paffer en nous celle de la lumière par le
moyen de l'électricité ; étant d'une nature différente, ces deux matières doivent néceffairement
mettre dans leur action une expreffion différente,
& c'eft par cette expreffion relative à leur caractère qu'on peut les reconnoître dans l'ombre
où elles fe tiennent. Quant à l'emploi que l'on
peut faire de ces matières pour la cure des maladies, il ne nous refte, après ce que nous en
avons dit ailleurs, qu'à évaluer les effets qu'elles
peuvent avoir lorfqu'elles font, comme ici, dans
un état différent de celui où elles fe trouvent d'or
dinaire, & qu'elles s'adminiftrent dans cet état par
des voies également différentes, deux circonftances qui, fans rien changer à leur nature, paroiffent devoir influer fur la manière dont elles agiffent. L'on conçoit en effet qu'un remède formé

d'un principe simple, isolé, & pris pour ainsi dire
dans son état élémentaire, & dans l'exercice de
son activité, doit avoir dans bien des cas, ne fût-
ce que pour rendre du ton aux principes analogues qui seroient en nous dans une sorte d'inertie, plus de vertu & d'efficacité qu'il n'en auroit
si ce principe étoit combiné & mélangé avec d'autres matières ; & l'on sent encore que si ce principe
curatif est appliqué immédiatement sur le mal, il
doit également produire plus d'effet que s'il s'in-
troduisoit en nous par des voies qui ne lui permet-
troient de se porter vers lui qu'après des élaborations capables d'affoiblir son énergie, & d'empêcher son action. Ainsi, pour en revenir à la méthode de MM. *Mesmer* & *Deslon*, & à l'emploi
particulier qu'ils peuvent faire de la matière de
la chaleur pour l'objet que nous venons d'énoncer,
nous concevons que s'ils prennent cette matière
dans le magnétisme, ou supposé qu'ils la tirent
d'ailleurs, s'ils ont par quelque préparation l'art
de l'amener au même état où elle se trouve dans
le magnétisme, & qu'ils l'introduisent en nous
dans cet état, nous concevons, dis-je, qu'ils doivent par là se procurer des succès ; & d'après ces
apperçus nous ne pouvons qu'applaudir à une méthode aussi simple qu'ingénieuse, pourvu toutefois qu'on ne veuille pas d'un moyen bon &
convenable pour certains cas en faire un remède
exclusif & propre à tout ; nos idées, je l'avoue,
ne pourroient s'accorder avec des prétentions de

cette espèce : j'ai d'ailleurs, tout en applaudissant
à la méthode de ces Messieurs, peine à voir qu'ils
nous fassent un secret de leurs procédés particuliers, & qu'au préjudice de leur réputation ils
s'obstinent à laisser sous un voile suspect les moyens
dont ils se servent, moyens dont on pourroit, s'ils
nous étoient connus, tirer beaucoup plus d'avantages ; en les exposant au jour, ils écarteroient
les inquiétudes & les craintes que tout remède
inconnu a coutume d'inspirer ; ils rappelleroient
la confiance du malade, la considération du public, & l'attention des gens de l'art, par là même
ils mettroient leur méthode dans le cas de gagner
encore par les additions & les corrections que l'on
y pourroit faire ; &, ce qui ne se conçoit pas,
c'est qu'ils puissent se refuser à des motifs aussi
puissans : il y a vraiment lieu de s'étonner que des
hommes instruits, & faits pour occuper une place
parmi les bienfaiteurs du genre-humain, veuillent,
au lieu d'y monter, se tenir obscurement dans la
classe de ces gens méprisés, que l'on nomme
charlatans, avec lesquels toutefois il faut, quoiqu'ils en prennent les manières, & qu'ils se couvrent du même manteau, éviter de les confondre.
Mais c'est assez nous occuper d'eux & de leur
méthode curative : revenons au magnetisme sur
lequel il nous a paru que cette méthode étoit
fondée ; & soit pour appuyer cette conjecture,
(car dans l'ombre où sont les choses nous n'avons
pu juger d'elles que par estimation), soit pour

confirmer ce que nous avons dit d'ailleurs, voyons
fi le fluide magnétique ne pourroit pas lui-même
s'employer avec avantage pour la cure des maladies. Quant à cela, il feroit, d'après ce qui pré-
céde, difficile d'en douter ; & l'on conçoit que
ce fluide peut, vu la nature, la fimplicité & l'état
du principe dont il fe forme, devenir au befoin un
remède très-efficace, ne fût-ce, comme nous l'a-
vons dit ci-devant, que pour rendre du ton aux
principes qui feroient en nous dans un état d'inertie ; pour peu même que nous réfléchiffions à la
nature de la matière dont fe compofe le fluide
magnétique, nous fentirons encore que l'admiffion
de cette matière en nous ne peut qu'être très-
avantageufe dans les cas où le principe qu'elle
repréfente n'y feroit pas en quantité fuffifante pour
faturer d'autres principes qui de leur côté y feroient trop abondans, & pourroient par cette raifon y exercer des ravages ; il faut alors, pour y
remédier, nous rendre le principe qui nous manque, & c'eft en cela, c'eft par le principe qu'il
eft capable de nous fournir, que le magnétifme
peut nous fervir dans la cure des maladies ; l'on
peut fans doute en dire autant de l'électricité ; &
fi le fluide magnétique peut, à caufe de la matière de la chaleur qu'il fait paffer en nous, s'employer avec fuccès, pour neutralifer les principes
alkalins ou inflammables qui pourroient s'y trouver
en excès, à fon tour le fluide électrique peut, à
caufe de la matière de la lumière qu'il y introduit,

s'employer avec le même avantage pour faturer l'acide qui de fon côté pourroit y dominer ; ainfi, le magnétifme & l'électricité nous procurent deux moyens curatifs également fimples & commodes, de forte que l'on peut au befoin fe faire électrifer, ou magnétifer fuivant les circonftances (1). A cet égard toutefois il me femble que l'on doit, pour

---

(1) J'appreds par les papiers publics, & je l'apprends avec plaifir, qu'un des fils de M. *Comus*, fe rendant l'émule de fon père, & fe montrant également curieux de rendre fes talens & fes connoiffances utiles à l'humanité, fait, au moyen d'un appareil convenable, & fans y mettre de myftère, fervir le magnétifme à la cure des maladies ; & en cela je ne doute pas qu'il ne doive avoir un fuccès égal à celui qu'il obtient depuis long-temps par la voie de l'électricité. Il ne me refte à cet égard qu'une chofe à lui recommander, c'eft de faire bien attention à la nature des maux dont fe plaignent les perfonnes qu'il foumet à l'un ou à l'autre de ces traitemens, afin de n'y employer que celui que les circonftances exigent, & de ne pas prendre l'un pour l'autre ; autrement, il fe pourroit bien fouvent que l'effet ne répondroit ni à fes vues, ni au zèle qu'il y met.

Puifque le fujet m'a conduit à parler de MM. *Comus* père & fils, je ne puis, en ayant l'occafion, m'abftenir de leur témoigner ici combien il feroit important pour nous qu'ils vouluffent rendre publiques, & les découvertes, & les expériences multipliées qu'ils ont faites, tant fur le magnétifme, que fur l'électricité ; cela formeroit un recueil de faits auffi curieux qu'inftructif ; & c'eft un beau préfent qu'ils feroient à la Phyfique ; elle l'attend d'eux avec impatience.

rétablir les combinaisons de la nature, recourir moins souvent au magnétisme qu'à l'électricité, si, comme nous l'avons remarqué, l'acide est plus que tout autre principe sujet à dominer en nous, & s'il faut par cette raison lui attribuer la plus grande partie des maux qui nous arrivent. Il n'est donc pas égal de se servir de l'un ou de l'autre des moyens curatifs que nous venons d'indiquer; non, les principes sur lesquels se fondent ces moyens étant différens, ils doivent nécessairement constituer des remèdes très-différens, & ces remèdes ne peuvent s'administrer l'un pour l'autre, ici même les méprises seroient comme avec tout autre remède infiniment à craindre ; & l'on sent que si, pour combattre un acide prédominant en nous, l'on se sert d'un principe analogue, l'on doit, au lieu de le guérir, augmenter le mal qu'il auroit fait ; il en est de même du principe inflammable, supposé qu'on veuille l'employer pour détruire les effets que ce principe étant en excès auroit produit sur nous, l'on ne peut avec un moyen pareil se flatter d'y parvenir ; il faut toujours qu'un principe curatif se règle & se mesure sur le principe même du mal ; & c'est dans les contraires que ce principe doit se prendre, si l'on veut par lui mettre un frein au principe qui nous ronge : il n'est enfin, non pour bannir ou détruire ce dernier, ce qui paroît impossible, mais pour arrêter l'effet de son énergie, d'autre moyen que de le saturer, & de le neutraliser par un principe qui foit d'une nature différente ; ce n'eft donc qu'avec l'acide ou la matière de la chaleur que l'on peut remédier aux effets du principe inflammable, & c'eft à fon tour à ce dernier qu'il nous faut recourir pour combattre ceux que l'acide pourroit produire en nous ; & fi le fluide magnétique peut, en raifon du principe dont il fe forme, s'employer comme remède dans l'un des cas énoncés ; il convient par l'autre cas de prendre le fluide électrique à caufe de la matière différente dont il eft compofé.

Après vous avoir fait connoître la nature du fluide magnétique , & montré du doigt la matière dont il fe forme , de là fans doute il me faudroit paffer à l'examen des faits qui en dépendent ; & fi je m'abftiens d'en parler , au moins devrois-je, en m'éloignant d'ici , vous donner l'affurance que tous ces faits répondent à la caufe que nous venons d'énoncer, & peuvent s'expliquer par elle, ainfi que nous l'avons fait en parlant du fluide électrique ; mais je ne puis à leur égard m'en permettre autant , & quoique nous reftions perfuadés que le fluide magnétique n'émane que de la matière de la chaleur , comme le fluide électrique de la matière de la lumière, il s'en faut que nous puiffions tirer de cette donnée les mêmes avantages pour l'explication des faits réfultans du magnétifme ; ici le fil nous échappe, nous ne trouvons point le nœud qui lie ces faits à leur caufe, & nous fommes pour les expliquer contraint d'avouer notre infuffifance; à l'exception de la correfpondance qui fe trouve établie entre le fluide magnétique & le fer, correfpondance dont nous avons tâché de donner quelque raifon, nous n'avons, quant aux autres, aucun moyen pour démontrer leur filiation, & les pôles de l'aimant, la direction de l'aiguille aimantée, fa déclinaifon du côté du nord, & fon inclinaifon vers la terre font autant de phénomènes dont nous ne pouvons ici fournir la folution. Toutes fois, quoique nous n'appercevions pas par quel endroit ces faits touchent à la caufe que nous avons nommée, ce qui ne vient fans doute que de l'obfcurité de la chofe, ou de la foibleffe de nos lumières, l'on ne peut inférer de là qu'ils n'en dépendent pas ; l'on doit même s'abftenir de les dire dépendans d'une autre, tant que cette autre caufe ne nous fera pas démontrée. Il femble que tous les faits qui viennent du magnétifme foient plus ifolés, moins liés aux autres faits de la nature, & beaucoup plus diftans de la caufe dont ils émanent, caufe fur laquelle ils ne renvoient aucun jour ; ils vont s'éloignant d'elle fans laiffer aucun figne, aucune trace qui puiffe, en nous ramenant de fon côté, nous aider à la reconnoître. Au lieu donc de nous livrer ici à des conjectures vagues, & à des recherches infructueufes fur les faits dont nous parlons, portons nos regards fur des objets qui puiffent encore nous prêter quelque appui ; paffons à l'examen des affinités chymiques.

De

LETTRE CINQUIÈME.

De l'Affinité.

L'AFFINITÉ, plus connue par ses effets que par son principe, se présente & s'annonce comme une qualité sympathique affectée aux élémens des corps, qualité qui, les portant à se rapprocher les uns des autres, attache à la matière une cause de mouvement, & semble, en les poussant de préférence vers ceux qui leur conviennent, donner à cette matière encore la faculté du choix, l'apparence du sentiment. Ainsi l'on voit ceux de ces principes qui ont entre eux quelque affinité se chercher au milieu de plusieurs autres, s'attirer, se joindre, & rester unis jusqu'à ce qu'il s'en présente un nouveau qui ayant plus de rapports avec l'un des précédens, s'y attache & chasse l'autre. L'on ne peut mieux comparer cette tendance réciproque & de préférence qu'ont entre eux les élémens des corps, qu'à ces prédilections dont les êtres intellectuels & sensibles paroissent égalemnt susceptibles, qu'à ces penchans particuliers qui les commandent, les entraînent, & déterminent leur attachement : & s'il nous faut rapporter les affections & les penchans de ces êtres à la conformité des humeurs & des goûts, nous croyons de même pouvoir attribuer à la ressemblance des parties la tendance particulière & de préférence qu'ont

* H h

entre elles les molécules de la matière. A cet égard le moral & le physique semblent avoir été calqués l'un sur l'autre, & ordonnés sur le même plan.

Il en est de l'affinité comme de l'attraction ; l'on peut bien dire ce qu'elle fait, mais non ce qu'elle est, ni d'où elle vient. Quelle que soit au surplus notre ignorance sur ce point, cela n'empêche pas qu'on ne se serve d'elle pour expliquer les phénomènes de la composition & de la décomposition des corps, comme on se sert de l'attraction pour expliquer le système du monde. L'on ne doit ainsi regarder ces mots d'attraction & d'affinité, que comme des termes par nous adoptés pour désigner quelque cause inconnue : reste à savoir s'il nous faut attacher à chacun de ces termes une idée différente ; si nous devons, en les employant, concevoir deux forces, deux puissances, dont l'une s'exerçant à distance & sur de grands objets, dirigeroit à part la marche des globes célestes, & règeroit, sous le nom d'attraction, leurs mouvemens respectifs, tandis que l'autre se renfermant dans l'intérieur de ces globes, s'exerceroit sous le nom d'affinité sur leurs molécules individuelles, & gouverneroit leurs principes ; ou si les termes dont nous parlons ne doivent servir qu'à énoncer deux effets dépendans d'une seule & même cause universelle, laquelle s'étendant sur tout ce qui existe, agiroit également, & sur les masses qui roulent sur nos têtes, & sur les principes mêmes dont ces masses se composent. De ces deux hypo-

thèfes, la feconde fans doute eft celle qui fe préfente avec plus d'avantage , & qui paroît plus
généralement adoptée par les Géomètres & les
Phyficiens ; quelques-uns d'eux nous ont même
démontré que l'attraction qui s'exerce en grand
fur les maffes n'eft en elle-même qu'une attraction compofée de toutes les attractions particuli-
lières qui s'exercent entre les molécules mêmes de
ces maffes ; & d'après cela fur-tout il feroit difficile de rendre l'attraction & l'affinité dépendantes
de deux caufes différentes. Mais en admettant
que l'attraction & l'affinité font des effets femblables, & dérivés d'un même principe , l'on ne peut
s'empêcher de croire que ce principe reçoit, dans
le cas des affinités, des modifications qui n'ont pas
lieu dans celui de l'attraction : des Géomètres non
moins célèbres que les précédens ont cru appercevoir que la raifon inverfe du quarré des diftances
ne fuffit plus pour expliquer les attractions dans
le point de contact (1). Et cela étant , il s'enfuivroit que la loi de l'affinité ne feroit pas la même
que celle de l'attraction : cette conféquence au
furplus renferme une vérité dont il feroit , indépendamment de la preuve que nous avons acquife
par l'obfervation précédente , impoffible de douter ; la chofe nous eft ici démontrée par le fait :
l'attraction agit fur tous les corps indifféremment

____

(1) M. *Bouguer*, Entretiens fur la caufe des inclinaifons
des planètes , p. 51.

H h ij

& fans choix en raifon de leurs maffes & à proportion de leurs diftances ; voilà fa règle, fa mefure, & fur quoi fe fonde la loi qu'elle obferve : il n'en eft pas de même de l'affinité ; elle fuit une autre marche ; elle affecte des diftinctions, des préférences ; c'eft fur la qualité, & non fur la pefanteur ou le volume des parties qu'elle fe règle ; il eft même à remarquer que c'eft entre les principes les plus légers & les plus tenus, tels que font les matières de la lumière & de la chaleur, que fon effet eft plus grand ; & d'après cela il n'eft point à douter que la loi qui la régit ne foit vraiment différente de celle de l'attraction. Cependant comment cela peut-il être ? Si nous n'admettons ici qu'une feule caufe agiffante fous ces noms d'affinité & d'attraction, comment fe fait-il que cette caufe ne fuive pas toujours la même loi ? Eft-il à croire qu'elle ait deux règles, deux mefures différentes, & qu'elle agiffe par des voies oppofées ? Non, il y auroit contradiction ; & de cette manière l'effet ne feroit en rapport ni avec lui-même, ni avec fa caufe : cela étant, il ne nous refte, pour expliquer les différences que nous avons reconnues dans les lois de l'affinité & de l'attraction, d'autre parti à prendre que de rapporter ces lois & les faits qui en dépendent à deux caufes différentes. Et qui nous empêcheroit d'embraffer cette hypothèfe ? Eft-il donc néceffaire de ramener tout à l'unité ? Il eft beau fans doute & glorieux pour l'homme d'avoir conçu l'idée d'une caufe qui foit la clef de tout, & de qui tout dépende. Cette idée eft vraiment grande & fublime, & je fuis loin de lui refufer ici l'hommage de mon admiration; je regarde moi-même la fimplicité dans les chofes comme le figne le plus marqué de la perfection; elle relève à mes yeux la beauté d'un ouvrage & le mérite de fon auteur. Cependant qui nous a dit que ce fyftême d'unité, que ce plan forgé dans notre imagination foit exactement celui de la nature? Pourroit-on croire cette nature moins puiffante quand, au lieu d'une caufe unique, elle eût admis plufieurs caufes indépendantes, lefquelles auroient chacune à part contribué à la formation du tout? La diverfité des produits n'eft-elle pas l'annonce & la preuve de la diverfité des moyens & des caufes (1)?

---

(1) Tout corps animé, ou fimplement organifé, eft, fi je puis m'exprimer de la forte, comme un petit monde, comme un petit tout, lequel étant confidéré dans fon enfemble, peut, d'après le fyftême particulier de fa compofition, nous donner quelques apperçus fur le fyftême du grand tout que l'on nomme l'univers. Chacun des corps dont nous parlons eft formé d'une quantité donnée de parties différentes, qui fervent toutes à l'établir & à le conferver dans l'état qui lui eft propre : toutes ces parties font ici également néceffaires à l'exiftence du tout, & l'on ne peut en détacher aucune fans déranger, fans détruire cet enfemble : cependant il n'en eft aucune qui ait la prééminence fur les autres, & l'on ne pourroit énoncer quelle eft entre les parties dont ces corps fe compofent, celle à

Au reste, quand tout ce qui existe seroit, ainsi qu'on nous le dit, sous la direction & dans la dépendance d'une cause première, s'enfuit-il que

---

laquelle s'attache la première cause physique de leur existence : il n'est personne qui puisse nous dire quelle est dans un animal, dans une plante, & même dans une machine quelconque, la partie principale de leur composition, & où réside la première cause dont nous parlons ; nous sommes d'après cela portés à croire qu'il n'y a point ici de première cause, & que les touts dont il s'agit sont, comme étant formés de parties différentes, sous la direction de plusieurs causes également différentes & indépendantes l'une de l'autre, & non sous la loi d'une seule cause prédominante. Or, ce que nous disons ici de ces touts particuliers, on peut le dire de celui qui comprend en lui la totalité des êtres ; ce grand tout n'est également qu'un composé de parties différentes, qu'un ensemble formé de toutes les parties réunies de la matière ; & comme tel, il nous paroît de même devoir être gouverné par plusieurs causes différentes, causes auxquelles il doit l'état, la forme & l'arrangement qu'il nous présente : la cause par laquelle il existe n'est point celle qui préside à l'arrangement de ses parties ; celle-ci de même n'est point celle qui produit le mouvement entre elles ; & pareillement celle qui agit à distance sur les masses, pourroit bien n'être pas la même que celle qui agit dans le point de contact sur les molécules. Cependant il n'est aucune de ces causes à laquelle on puisse donner de préférence le titre de cause première ; elles ont en s'associant ensemble, & en réunissant leurs pouvoirs, contribué chacune en particulier à donner au monde la consistance que nous lui voyons ; mais elles ne forment aucune cette puissance

l'on doive prendre l'attraction, ou la cause qu'elle repréfente, pour cette caufe première, de préférence à l'affinité (1), ou à toute autre caufe ?

---

unique dont il s'agit, elles ne repréfentent aucune cette caufe première : ainfi la fouveraineté ne peut dans une république être repréfentée par aucun des membres qui la compofent, quoiqu'elle ne foit dûe qu'au pouvoir réuni d'un chacun de ces individus. Il y a plus, un pouvoir formé des pouvoirs particuliers de toutes les caufes dont nous venons de parler ne formeroit point encore, ne repréfenteroit point cette caufe unique & indépendante dont il s'agit; d'où l'on peut conclure que cette première caufe phyfique n'exifte point; & fi, pour donner le branle à tout, & conduire toutes chofes à leurs fins, il eft befoin d'une caufe pareille dans la nature, ce n'eft point alors dans la matière, mais hors de la matière que nous devons la chercher. Ainfi, nous voyons les touts particuliers que nous avons ci-devant pris pour exemple, affujettis à recevoir leur impulfion, leur mouvement & leur action d'une caufe étrangère à leur conftitution. Tous les produits de l'art ne fe meuvent pas autrement. Une montre ne va qu'avec l'aide de la main qui la monte, & l'on en peut dire autant des produits de la nature : l'homme ne vit & ne refpire qu'avec le fecours de l'air ; &c, &c.

(1) Loin que l'attraction puiffe fe prendre pour une caufe première & indépendante, à peine nous paroît-elle capable de jouer dans la nature le rôle d'une caufe feconde; & fi, d'après les rapports que cette caufe prétendue peut avoir avec l'affinité, rapports qui fe démontrent, non dans les lois qu'elles obfervent, mais dans l'effet qu'elles produifent, nous voulons réduire ces deux caufes

Est-il à croire qu'une cause pareille puisse, quelle
que soit sa puissance, jouer le rôle d'une cause
universelle, d'une cause dans laquelle toutes les

à une seule ; & qu'alors il nous faille énoncer laquelle
des deux tire son origine de l'autre, laquelle par conséquent doit se perdre & s'anéantir dans l'autre, laquelle
enfin doit rester avec le titre de cause, il nous seroit à
cet égard impossible encore de regarder l'attraction comme
devant l'emporter sur l'affinité ; & loin que cette affinité puisse se dire émanée de l'attraction, c'est d'elle au
contraire que l'attraction provient & dépend. Il n'est d'a-
bord en ce qui regarde & les attractions qui se produisent
entre les principes de la matière, & les rapprochemens
spontanés qui s'opèrent entre ces molécules, il n'est, dis-
je, aucun doute que ces attractions & ces rapprochemens
ne viennent de l'affinité qui existe entre ces principes ; &
si l'attraction qui s'exerce sur les masses n'est, comme nous
l'avons vu plus haut, qu'un résultat de toutes les attractions
particulières qui s'exercent entre les molécules de ces
masses, nous devons d'après cela rester convaincus
que l'attraction, qu'elle s'exerce de près, ou de loin,
qu'elle agisse sur les molécules ou les masses, n'est dans
tous les cas, & de quelque manière qu'on l'envisage,
qu'un effet dépendant de l'affinité, effet qui, étant plein
& entier alors qu'il se porte sur les principes des corps,
& que ces principes sont en contact ou presque en contact, ne se montre, en se portant sur les masses, différent
de ce qu'il étoit alors, que parce qu'il va, comme le son
& la lumière, en s'affoiblissant, en perdant de sa quantité à mesure que les objets s'éloignent, & qu'il s'éloigne
lui même de la cause dont il émane. Alors ces distinctions, ces préférences, ces traits particuliers qui tiennent

autres doivent se confondre ? La cause qui attire
& rapproche les objets, peut-elle être la même
que celle qui les repousse & les éloigne ? Non,

à l'affinité, & s'attachent à son effet dans le rapprochement des objets, s'effacent & disparoissent dans l'éloignement des choses; aumoyen de quoi la cause dont il s'agit
ne paroît plus agir que par manière d'attraction, & en raison seule des masses & des distances: il seroit même, abstraction faite de leur éloignement, impossible qu'elle agît
autrement sur les corps ; & la raison, c'est qu'étant formés
de toutes sortes de principes, les corps ne font d'après cela
dans l'action attractive qui s'exerce entre eux, aucunement
susceptibles de ces distinctions & préférences qui ont lieu
entre leurs principes, & se fondent sur les rapports mêmes
que ces principes peuvent avoir entre eux : or, l'effet de
ces rapports se trouvant, au moyen de la réunion de ces
principes dans les corps, modifié & combattu, soit par les
différences qui se présentent dans les rapports des uns &
des autres, soit par les espèces d'aversions qui existent
entre quelques-uns d'eux, il ne peut alors, en ce qui concerne les corps, ou l'action qui se passe entre eux, il ne
peut, dis-je, résulter de la pluralité & du mélange réciproque de leurs principes, qu'une action composée,
qu'une tendance générale formée de toutes les tendances
particulières de ces principes entre eux, laquelle tendance
ne tenant en rien à la qualité de ces principes divers, &
n'admettant aucune préférence, se règle & se mesure
uniquement sur les masses & les distances. Il se pourroit
donc, & cela se déduit de ce que nous venons d'exposer, il se pourroit, dis-je, que l'attraction qui s'exerce sur
les corps ne fût en elle-même qu'un effet affoibli de l'affinité ; ainsi, de cette qualité sympathique qui porte les prin-

& conféquemment il n'y auroit encore dans l'hypothèfe d'une caufe première rien qui nous em-
pêchât de regarder l'attraction & l'affinité, ou les
caufes qui s'exercent fous ces noms, fuffent-elles
fubordonnées à une caufe fupérieure qui nous eft
inconnue, comme deux caufes vraiment différentes, & indépendantes l'une de l'autre. Il s'en faut
au furplus que nous foyons, quant à l'exiftence de
cette caufe première, fans moyens pour combattre cette hypothèfe ; eft-il dans le fait à fuppofer
que la nature ait fur un pivot feul fondé l'édifice
du monde ? Eft-il à croire qu'elle ait ainfi raffem-
blé toutes fes forces en un point, & qu'au lieu
de multiplier fes inftrumens, fes leviers, elle fe
foit dans fes moyens & fes caufes reftreinte à
l'unité ? Si cela étoit, n'auroit-elle pas conftamment & en tout fuivi le plan qu'elle auroit adopté ?
Pourquoi donc auroit-elle compofé fa matière de
plufieurs principes différens ? N'auroit-elle pas dû,
conféquemment à fon plan, fe borner à un feul
de ces principes ; & puifqu'elle ne l'a pas fait, ne
s'enfuit-il pas ou qu'elle a pu en d'autres chofes
également contrevenir à fa loi, ou qu'elle s'eft
dans fes ouvrages réglée fur un autre fyftème ?

---

cipes de la matière à fe rapprocher les uns des autres, &
à s'unir enfemble, de cette affinité qui régit ces molécules, auroit pu naître cette attraction générale, cette
puiffance univerfelle qui, de fon côté, va dirigeant le cours
des aftres, & régiffant les mondes.

Oferoit-on , pour infirmer cette conféquence , dire qu'en cela la nature ne s'eft point démentie , que les élémens de la matière ne diffèrent qu'en apparence & dans la forme , & qu'ils font tous réductibles en un feul ? Non , je ne crois pas que l'on puiffe ici fe permettre une pareille objection. Quoi ! la matière de la lumière pourroit fe confondre avec la terre ? la terre avec l'eau ? & celle-ci de même pourroit ne faire qu'un avec la matière de la chaleur ? Non , on ne peut le dire , ni le fuppofer ; différens par effence , ces élémens ne peuvent de la forte varier dans leur nature ; hors le pouvoir qu'ils ont tous également de fe placer dans l'efpace , hors quelques attributs communs qu'ils ont comme faifant partie de la matière étendue , ils n'ont d'ailleurs ni dans leur forme , ni dans leur caractère , ni dans leurs propriétés & qualités , ni enfin dans leurs effets , aucun rapport , aucune reffemblance entre eux. Il feroit donc impoffible & même abfurde de regarder ces élémens divers , foit comme pouvant fe réduire tous en un feul , foit même comme étant fufceptibles de fe convertir l'un dans l'autre : quelques - uns d'eux , il eft vrai , peuvent , foit en paffant de l'état fluide à l'état concret, foit en fe portant de l'état concret à l'état fluide , quelques-uns , dis-je , peuvent ainfi s'affimiler à des élémens d'une nature différente ; ainfi , les matières de la lumière & de la chaleur femblent, en prenant corps , adopter pour un temps l'état

& la confiſtance de la terre ; mais tout cela n'eſt que fictif, il n'y a rien de réel dans ces transformations, & c'eſt alors que l'on peut dire avec vérité que ces converſions & ces métamorphoſes ne ſont qu'apparentes & dans la forme : auſſi, dès que ces principes ſont par quelque moyen forcés de rompre agrégation, vont - ils tous, au ſortir de cet état précaire de concrétion & de fixité, reprenant leur forme première, & ſe réintégrant en tout dans leur état élémentaire ; toujours ils ſe reproduiſent tels qu'ils étoient avant leur detention, & toujours ils ſe montrent différens les uns des autres.

Il ſeroit, d'après ce que nous venons d'expoſer, difficile qu'il reſtât aucun doute ſur la pluralité des principes de la matière, ainſi que ſur les différences indélébiles qui exiſtent entre eux, & conſéquemment ſur l'irréductibilité de ces principes en un ſeul ; mais ce n'eſt pas aſſez que tous ces faits nous ſoient démontrés, il nous faut au pardelà regarder ces mêmes principes non-ſeulement comme étant en quantité, mais comme étant néceſſairement en quantité ; il nous faut conſidérer cette quantité de principes, cette multiplicité de matériaux, non comme un excès, non comme un luxe dans les moyens de la nature, mais comme une ſomme de données ſtrictement meſurée ſur le beſoin des choſes & la néceſſité, ſomme par conſéquent ſans laquelle la nature n'eût rien fait & produit ; en donnant l'excluſion à la plupart de ces principes, ne fe feroit-elle pas elle-même réduite à l'impuiffance ? Bornée à s'exercer fur un feul d'entre eux, elle n'eût jamais avec ce moyen unique produit autre chofe qu'une maffe condamnée à l'immobilité, fi fon principe d'adoption eût été la terre ou l'eau, ou qu'un fluide abfolument incoërcible, s'il eût été l'un de ces élémens actifs dont fe forme le feu. En vain le principe qu'elle auroit choifi auroit été pourvu de différentes qualités, en vain il eût été doué d'un reffort ; elle n'en eût pas, fans l'adjonction de quelqu'autre principe capable de tendre ou de détendre ce reffort, elle n'en eût pas, dis-je, tiré plus d'avantage. Dira-t-on que ce principe peut, en s'évertuant, en fe modifiant, fe porter de lui-même d'un état à un autre, & ce faifant, donner naiffance aux élémens divers que la nature s'eft procurés ? Eh ! comment, par quel moyen, & à l'aide de quoi ce principe étant fuppofé feul, tout cela pourroit-il fe faire ? Qu'attendre d'un principe folitaire & réduit à fes propres forces ? Eft-il de lui-même & fans fecours capable de rien produire, même de rien changer dans fon état ? N'eft-il pas, fous quelque forme qu'il ait paru d'abord, condamné à refter éternellement & invariablement le même ? Peut-il enfin être, devenir & repréfenter jamais autre chofe que lui ? Non, fi rien ne vient de rien, rien également ne peut venir d'un feul & unique principe ; au moins faut-il, pour qu'il fe produife,

pour qu'il s'engendre quelque chofe, le concours
de deux puiffances, de deux élémens différens; &
dans le fait rien ne fe produit autrement dans la
nature, rien ne s'y fait que par des mariages,
c'eft-à-dire, par des affociations, des mélanges,
& des neutralifations entre fes élémens. C'eft à
cela feul que fe doivent les métaux, les pierres,
les animaux, les plantes, en un mot tous les
êtres, tant vivans qu'inanimés qui exiftent dans
la nature.

Si la matière eft formée de plufieurs principes, & fi ces principes font néceffairement plufieurs, & effentiellement différens, il s'enfuit au
moins delà, que la nature n'a pas en tout fuivi
les voies de la plus grande fimplicité; & fi elle
s'en eft écartée en un point, elle a pu le faire également en d'autres, notamment en ce qui concerne les caufes, moyens & inftrumens dont elle
fe fert pour mettre, relativement à fes vues,
fes principes en action & fes matériaux en œuvre.
Il fe pourroit donc qu'elle eût, pour fe procurer plus d'aifance, admis, ainfi qu'elle l'a fait à
l'égard des principes de la matière, plufieurs caufes au lieu d'une; il y auroit même lieu de regarder la multiplicité des caufes, comme étant
en rapport avec la multiplicité de ces principes,
comme une conféquence de cette multiplicité. Ces
principes étant tous avec des traits, un caractère,
des vertus, & une forme différente, ils font d'après
cela cenfés devoir fe régir par des lois différen-

tes, & ne pouvoir être mus que par des moyens différens; ce qui nous force à reconnoître différentes caufes dans la nature. Chaque principe porte quelque chofe en lui qui ne fe trouvant point dans les autres le différencie, détermine fa manière d'être, & règle fa manière d'agir, de forte qu'ils font tous pouffés à l'action par ce quelque chofe qui diffère en eux, & qui leur faifant produire des effets différens, conftitue dans chacun d'eux une caufe différente de mouvement & d'action. Des formes diverfes que préfentent ces principes fe tirent la plupart des caufes qui les font agir, & qui venant delà, font autant différentes entre elles, & autant indépendantes l'une de l'autre, que le font les principes mêmes qu'elles conduifent à l'action; elles tiennent à leur ténuité, à leur légéreté, à leur pefanteur, à leur expanfibilité, en un mot au reffort dont quelques-uns font doués. Ainfi, de ce reffort que poffèdent certains élémens peuvent venir, fuivant qu'il fe comprime ou qu'il fe lâche, & la caufe qui condenfe, & la caufe qui dilate; & l'on fent en même temps que le principe qui en eft pourvu doit avoir une autre énergie, une autre action, un autre effet que celui qui fe trouve privé d'un pareil avantage; n'ayant ni la même forme, ni les mêmes moyens, ces principes ne fuivent point la même marche, ils n'obéiffent point également aux impulfions qui leur font données, ils ne mettent point dans l'action qu'ils exercent à leur tour les uns fur les autres la même expreſſion , & ces différences ne peuvent, comme on voit, ſe rapporter qu'à des cauſes différentes attachées à la nature même de ces principes.

Il n'eſt au ſurplus, ſans chercher d'autres raiſons, beſoin que de faire attention aux faits divers qui ſe produiſent ſous nos yeux, pour ſentir que ces faits ne partent point d'une même ſource, & qu'ils ne peuvent, vu leur oppoſition, ſe rapporter qu'à des cauſes abſolument différentes. Ne voit-on pas que la cauſe qui attire n'eſt point celle qui repouſſe, qu'il ne peut y avoir entre celle qui produit la chaleur, & celle qui nous refroidit aucune ſorte d'identité , que celle qui détruit eſt néceſſairement autre que celle qui vivifie , & qu'enfin celle qui porte les objets à ſe rapprocher les uns des autres n'eſt point du tout celle qui donne aux mixtes quelconques des vertus & des propriétés différentes de celles que poſſédoient leurs principes conſtituans avant leur réunion ? Nous faut-il autre choſe que l'énoncé de ces faits pour nous convaicre que la nature doit, pour les produire , & ſans qu'elle puiſſe s'en diſpenſer , ſe ſervir de pluſieurs moyens, de pluſieurs cauſes différentes ? Et s'il en étoit autrement , il nous ſeroit impoſſible de rien comprendre dans ſes opérations, & d'expliquer aucun de ſes phénomènes ; ce n'eſt pas tout : il eſt à croire encore que ſi la nature n'eût, comme nous l'avons dit , rien fait , & rien produit avec un ſeul principe matériel, il eſt, dis-je, à croire

qu'elle

qu'elle n'eût pareillement rien opéré avec une feule
& unique caufe, laquelle n'ayant, & ne pouvant
avoir qu'une action, qu'un effet, qu'une forte d'expreffion, n'auroit, à bien prendre, été dans fes
mains qu'un inftrument inutile dont elle n'eût jamais, fans le concours de quelque autre caufe, tiré
le moindre avantage pour l'exécution de fes projets; non: par la même raifon que l'homme ne
pourroit faire une montre avec une roue feule, la
nature de même n'auroit pu déployer fes forces,
exercer fon induftrie, ni fortir de l'inaction, fi fes
moyens euffent été reduits à une feule caufe; &
l'on conçoit que fi cette caufe donnée eût été l'attraction, ou la caufe que repréfente l'attraction,
l'on conçoit, dis-je, qu'avec un moyen dont l'effet
fe borne à attirer & à rapprocher les objets, elle
n'eût fait autre chofe que d'amener en un point,
que de réunir dans une feule maffe toutes les parties éparfes de la matière, après quoi elle les eût
néceffairement & pour toujours laiffées dans cet
état d'agrégation; & fi, au lieu d'être attractive,
cette caufe unique eût été répulfive, alors loin de
refter raffemblées, toutes les parties quelconques
de la matière fe feroient au contraire maintenues
dans un état forcé de divifion & de difperfion; &
la nature n'auroit avec une caufe conftamment oppofée à toute agrégation pu former aucun corps,
ni produire aucun être. A cet égard encore gar-
dons-nous de croire qu'une caufe pareille, fuppofée feule & unique, puiffe & fe modifier, & don-

ner, en fe modifiant, naiffance à d'autres caufes dont la nature pourroit s'aider dans fes opérations; non : quelque modification qu'une caufe première puiffe éprouver, il ne peut d'elle, malgré cela, fortir aucune caufe capable de la combattre; & dùt cette caufe perdre, en fe modifiant, quelque chofe de fon action accoutumée, il n'eft point cenfé qu'elle puiffe au par-delà fe porter à des effets diamétralement oppofés à ceux qui lui font propres; d'ailleurs ne voit-on pas que tout ce qui pourroit agir fur cette caufe, que tout ce qui pourroit la modifier deviendroit dès-lors pour la nature, non une caufe feconde, mais une feconde caufe auffi réelle, auffi puiffante & auffi indépendante que celle dont nous parlons, & celle-ci cefferoit d'être feule & unique.

Quelle idée d'après cela nous faut-il avoir & d'un premier principe d'où feroient fortis les élémens divers dont fe compofe la matière, & d'une première caufe d'où proviendroient également toutes les caufes qui s'exercent dans le monde? Peut-on regarder ce principe générateur, & cette mère caufe phyfique, autrement que comme des êtres de raifon qui n'exiftent que dans notre imagination, & qu'en vain nous cherchons à faifir? Il nous fuffit ici de jetter un coup d'œil fur le globe même que nous habitons, pour fentir que ce globe qui va d'un pas égal & mefuré fe promenant dans l'efpace, & fe trouve d'ailleurs pourvu d'êtres & de fubftances diverfes, n'eft ni formé d'un feul prin-

cipe, ni mu & animé par une feule caufe. Il eft,
en obfervant les faits de la nature, aifé de reconnoître la voie qu'elle a dû prendre pour remplir
fon objet; elle s'annonce dans la diverfité de fes produits, & cette diverfité n'eft point compatible avec
l'unité des moyens : il nous faut par conféquent
abandonner une hypothèfe qui, n'ayant pour
elle qu'un charme illufoire, ne fe recommande
d'ailleurs par aucune probabilité, ne pofe fur aucune bafe, & ne peut, n'étant point en rapport
avec les faits qui fe préfentent à nos yeux, fe
trouver d'accord avec le plan que la nature a fuivi :
vouloir que cette nature ait ainfi tout fait & tout
produit avec un feul principe, & par un feul moyen,
c'eft vouloir plus qu'il n'eft poffible ; loin de lui
rien donner, on lui ôteroit par là tous fes moyens
d'agir ; l'on ne feroit, en croyant annoblir fon
travail, (car tel eft le but de cette hypothèfe),
l'on ne feroit, dis-je, qu'empêcher fon action,
& de cette manière, l'on réduiroit, je le répète,
l'ouvrière à l'impuiffance, tout en voulant attacher à fon opération le mérite tant vanté de la
fimplicité. Non : quelque éclat qu'un pareil fyftême ait pu jetter fur fon action, ce n'eft point
d'après lui que la nature s'eft réglée, ce n'eft point
par la voie qu'il lui auroit ouverte qu'elle s'eft
pouffée dans la carrière immenfe qu'elle a par-
courue ; l'honneur qu'elle auroit pu fe procurer,
en le fuivant, n'eft point celui qu'elle a cherché ;
enfin, ce n'eft point dans l'unité, dans cette fource

inféconde qu'elle a puifé les matériaux du monde qu'elle a formé : auffi rien n'eft-il moins fimple que les produits qu'elle nous offre ; le moindre des êtres ne fe doit qu'à des combinaifons particuliè-res , & à l'affociation néceffaire de plufieurs prin-cipes différens ; loin qu'il en foit ainfi que nous venons de l'expofer, ce n'eft au contraire que de la multiplicité de fes principes & de fes caufes que la nature tire fa force , fa puiffance & fes fuccès ; elle a fur la quantité de ces données arrangé fon plan, & mefuré fon action ; de là, la grande variété que l'on obferve dans fes produits , variété qui ne pouvant s'expliquer lorfque ces données fe rédui-foient à une, devient conféquente & en rapport dès qu'il y a quantité ; & l'on doit fentir que , fi la nature n'eût, comme nous l'avons obfervé plu-fieurs fois, rien fait & rien produit avec une feule de ces données, l'on doit, dis-je, fentir qu'elle n'eût pas fait beaucoup plus avec deux ; qu'au moins elle n'auroit jamais pu faire avec ces deux données ce qu'elle a fait avec quatre : une ou deux données de plus doivent, en augmentant le nombre des combinaifons poffibles , augmenter confidérable-ment celui de leurs réfultats. Il nous feroit, autre-ment que par cette voie, difficile d'expliquer la conftitution préfente du monde , ainfi que l'exif-tence des êtres & fubftances diverfes dont il eft pourvu : il faut donc , pour que les chofes foient telles qu'elles fe préfentent , qu'il y ait pluralité, diverfité , & qui plus eft, oppofition , tant dans les principes élémentaires de la matière, que dans les moyens ou causes dont la nature se sert pour les mettre en œuvre. J'ajoute ici qu'il faut qu'il y ait opposition dans ces principes & ces causes, & cela, parce que ce n'est qu'ainsi que la nature peut en tirer parti, parce que si ces principes & ces causes étoient les mêmes, ou à-peu-près les mêmes, elle n'obtiendroit de leur action respective que des produits semblables, ou à-peu-près semblables, & non des effets divergens & contraires ; parce qu'enfin ce n'est qu'à l'occasion des combats qu'elles se livrent en raison de leur opposition, & par les efforts qu'elles font pour vaincre la résistance qu'elles éprouvent, que les causes dont nous parlons peuvent faire montre de leurs forces, & donner, en les rassemblant, tout l'effet dont elles sont susceptibles. Cela posé, il n'est, pour en revenir à notre objet, rien alors qui puisse nous empêcher d'admettre l'attraction & l'affinité, ou les causes qu'elles représentent, ayant, l'une, action sur les masses ; & l'autre, sur les molécules de la matière, au rang de ces causes données que la nature fait servir à l'exécution de ses projets, & de les prendre, vu la différence des loix qu'elles observent, pour deux causes vraiment différentes, & indépendantes l'une de l'autre. Ainsi, l'on pourroit regarder l'une de ces causes, savoir, l'attraction, comme un levier invisible qui, se portant d'un bout du monde à l'autre, s'emploieroit par la nature pour mouvoir les corps célestes, & nous feroit voir en cela l'étendue de fa puiſſance, tandis que l'autre feroit dans ſes mains comme un inſtrument qui ne s'employant qu'à des ouvrages fins & délicats, ſerviroit de ſon côté à nous faire connoître celle de ſon intelligence.

Au reſte, quand l'attraction & l'affinité feroient, ainſi qu'on le prétend, engendrées l'une de l'autre, quand elles ne repréſenteroient enſemble qu'une même cauſe, & qu'elles n'auroient l'une & l'autre qu'une même ſource ; quand enfin il exiſteroit, malgré ce que nous venons de dire, une première cauſe phyſique dont elles feroient émanées, comme cette première cauſe nous eſt, & nous fera peut-être toujours inconnue (1),

____

(1) L'ignorance dans laquelle nous reſtons à l'égard de cette première cauſe phyſique forme un grand préjugé contre ſon exiſtence, & nous donne particulièrement lieu d'en douter ; car, pourquoi cette cauſe qui préfide à tout, à qui tout eſt lié, & de qui tout dépend, nous feroit-elle moins connue que les autres cauſes qui agiſſent dans la nature ? Pourquoi ne ſe feroit-elle pas, comme celles-ci, ſentir & appercevoir en tout ? N'aurions-nous pas même, vu l'étendue de ſes fonctions, plus de moyens & d'occaſions pour la découvrir, ſi elle exiſtoit, que nous n'en avons à l'égard des autres ? Et comme, malgré cela, nous n'avons encore pu la faiſir, quelques efforts que l'on ait faits de tout temps pour y parvenir, il y a vraiment lieu d'en conclure qu'elle n'exiſte point. Quant à moi, je ne conçois pas comment cette cauſe ſuppoſée toujours en action, pourroit, ſi ſon exiſtence étoit réelle, ſe maintenir de la ſorte dans une invincible obſcurité.

qu'elle ne peut être repréfentée ni par l'attraction, ni par l'affinité, lefquelles ne pourroient par elles-mêmes en remplir les fonctions, & vu que nous ignorons auffi d'où procède cette attraction qu'on dit être la fource de l'affinité, tout cela ne nous forceroit point encore à les confondre enfemble, & n'empêcheroit point, au moins jufques à ce que ces vérités prétendues nous foient mieux démon-trées, qu'on ne puiffe confidérer l'affinité ou comme faifant caufe à part, ou comme procédant d'une caufe particulière très-diftincte de celle de l'attraction. Ainfi, fans nous occuper davantage de toutes ces queftions, attachons - nous exclufive-ment à l'examen de cette affinité, & fans faire attention aux rapports qu'elle peut avoir avec l'at-traction, voyons à part quelle peut être la caufe dont elle émane : cherchons enfin s'il n'y auroit pas quelque voie non encore tentée qui puiffe nous mener jufques à cette caufe, & nous con-duire de là à l'explication de tous les effets qui en proviennent.

En ramenant notre attention fur l'affinité, nous nous croyons difpenfés de répéter comment elle agit, & quelle eft la loi qu'elle obferve dans fon action ; j'ai feulement, avant de remonter à fon origine, à vous faire remarquer qu'en elle ré-fide un des grands moyens de la nature, celui précifément qu'elle adopte pour faire fes mélan-ges & fes combinaifons ; c'eft par elle en effet que fe font comme d'elles-mêmes & fes compofitions,

& fes décompofitions : ainfi, l'inftrument dont elle fait ufage pour la formation des êtres peut lui fer-vir encore pour opérer leur diffolution, & cet inftrument n'eft autre que l'affinité ; telle eft la voie qu'elle s'eft ménagée tant pour fatisfaire à ces objets, que pour cacher aux yeux de l'homme le travail de ces grandes opérations : toutefois l'obfcurité dont elle s'eft envelopée n'a point em-pêché que l'art ne lui ait déja dérobé une partie de fon fecret ; & s'il n'a pu pénétrer jufqu'au principe de la chofe, il en a du moins deviné la manœuvre : l'affinité apperçue par le chymifte eft devenue pour lui un moyen d'imiter la nature, moyen dont il fe fert à fon exemple pour joindre ou féparer les fubftances à fon gré ; & c'eft par lui que fe font & s'expliquent en Chymie les dif-folutions, les précipités, les effervefcences, &c. Venons à préfent à la caufe de cette affinité ; mais avant d'expofer nos propres idées, jettons un coup d'œil fur la théorie ingénieufe que M. Sage nous a déja donnée fur cet objet.

Cet habile Chymifte ayant remarqué que les effets de l'affinité répondoient affez exactement à la pefanteur des fubftances, ou, pour mieux dire, à la pefanteur de leurs diffolvans, & voyant qu'un diffolvant plus léger cédoit habituellement la place à un diffolvant plus pefant, il a, d'après cela, cru devoir placer la caufe de l'affinité dans la pe-fanteur même de ces diffolvans, autrement, dans la pefanteur des acides, qui en font ordinairement les fonctions ; & les expériences dont il s'appuie rendent cette hypothèse infiniment probable. Cependant, quoique la plupart des faits dûs à l'affinité puissent servir à confirmer cette opinion, il en est dans le nombre qui, loin de la favoriser, paroissent militer contre elle, & ces exceptions jettent de l'ombre sur la vérité que M. Sage veut établir. L'on a, par exemple, dans ce système peine à expliquer pourquoi les acides nitreux & marin, & sur-tout l'acide nitreux, ont dans quelques occasions plus d'effet sur certaines substances, & conséquemment plus d'affinité avec elles que l'acide vitriolique, quoique celui-ci soit beaucoup plus pesant qu'eux.

D'un autre côté, si l'affinité avoit, ainsi qu'on le suppose, sa source dans la pesanteur, son effet pour lors seroit censé devoir se régler non-seulement sur la pesanteur des dissolvans quelconques, mais encore sur la pesanteur des substances que l'on soumet à leur action ; & cela étant, la plus grande affinité de l'acide seroit nécessairement avec la terre qui se présente comme le plus pesant & le plus fixe des élémens, & non avec le principe inflammable qui se montre le plus léger de tous : cependant, loin qu'il en soit ainsi, c'est au contraire avec ce dernier qu'il a la plus grande affinité, & l'on voit qu'il n'en a presque point avec la terre, l'on pourroit même dire qu'il n'en a aucune avec elle.

Si les raisons qui précèdent nous empêchent de placer la cause de l'affinité dans la pesanteur en général, encore moins pourrions-nous l'établir dans la pefanteur de telle ou telle fubftance en particulier, & notamment dans celle des acides ; loin même que nous puiffions trouver dans la pefanteur dont les acides font doués la fource de l'affinité, à peine pouvons-nous expliquer par elle, je ne dirai pas l'affinité qu'ils ont avec les fubftances, mais le plus ou moins d'affinité qu'ils ont avec elles, ou, pour m'énoncer plus clairement, les différences qu'ils nous offrent dans leur affinité avec elles ; l'acide en effet n'a, en qualité de principe fimple, qu'une pefanteur donnée, qu'un degré déterminé de pefanteur, lequel eft, comme celui des autres élémens, fixe & invariable, de forte qu'on ne peut attribuer à des différences qui n'exiftent point, ou qui n'exiftent qu'en apparence dans fa pefanteur, celles qui fe remarquent dans l'affinité des acides. Et fi les acides vitriolique, nitreux, marin & autres, diffèrent en pefanteur, ce n'eft point qu'il y ait aucune variation, ni aucune différence dans la pefanteur de leurs parties élémentaires, & l'on ne doit rapporter les différences obfervées dans la pefanteur de ces acides qu'à l'état de modification où ils fe trouvent, qu'au degré de concentration qu'ils peuvent avoir, &, pour tout dire en un mot, qu'à la réunion d'un nombre plus ou moins confidérable de parties dans le même efpace feulement donné, ce qui doit, fans que la pefanteur de leurs parties élémentaires en foit augmentée ou diminuée, & fans que cela puiffe influer fur leur affinité, rendre ces acides plus ou moins pefans. Il nous faut donc regarder la plus grande pefanteur des uns, non comme une pefanteur qui leur foit donnée par la nature, mais comme une pefanteur acquife, & dûe, ou à l'adjonction de quelque principe étranger, tel que l'eau, ou, comme nous venons de le dire, à l'agrégation d'un très-grand nombre de parties raffemblées dans le même volume; & quant à la moindre pefanteur des autres, nous ne la regarderons à fon tour que comme une pefanteur fondée fur une moindre quantité de parties pondérantes, & conféquemment comme une pefanteur moins éloignée de la pefanteur propre à l'acide. Cela pofé, l'on conçoit pourquoi tel ou tel acide a plus d'action qu'un autre fur les fubftances qu'on lui préfente, & l'on en trouve la raifon, non dans la prépondérance de cet acide, mais dans la quantité des parties intégrantes qui fervent à établir cette prépondérance; l'action d'un acide quelconque n'étant en elle-même que la fomme des effets dûs en particulier à chacune des parties dont il fe compofe, l'on fent que cette action doit être plus ou moins forte en raifon du nombre donné de ces parties. L'on feroit tenté d'en dire autant quant à fon affinité: mais, quoique nous ayons placé dans la quantité des parties dont les acides fe compofent, la caufe de leur pefanteur différente, nous ne croyons pas devoir fur la même bafe fonder leur affinité. L'on fent de refte que chaque partie d'acide doit, fût-elle feule, avoir autant d'affinité que si elle étoit en agréga-gation avec d'autres, ce qui nous montre que l'af-finité dans les acides n'est point liée à la quantité de leurs parties intégrantes, & l'on voit par ce qui précède qu'elle tient encore moins à leur pesan-teur.

Au surplus, quand sur ce point nous nous rap-procherions des idées de **M. Sage**, quand ici nous accorderions quelque chose à la pesanteur, quand enfin nous attribuerions à la pesanteur différente des acides précédemment énoncés le plus ou moins d'affinité qu'ils ont avec les substances, nous n'en ferions guère plus avancés ; cela ne nous meneroit point encore au but que nous cherchons ; & dus-sions-nous obtenir par ce moyen une mesure pro-pre à nous faire connoître le degré d'affinité que ces acides peuvent avoir ; dussions-nous même trouver dans cette pesanteur la cause précise des différences qui se remarquent dans leur affinité comparée ; à cela seul se réduiroit l'avantage de cette hypothèse : elle nous donneroit bien la rai-son des différences, mais non celle de l'affinité, & jamais l'on n'apprendroit par là d'où vient origi-nairement l'affinité de l'acide avec les autres subs-tances, il nous seroit, avec cette donnée, im-possible d'arriver jusques-là.

Telles sont les raisons qui militent contre l'hypothèse de **M. Sage**, & qui, l'emportant sur toute autre considération, nous empêchent de

j'adopter : *Amicus Plato, sed magis amica veritas.*
Il est d'ailleurs à remarquer que l'affinité, si elle
se fondoit sur la pesanteur, ne s'exerceroit sur les
corps qu'en raison de leurs masses ; &, comme nous
l'avons déja dit, ce n'est point là la loi qu'elle observe, c'est sur la qualité, & non sur le volume
des matières qu'elle se regle, autrement l'affinité
s'assimilant à l'attraction se confondroit avec elle ;
& quant à cela, nous ne pouvons encore, d'a-
près la distinction que nous avons établie, ou tâché d'établir entre l'une & l'autre, nous ne pouvons, dis-je, les regarder comme ne faisant qu'une
même chose, ou comme n'ayant qu'une même
cause ; non : nous ne pouvons nous prêter à cette
supposition ; il nous faut en un mot, pour expliquer des effets aussi frappans & aussi sensibles que
le font ceux de l'affinité, une cause qui soit moins
abstraite, plus accessible, &, si je puis m'exprimer
ainsi, plus palpable que celle de l'attraction. Voyons
à présent quelle peut être cette cause.

Si l'attraction, ou, pour parler plus exactement,
si la force attractive qui gît dans la matière, & va
de là s'exerçant sur les globes qui roulent dans les
espaces célestes, si, dis - je, cette force, dont
Newton nous a démontré l'existence, est une des
bases sur lesquelles pose le système du monde,
une de ces lois générales à laquelle tous les êtres
obéissent, il est, outre cette force motrice, outre
ce principe de gravitation qui, comme nous l'a-
vons observé, n'est, & ne peut être seul & unique,

il eſt, dis-je, une autre loi qui n'a guere moins d'influence dans les effets de la nature, & qui s'annonce dans la tendance qui porte toutes les parties ſimilaires de la matière, lorſqu'elles ne ſont point arrêtées par quelque obſtacle, à ſe mettre en équilibre enſemble ; & l'on ne doit ici former aucun doute ſur l'exiſtence de cette loi ; c'eſt à elle préciſément qu'obéiſſent tous les fluides & liquides étant aƈtuellement dans l'état de fluidité, & de même tous les principes des corps étant dans leur état élémentaire. Il faut d'un autre côté nous garder de confondre cette tendance particulière des molécules homogènes de la matière les unes vers les autres avec celle qui fait graviter les corps, & prend ſa ſource dans l'attraƈtion ; il n'y a dans le fait aucun rapport entre elles, & l'on ne peut juger ces tendances identiques, ni les croire dérivées d'une même cauſe, vu qu'elles ne ſuivent ni la même règle, ni la même marche, vu que l'une va s'exerçant ſur les molécules dont nous parlons, ſans aucun égard à leur peſanteur, tandis que l'autre au contraire ne s'exerce ſur les corps qu'en raiſon de leurs maſſes, vu enfin que celle-ci agit, ou peut agir à diſtance, pendant qu'il faut, pour que la première obtienne de l'effet, que les molécules ſur leſquelles elle s'exerce ſoient en contaƈt, ou preſque en contaƈt. Ce n'eſt pas tout : il nous faut encore regarder cette tendance des molécules homogènes de la matière les unes vers les autres, non comme une faculté qui ſoit excluſivement accordée aux fluides

& aux liquides quelconques , mais comme une propriété générale de la matière , comme une vertu fpécialement attachée à tous les élémens dont elle fe compofe, en un mot, comme une loi qui les commande, & à laquelle ils obéiffent toutes & quantes fois ils fe trouvent en liberté , & dans leur état élémentaire. Nous ne pouvons dès-lors nous difpenfer de mettre cette loi de l'équilibre au rang des grands moyens de la nature , & de la regarder , ainfi que l'attraction , comme une loi vraiment fondamentale , vraiment independante , & d'autant moins fubordonnée , qu'elle s'attache aux racines mêmes des chofes : l'on voit par là que cette loi , quoiqu'elle ne paroiffe s'exercer que fur les fluides & les liquides , n'eft pas autant bornée dans fes fonctions ; & fi ces fluides font, d'une manière plus marquée, régis & gouvernés par elle, cela ne vient , on le fent , que de ce que toutes les parties dont ils fe compofent font actuellement ou dans leur état élémentaire , ou dans un état très-voifin de leur état élémentaire. D'un autre côté, quoique cette même loi paroiffe fans pouvoir & fans fonctions fur les folides , l'on ne doit pas croire pour cela qu'elle foit abfolument nulle à leur égard ; tout folide en effet n'eft en lui-même qu'un amas de parties recueillies de différens principes , lefquelles ayant , avant leur agrégation , exifté prefque toutes dans l'état de fluidité , doivent avoir alors éprouvé le pouvoir de cette loi; & fi depuis elles ont ceffé de lui obéir , on ne peut

imputer leur variation fur cet article à l'impuiſ-
fance de la loi, mais bien à l'état forcé d'agrégation où elles ſe trouvent, & aux circonſtances
diverſes qui les y maintiennent : toutefois ces
parties captives ſemblent dans cet état encore
reconnoître ſon pouvoir ; elles nous donnent
même, quoique d'une manière implicite, la
preuve d'une ſoumiſſion actuelle à la loi dont
il s'agit, dans la diſpoſition conſtante où elles
ſont de ſe remettre en équilibre avec les principes qui leur ſont analogues, dès que les
moyens leur en feront rendus, dès qu'elles
pourront ſe dégager, & à l'aide de quelque véhicule ſe rétablir dans leur ancien état. L'on ne
peut donc, quoiqu'elle ſoit actuellement ſans
exercice fur les ſolides, regarder la loi de l'é-
quilibre comme une loi qui leur ſoit étrangère
& indifférente ; & ſi les parties jadis fluides dont
ces ſolides ſe compoſent ſe trouvent, par une de
ces révolutions qui ſe produiſent chaque jour
dans la nature, momentanément ſouſtraites à ſa
puiſſance, on ne doit pas pour cela la croire
déchue de tous les droits qu'elle peut avoir fur
elles ; non : elle les conſerve tous, elle n'abandonne point ces parties, elle les ſurveille juſques dans leur fixité pour les ſaiſir alors qu'elles
ſe dégageront, & les faire auſſitôt rentrer ſous
ſon obéiſſance ; ſon pouvoir fur elles n'eſt ainſi
qu'arrêté ou empêché dans ſon action, & non
pas, comme on pourroit le penſer, tout-à-fait
nul

nul à leur égard, ou détruit fans retour à caufe de leur fixité. Telle eft l'idée qu'il nous faut prendre d'une loi qui , balançant en quelque forte dans la nature le pouvoir de l'attraction , femble , en laiffant à celle-ci la conduite des maffes , s'attacher exclufivement aux molécules élémentaires de ces maffes, pour les tenir fous fa direction, tant qu'elles font dans leur ténuité , dans leur fimplicité originelle , c'eft-à-dire , tant qu'elles fe confervent volatiles, fluides ou liquides , ne ceffant de leur commander qu'au moment qu'elles fe folidifient dans les corps , & pendant qu'elles fubfiftent dans cet état de concrétion.

Il y a donc , outre cette force particulière qui fait que tous les corps s'attirent , d'autres lois, d'autres forces établies dans la nature (1) ; & parmi ces lois, il eft celle de l'équilibre que nous avons

____

(1) Les faits femblent fur ce point s'accorder avec nos idées : en obfervant ce qui fe paffe dans la nature , nous découvrons que tous les corps fans exception gravitent vers la terre , & qu'indépendamment du centre commun de gravité qu'ils y rencontrent , & vers lequel ils tendent, ces corps ont en eux-mêmes un autre centre de gravité fur lequel pèfent également toutes les parties qui les conftituent ; voilà , quant à ces corps, fur quoi tombent nos remarques fur eux. Mais tandis que les chofes fe paffent de la forte à leur égard , nous voyons d'un autre côté que les principes élémentaires de ces corps , fi pourtant l'on en excepte la terre & l'eau, affectent, alors qu'ils font libres , alors qu'ils font dans leur état élémentaire , ou lorf-

distinguée entre toutes , & fur laquelle , avant de poursuivre nos recherches fur l'affinité , nous avons cru devoir un moment arrêter notre attention. Il

qu'ils peuvent fe dégager des corps , une tendance bien différente ; loin de fe porter vers la terre , ceux-ci cherchent au contraire à s'en éloigner , & vont , comme s'ils avoient une force centrifuge , s'élevant dans les airs, & fe diffipant dans l'efpace ; telle eft leur direction & leur marche : or, en comparant ces faits , n'avons-nous pas dans leur oppofition même la preuve acquife de tout ce que nous avons dit , tant fur la diverfité des lois qui régiffent le monde , que fur les diftinctions qui font à faire entre l'attraction & l'affinité , ou les caufes qu'elles repréfentent ? D'où viendroient en effet cette tendance , cette direction, cette marche fi différente des corps, & des principes des corps, fi ce n'eft des lois différentes qui les commandent, & dans lefquelles nous découvrons d'une part le principe de l'attraction, & de l'autre celui de l'affinité. A préfent veut-on favoir pourquoi ces lois que nous fuppofons exiftantes , & en exercice dans la nature , ont été, fi l'on en excepte l'attraction, méconnues jufqu'ici ? Il nous fera facile encore d'en donner la raifon : cela ne vient , à ce qu'il me femble, que de ce que les Phyficiens , & fur-tout les Géomètres qui ont les premiers découvert l'attraction, & mefuré fon effet, ne fe font guères jufqu'à préfent occupés que des corps, lefquels font conftamment régis par cette attraction, & non des principes des corps que nous eftimons foumis à d'autres lois ; de forte qu'ils fe font comme à l'envi plû à rapporter à cette caufe qu'ils voyoient feule s'exerçant fur les corps, & qu'en conféquence ils croyoient feule chargée de tous les pouvoirs de la nature , la plupart des effets qui fe produifent dans le monde , même

étoit, avant tout, befoin de conftater l'exiftence
de cette loi ; il nous importoit principalement de
faire connoître la nature de fes fonctions, & la me-

---

ceux qui pouvoient appartenir à d'autres caufes, & notamment ceux qui dépendent de l'affinité. Cependant l'on
doit fentir que les corps ne font ici que des êtres fubal-
ternes, qu'ils n'ont rang dans la nature qu'après les principes mêmes dont ils font compofés, & que s'ils ont encore, malgré l'agrégation, le mélange & la fixité de leurs
principes conftituans, quelques qualités particulières, ils
ne peuvent certainement avoir, ni les vertus, ni les propriétés, ni l'énergie de ces principes fimples étant dans
leur activité ; qu'ainfi l'on ne peut par les lois qui les régiffent juger de celles qui font propres à ces principes, ni
les eftimer les mêmes ; non : l'on ne peut ainfi d'après ce
que les corps nous préfentent dans leur enfemble, juger
des principes qui les conftituent ; ce n'eft au contraire
qu'après avoir, en décompofant ces corps, pris connoiffance d'un chacun de leurs principes, & avoir par-là découvert quels ils font, & ce qu'ils font, que nous pouvons
juger d'eux & des lois qu'ils obfervent, peut-être même
encore de celles qui font relatives aux corps. Quoi qu'il en
foit, nous concevons que s'il eft pour ces corps, pour ces
maffes paffives, & fujettes à deftruction, des lois particulières qui leur foient affectées, telle que l'attraction ;
il doit à plus forte raifon y avoir pour les principes
qui les compofent, pour ces premiers êtres de la nature,
pour ces élémens actifs & indeftructibles qu'elle fait fervir à tout, des lois qui foient faites pour eux, des lois qui
foient appropriées à leur état, à leur ténuité, à leur expanfibilité, & qu'en conféquence l'on doit eftimer très-
différentes de celles faites pour les maffes. L'on ne doit

K k ij

fure de fon pouvoir ; & nous ne pouvions nous refufer à cet examen préliminaire , d'autant que c'eft à cette loi même que nous devons les moyens

---

donc point s'étonner que ces principes puiffent avoir une tendance contraire à celle des corps gravitans vers la terre , & qu'ils fuivent dans leur marche une direction diamétralement oppofée. L'on peut ainfi , & les tentatives heureufes que l'on en vient de faire nous en offrent la preuve, l'on peut, dis-je, à l'aide de ces principes fugaces, & en raifon de leur tendance particulière, élever, alors qu'ils font recueillis & contenus dans une enveloppe, des poids affez confidérables dans l'air. Il fuffit pour cela que ces principes , & n'importe quels ils foient, ni d'où ils foient tirés, aient affez d'expanfion pour qu'ils puiffent alors occuper un plus grand efpace, & fe rendre par ce moyen, eux , & les charges qu'ils entraînent, beaucoup plus légers que l'air atmofphérique. Cependant, quoiqu'on puiffe, en obfervant ce· conditions, arriver au même but avec tel ou tel fluide, l'on conçoit que celui qui fe tire de la matière même de la lumière, & qu'on nomme *air inflammable*, doit, à caufe de fa grande ténuité & de fon extrême expanfibilité, l'emporter fur les autres, & s'employer de préférence.

Mais l'on nous dira peut-être que les principes dont il s'agit ne vont, au lieu de fe porter vers la terre, s'élevant dans les airs & remontant l'atmofphère, qui pour y prendre la place qui leur convient relativement à leur ténuité ; que pefant de là fur la terre ils obéiffent comme les corps à la loi générale de la gravitation ; & qu'ainfi l'on ne peut, à caufe de leur fublimation, leur fuppofer une tendance particulière & différente de celle des corps. L'objection eft embarraffante, & il nous fera peut-être difficile d'y fatisfaire ; cependant quelque preffante qu'elle

dont nous comptons nous aider pour débrouiller la queſtion qui nous occupe ; qu'elle doit particulièrement ici nous prêter ſon appui ; que c'eſt ſur elle en un mot que ſe fonde la théorie que nous allons établir au ſujet de l'affinité. Il ſeroit en

---

paroiſſe, nous ne croyons pas qu'elle puiſſe nous empêcher de reconnoître dans ces principes toujours cherchant à s'élever une tendance vraiment différente de celle des corps, tendance qui ſans variation ſe montre toujours la même ; tendance qui rend ces principes, s'ils ſont contenus, & dès qu'ils ſont moins preſſés par le poids de l'air extérieur, capables de rompre l'enveloppe qui s'oppoſe à leur eſſor ; tendance enfin qui, dans le cas où ces principes aſpirant à ſe réunir au fluide éthéré, ſeroient, faute de trouver en lui un appui ſuffiſant, obligés de s'arrêter au haut de l'atmoſphère, ne pourroit jamais être cenſée nulle, ni égale à celle des corps. Pourquoi d'ailleurs, ſi cette tendance étoit la même, ces principes n'iroient-ils pas comme les corps dont ils ſe dégagent, ſe précipitant ſur la terre vers laquelle ils trouveroieut d'autant moins de réſiſtance qu'ils auroient moins d'eſpace à parcourir, & qu'ils y ſeroient pouſſés par le poids incumbant de l'air atmoſphérique, plutôt que de s'élever dans l'air, vers lequel ils ont des efforts à faire pour percer ce fluide, & vaincre la réſiſtance que lui oppoſe la colonne atmoſphérique ? Enfin. ſi cette direction n'étoit pas celle qui leur eſt propre, ne verroit-on pas alors toutes les parties fluides de l'air, à commencer par celles qui effleurent la ſurface terreſtre, & de proche en proche toutes celles qui compoſent l'atmoſphère, juſqu'aux dernières, ſe porter ſur la terre, & s'attacher à ſa ſurface ? & s'il en eſt autrement, ſi, après avoir touché la terre, ces parties

effet, après avoir mis cette loi dans tout son jour ? après avoir montré quel est son objet, son esprit, son emploi, il seroit, dis-je, difficile de ne pas appercevoir en elle la cause que nous cherchons. Oui : c'est là, c'est dans cette tendance particulière des molécules homogènes de la matière les unes vers les autres ; c'est dans cette loi de l'équilibre qui les commande, & à laquelle elles obéissent d'une manière explicite ou implicite, selon l'état qu'elles peuvent avoir, que nous croyons voir le principe & la source précise de toute affinité. Et ce qui prouve que l'affinité ne vient essentiellement que de là, & non d'autre part, c'est que nous n'avons, en ce qui la concerne, besoin ici que de cette donnée pour satisfaire à tout, & rendre raison de tous les faits qui en dépendent. Déja même l'on doit sentir pourquoi cette affinité ne suit pas la même marche que l'attraction, pourquoi elle ne s'exerce pas sur les molécules de la matière, ainsi que fait celle-ci sur les

---

peuvent, au lieu de lui rester attachées, s'en éloigner d'elles-mêmes, ne s'ensuit-il pas qu'elles sont alors, ainsi que les principes dont nous parlons, commandées par une autre loi que celle de la gravitation ? & d'après cela n'est-il pas censé que ces principes ont, & doivent avoir alors qu'ils sont en activité, alors qu'ils sont dans leur état élémentaire, une tendance & des lois vraiment particulières, & nécessairement différentes de celles qu'ils observent alors qu'ils font masse, alors qu'ils se trouvent captifs & fixés dans les corps ?

corps, relativement à leurs maffes & à leur pefanteur; & la raifon, la voici : c'eft que la pefanteur,
qui fert de règle à l'attraction, loin de favorifer
l'affinité qui pourroit exifter entre les principes de
la matière, doit au contraire affoiblir ou empêcher
fon effet, en annullant autant qu'il eft en elle le
pouvoir que ces principes auroient de fe mettre en
équilibre enfemble, en mettant, par-tout où elle
fe trouve placée, obftacle à l'exercice de ce pouvoir. Ainfi l'on fent qu'un principe léger ne doit
avoir aucune affinité avec un principe pefant, &
cela, parce que la pefanteur de l'un s'oppofe à ce
que l'autre puiffe jamais le mettre en équilibre
avec lui. Ici l'on entrevoit pareillement pourquoi
les principes dont nous parlons n'ont pas entre
eux une égale affinité, & d'où vient qu'ils démontrent de la préférence pour les uns, & une
forte d'averfion pour les autres. Tout cela peut
encore s'expliquer aifément à l'aide du moyen que
nous avons adopté ; & nous trouvons ici la raifon
des diftinctions ou préférences qu'affectent entre
eux les principes des corps dans le pouvoir ou la
facilité qu'ils ont de fe mettre en équilibre enfemble, & celle de leur averfion prétendue pour quelques-uns d'eux dans la négation abfolue de ce
pouvoir. L'on conçoit, par exemple, que les parties ténues de la matière de la lumière auront
entre elles la plus grande affinité, parce qu'étant
toutes d'une égale ténuité, d'une égale expanfibilité, elles ont le pouvoir néceffaire & tous les

moyens poſſibles de ſe mettre en équilibre enſemble ; tandis que ces mêmes parties n'auront & ne démontreront aucune affinité avec la terre, & cela, parce qu'elles ne peuvent amener à leur état, ni mettre d'aucune manière en équilibre avec elles les parties groſſières, fixes & peſantes de cet élément paſſif.

Si l'affinité, ſi cette affection ſympathique qu'ont les uns pour les autres les principes élémentaires des corps va, ainſi que nous venons de le dire, ſe réglant ſur le pouvoir que ces principes ont plus ou moins de ſe mettre en équilibre enſemble, il s'enſuit premièrement que la plus grande affinité poſſible doit être, non entre ceux de ces principes qui ſeroient le plus peſans, mais entre les parties homogènes d'un même principe, de ſorte que l'affinité ſeroit cenſée, quand elle ſe joue entre des ſubſtances identiques, être alors au plus haut degré où elle puiſſe ſe porter, & en cela elle ſe rapprocheroit, ſi j'oſe le dire encore, de cette eſpèce d'affinité qui s'exerce entre les êtres intellectuels & ſenſibles, laquelle paroît également ſe complaire dans la conformité des goûts, des humeurs & des penſées, & ſemble tirer de là, ſinon ſon exiſtence, au moins toute la force qu'elle eſt capable de démontrer. L'on conçoit en effet que des parties ſimilaires & de même nature doivent, comme étant également conformées, comme ayant les mêmes vertus & les mêmes propriétés, avoir entre elles plus de rapports, plus de raiſons

de convenance, plus de moyens pour s'attaquer,
plus de difpofitions pour fe joindre ; & qu'ainfi,
fuffent-elles dans des états différens, elles peuvent,
bien plus aifément qu'il n'eft poffible entre des
principes hétérogènes, fe ramener l'une par l'autre
au même point, au même état, & fe mettre en
équilibre enfemble. Il eft en conféquence comme
démontré que les parties ténues du principe inflammable, ou de la matière de la lumière, ont & doivent avoir entre elles beaucoup plus d'affinité
qu'elles n'en peuvent avoir avec tout autre principe, il y a fur cela lieu d'en dire autant au fujet
de l'acide ou de la matière de la chaleur. Et quant
à la terre & l'eau, l'on doit croire également que
ces principes ont l'un & l'autre pour les parties qui
leur font identiques, la plus grande affinité qu'ils
foient fufceptibles de démontrer. Il y a feulement,
à l'égard de ces élémens paffifs, une chofe à
obferver ; c'eft que, dût l'affinité qui s'exerce
entre les parties qui leur appartiennent, être auffi
forte qu'elle puiffe être, il s'en faut néanmoins
qu'elle égale en force & en effet l'affinité qui
s'exerce entre les parties homogènes des principes
actifs que nous venons d'énoncer ; il y auroit même,
d'après cela, lieu d'eftimer nulle, ou du moins
peu confidérable, l'affinité que ces deux principes
peuvent avoir, foit avec d'autres élémens, foit avec
des matières de même nature ; & l'on feroit, quant
à la terre fur-tout, & à caufe de fa pefanteur, tenté
d'attribuer, non à l'affinité, mais à la gravitation,

autrement à la preſſion des molécules terreſtres
appoſées les unes ſur les autres, l'eſpèce de liaiſon
& d'adhérence que ſes molécules ont entre elles :
fait qui, dans l'hiſtoire particulière de cet élément,
paroît ſeul pouvoir ſe rapporter à la première de
ces cauſes. Il ſeroit donc poſſible que l'affinité
proprement dite n'eût vraiment lieu qu'entre les
matières de la lumière & de la chaleur, qu'elle
n'affeſtât que ces principes aſtifs, ſeuls capables
d'obéir à ſes impulſions, & qu'elle fût ſans exercice & ſans effet à l'égard des élémens paſſifs dont
nous venons de parler, leſquels n'étant dans la
nature deſtinés qu'à ſervir de baſe, d'inſtrument
& d'appui, & n'ayant par eux - mêmes ni force,
ni pouvoir, ni vertu, ſont loin de démontrer en
eux ces affeſtions ſympathiques qui ſe doivent
à l'affinité, & conſtituent ſon effet. Il eſt donc à
ſuppoſer que ces principes ne peuvent en aucune
façon obéir à cette loi ; & s'il arrive qu'ils participent en quelque choſe à l'aſtion qu'elle exerce, il
eſt pareillement à croire que cela ne ſe paſſe ainſi
à leur égard que par accident, que par contre-
coup, & à cauſe de leur mélange & de leur aſſociation habituelle avec les principes aſtifs dont
nous avons parlé. Cependant, quoique la terre &
l'eau ſoient ici, en qualité d'élémens paſſifs, pré-
ſumées l'une & l'autre également incapables de répondre aux impulſions de l'affinité, il y a, malgré
cela, quelque diſtinſtion à faire entre ces deux élémens; il ſemble que l'eau qui ſe trouve, à cauſe de

l'efpèce de volatilité dont elle jouit , avoir place dans la nature entre la terre & les principes ci-deffus nommés , & va en conféquence fe rapprochant un peu de ces derniers principes ; il femble, dis-je , que cette eau , que cet élément intermédiaire ne doit pas, d'après cela, être tout-à-fait confondu avec la terre , ni lui être entièrement affimilé. Il fe pourroit donc , malgré ce que nous avons dit, qu'ici même l'eau eût & confervât en raifon de fa moindre fixité , & nonobftant fon peu d'énergie , quelque avantage fur elle, & qu'elle fût , finon autant que les matières de la lumière & de la chaleur, au moins un peu plus que la terre , fufceptible d'affinité.

Mais , quoique les fubftances qui fe trouvent formées des mêmes principes foient , à caufe de l'extrême facilité qu'elles ont à fe mettre en équilibre enfemble , cenfées avoir entre elles la plus grande affinité ; & quoiqu'on doive en conféquence regarder l'homogénéité comme le vrai point d'appui de l'affinité (1) ; il ne faut pas croire pour cela que cette affinité n'ait lieu qu'entre des fubftances

---

(1) Il femble, en voyant l'affinité donner tout l'effet dont elle eft fufceptible à l'encontre des fubftances homogènes, que la nature ait, quant à cette caufe, marqué là le terme de fon pouvoir, de même qu'elle a, à l'égard de l'eau, placé aux degrés de fon ébullition & de fa congélation les termes de la plus grande chaleur & du plus grand froid que cet élement puiffe éprouver ; ainfi l'on

homogènes , & que ces fubftances aient feules le pouvoir de fe mettre en équilibre l'une avec l'autre : non, rien ici ne s'oppofe à ce que l'affinité puiffe

---

voit qu'il n'eft rien d'infini, & qu'en toutes chofes il eft des bornes & des limites qui ne peuvent être franchies. En réfléchiffant donc aux termes donnés par la nature à l'eau en deux fens oppofés, nous nous plaifons à croire qu'elle a dû fuivre le même plan à l'égard de fes autres principes ; & dès-lors il nous femble qu'il feroit, au moyen du fait ci-deffus énoncé, poffible de nous conduire par approximation jufques à la connoiffance des termes qu'elle a pu donner aux matières de la lumière & de la chaleur, tant dans leur expanfion, que dans leur refroidiffement ou leur condenfation. Ce problême donc ne pourroit-il pas fe réfoudre de la manière qui fuit, en prenant dans un fluide plus connu, comme dans l'air, des moyens de comparaifon, & en fuppofant, car il nous faut un point d'appui, que l'expanfibilité & la condenfabilité des principes de la matière fe règlent fur leur ténuité, de forte que plus un principe feroit ténu, plus il feroit expanfible & condenfable, & plus il feroit denfe, moins alors il feroit fufceptible d'expanfion & de condenfation. Or, l'air étant dans fon rapport de denfité & de pefanteur avec l'eau (a) comme 1 eft à 850, il s'enfuit d'abord que ce

[a] Quoique la pefanteur & la denfité foient en elles-mêmes deux qualités très-différentes l'une de l'autre, & quoiqu'on doive toujours les juger telles lorfqu'il s'agit des corps, il nous femble malgré cela que l'on peut en quelque forte les confondre, & les regarder, alors que l'on traite des principes élémentaires des corps, finon comme deux termes identiques, au moins comme deux qualités proportionnelles qui fe fuivent, fe déduifent l'une de l'autre, & font néceffairement en rapport ; de forte que le degré de légéreté qu'un principe peut avoir fe trouve exprimé par celui de fa ténuité, & celui de fa pefanteur par celui de fa denfité.

s'établir & s'exercer d'une manière affez fenfible
encore entre des principes qui fe trouvant , fans
être de même nature , d'une ténuité , d'une légé-

fluide doit être 850 fois plus expanfible que l'eau & 850
fois plus condenfable ; au moyen de quoi, fi l'eau marque
80 au terme de fon expanfion, & zero à celui de fon refroidiffement, l'air donneroit à fon tour 850 fois 80, ou 68000
pour le terme de fon expanfion , & 850 pour celui de fon
refroidiffement.

Mais l'air atmofphérique étant un fluide compofé , &
formé, comme nous l'avons dit ailleurs, d'eau, d'acide &
de phlogiftique , & l'eau étant de ces trois principes conftituans le plus denfe & le plus pefant, il eft à préfumer
qu'elle doit par elle-même donner à l'air au moins la moitié de fa denfité & de fon poids , de forte que ce fluide , s'il
étoit dépouillé d'eau, deviendroit une fois plus léger &
plus ténu, & feroit pour lors dans fon rapport de denfité avec l'eau comme 1 eft à 1700 ; & il donneroit 136000
au terme de fon expanfion, & 1700 à celui de fon refroidiffement.

D'un autre côté, comme l'air fe trouve , après l'extraction faite de fon eau, réunir encore en lui deux autres
matières qui diffèrent affez confidérablement en pefanteur
& en ténuité, il eft cenfé que le rapport précédent de 1 à
1700 que ces matières ont avec l'eau, étant ainfi réunies,
eft un rapport moyen, un rapport compofé des données
inégales de chacune d'elles ; & comme il nous importe, vu
que ces deux matières font exactement les mêmes que
celles dont nous cherchons à connoître les termes d'expanfion & de refroidiffement , comme il nous importe
dis-je, d'avoir à part les données précifes de l'une & de
l'autre, il nous faut alors, dans le rapport qu'elles ont enfemble avec l'eau, augmenter un peu la part que l'une peut

reté & d'une expanfibilité, finon égale, au moins
à peu près égale, peuvent par ce moyen participer

---

y avoir, & diminuer d'autant celle de l'autre. Ainfi, en fuppofant que la matière de la chaleur, comme plus pefante
& moins ténue, foit dans ce rapport commun de 1 à 1700
pour $\frac{10}{17}$, & la matière de la lumière comme plus légère
pour $\frac{1}{17}$ feulement, ce qui paroit affez répondre aux différences qu'elles nous préfentent, il s'enfuivroit que la première dénommée feroit alors dans fon rapport de denfité
& de pefanteur avec l'eau comme 1 eft à 2890, & elle
nous donneroit pour le terme de fon expanfion 231200,
& 2890 à celui de fon refroidiffement ; & de fon côté la
matière de la lumière fe trouveroit dans fon rapport avec
l'eau comme 1 eft à 4128 + $\frac{4}{7}$, & elle auroit pour fon
terme d'expanfion 330283, & 4128 + $\frac{4}{7}$ pour celui de
fon refroidiffement.

L'on fent au furplus que ces eftimations faites d'après
des fuppofitions qui peuvent varier, ne doivent fe prendre
ici que pour de fimples apperçus, que pour des approximations que l'on peut croire très-éloignées encore des
termes précis donnés aux deux matières dont nous parlons : ces termes en effet fe trouveroient beaucoup plus
reculés que nous ne l'avons exprimé, fi l'eau, par exemple, que nous avons fuppofé devoir contribuer pour
moitié dans la pefanteur de l'air atmofphérique, donnoit
à cet air, ce qui eft affez probable, vu qu'une feule partie
d'eau répond à 850 parties d'air même chargées d'eau [a],

---

[a] Cette fuppofition paroîtra bien plus vraifemblable encore, fi l'on
penfe que l'élafticité de l'éther, calculée par Newton, s'eft trouvée,
ainfi que le rapporte M. le Baron *de Marivetz*, quatre cens quatre-
vingt-dix milliards de fois plus grande que celle de l'air atmofphérique : nous n'en regardons pas moins cette eftimation, fut-elle donnée par Newton, comme une eftimation inconcevable & prodigieu-
fement exagérée.

au pouvoir que les fubftances homogènes ont au plus haut degré de fe mettre en équilibre l'une avec l'autre: de là, l'affinité que nous voyons établie entre

---

donnoit, dis-je, à cet air, au lieu de moitié, les trois quarts de fon poids. Cela feul pourroit augmenter de beaucoup la fomme de nos réfultats ; par-là, l'air étant dépouillé de fon principe aqueux fe trouveroit dans fon rapport de denfité avec l'eau comme 1 eft à 3400, & il auroit pour terme d'expanfion 272000, & 3400 à celui de fon refroi-diffement: conféquemment la matière de la chaleur feroit à fon tour, & d'après les proportions ci-devant établies, dans fon rapport avec l'eau comme 1 eft à 5980, ce qui formeroit en même tems fon terme de refroidiffement, & elle auroit pour celui de fon expanfion 478400; & quant à la matière de la lumière, fon rapport avec l'eau feroit comme 1 eft à $8542 + \frac{6}{7}$, ce qui feroit de même fon terme de refroidiffement; & elle auroit $683428 + \frac{4}{7}$ pour celui de fon expanfion, en fuppofant ici comme ci-devant un inftrument capable de l'indiquer.

Et fi, dans la même hypothèfe que l'eau entre pour les trois quarts dans le poids de l'air atmofphérique, on fup-pofe que le poids de la matière de la chaleur foit au poids de celle de la lumière dans le rapport de 12 à 5, alors la première feroit dans fon rapport avec l'eau comme 1 eft à $4816 \frac{2}{3}$, ce qui marqueroit le terme de fon refroidiffe-ment, & elle auroit $385333 \frac{1}{3}$ pour celui de fon expan-fion; & la feconde étant à l'eau comme 1 eft à 11560, elle auroit 924800 pour le terme de fon expanfion, & 11560 pour celui de fon refroidiffement, ce qui feroit pour elle entre ces deux termes une différence de 936360.

Nous avons ici, en changeant de fuppofitions, cherché à varier nos réfultats ; & fi dans aucun d'eux nous n'avons touché au but, nous avons au moins l'idée que ces tenta-

les différens principes de la matière, & qui va, comme nous l'avons dit, se réglant dans son effet sur le pouvoir que ces principes ont plus ou moins de se mettre en équilibre ensemble, ce qui nous donne la raison des différences qui se remarquent dans l'affinité comparée des uns & des autres. Cela posé, l'on conçoit que, si les parties ténues de la matière de la lumière ont entre elles la plus grande affinité, ces mêmes parties peuvent aussi en démontrer une assez grande vis-à-vis des parties dépendantes de la matière de la chaleur, vu que ces deux matières sont très-voisines l'une de l'autre, qu'elles sont à peu près égales en ténuité, en expansibilité, & qu'ainsi elles peuvent très-aisément encore se mettre en équilibre l'une avec l'autre. Mais pour mieux entendre ce qui nous reste à dire à cet égard, il est à propos de nous rappeller ici ce que nous avons dit ailleurs sur les degrés de ténuité & d'expansibilité que peuvent avoir les principes des corps considérés dans leur état élémentaire, & de nous représenter l'ordre dans lequel ces principes se suivent relativement à leur légéreté ou à leur pesanteur ; & tel est celui que nous avons cru devoir établir entre eux, & qu'il seroit

---

tives & ces approximations pourront fournir à ceux de nos lecteurs qui auroient par devers eux sur la ténuité & la pesanteur respective des matières de la lumière & de la chaleur des données plus précises que nous, les moyens d'y parvenir.

difficile

difficile de contester ici. Viennent

1°. Le phlogistique, ou la matière de la lumière.

2°. L'acide, ou la matière de la chaleur.

3°. L'eau.

4°. La terre.

Or, en faisant attention aux places que ces principes occupent les uns près des autres, il nous est par là facile de connoître le degré d'affinité qu'ils peuvent avoir entre eux ; & déja l'on doit sentir que cette affinité ne peut guère avoir lieu qu'entre ceux de ces principes qui s'avoisinent, par la raison qu'ils sont les seuls qui puissent véritablement se mettre en équilibre ensemble.

Il semble ainsi qu'après l'affinité que chacun de ces principes peut avoir avec des substances du même genre, il ne leur est accordé d'en démontrer avec d'autres élémens, qu'autant qu'ils s'en rapprochent, je ne dis pas par leur nature, mais par leur ténuité, & leur expansibilité. Cela posé, nous voyons, quant à la matière de la lumière (1), qu'après l'affinité, & la très-grande

---

(1) Je demande au lecteur de me pardonner des répétitions dont je n'ai pu lui sauver l'ennui : l'on doit sentir qu'ayant ici une matière très-obscure à débrouiller, une opinion nouvelle à fonder, & différens élémens à passer en revue, il me faut pour développer mes idées, & les faire mieux concevoir, revenir souvent sur mes pas, & rebattre les mêmes choses ; heureux encore si je puis, en m'y prenant ainsi, parvenir à me faire entendre.

affinité qu'elle a avec des subſtances qui lui ſont
identiques, elle ne peut en démontrer avec aucun autre principe de la nature, ſi ce n'eſt avec la
matière de la chaleur, par la raiſon que cette
matière eſt la ſeule dont elle ſe rapproche, &
qu'elle puiſſe mettre en équilibre avec elle. L'on
ſent au ſurplus que ne pouvant en faire autant
avec les parties trop peu ténues & trop peu expanſibles de l'eau, elle ne doit avoir aucune affinité avec elle ; auſſi voit-on ces deux élémens,
ſans action l'un ſur l'autre, n'avoir pas même la
faculté de contracter la moindre union enſemble
autrement que par le moyen & l'intermède de
l'acide, ou de la matière de la chaleur qui ſe trouve
exactement placée entre l'un & l'autre ; & ſi les
choſes ſe paſſent ainſi entre le phlogiſtique & l'eau,
ſi le premier de ces principes ne peut, comme
étant trop diſtant de l'autre, admettre aucune affinité avec lui, encore moins devons-nous croire
qu'il en admette avec la terre, & qu'il puiſſe
exiſter la moindre affinité entre deux élémens qui
ſont, tant par la place qu'ils tiennent ici, que par les
qualités qu'ils nous montrent, les deux extrêmes de
la nature ; auſſi ne peut-il de même ſe faire aucune
union, aucune combinaiſon entre eux ; & s'il arrive qu'on les trouve réunis, & faiſant corps enſemble, cela ne ſe doit, on le ſent, qu'à l'adjonction de quelques autres principes qui, pouvant
s'attacher autant à l'un qu'à l'autre, deviennent
par leur interpoſition le lien, ou le ciment qui les
retient en aſſociation.

Si, après avoir observé les rapports que la matière inflammable peut avoir avec les autres principes de la nature, nous allons delà portant nos regards sur la matière de la chaleur, & cherchant à découvrir ceux que cette matière peut avoir à son tour avec ces mêmes principes, nous trouvons d'abord dans ce qui vient d'être dit au sujet de la première de ces matières bien des choses qui peuvent s'appliquer à celle-ci ; mais laissant au lecteur le soin de faire lui-même ces applications, nous ne nous attacherons ici qu'aux faits & circonstances qui peuvent nous offrir quelques différences entre elles ; & l'on sent, vu leur nature & leur position, qu'il doit s'en trouver beaucoup dans le tableau comparé de leurs affinités. Il est sur-tout à remarquer que, si la matière de la lumière ne peut, comme étant trop distante de l'eau, avoir aucune affinité avec elle ; il n'en est pas de même de la matière de la chaleur, laquelle se trouvant, en raison de sa ténuité, immédiatement placée entre le phlogistique & l'eau, doit alors, comme avoisinant autant l'un de ces principes que l'autre, & pouvant en conséquence se mettre en équilibre avec l'un, & mettre l'autre pareillement en équilibre avec elle, doit, dis-je, en vertu de cette position, avoir une égale affinité avec l'un & avec l'autre. Ainsi, tandis que d'un côté cette matière va démontrant l'affinité qu'elle a avec le principe inflammable par l'action vive & prompte qu'elle exerce sur lui lorsqu'elle s'en approche, par l'effor qu'elle lui donne, l'expanfion qu'elle lui procure ; &, fi elle fe trouve elle-même avoir une plus grande activité, par l'état d'inflammation qu'elle lui fait prendre ; nous la voyons de l'autre démontrant, comme ci-deffus, l'affinité qu'elle peut avoir avec l'eau par des faits équivalens, favoir, par l'avidité fingulière avec laquelle elle s'en faifit dès qu'elle s'offre à fa rencontre, & l'opiniâtreté avec laquelle elle la retient (1) ; par la vertu qu'elle lui communique alors qu'elle lui eft unie ; par la fluidité habituelle qu'elle lui procure en la pénétrant, & l'efpèce de volatilité qu'elle lui donne lorfqu'elle eft elle-même un peu plus exaltée (2) ; enfin, par les moyens de développemens qu'elle femble à fon tour puifer dans cette

---

(1) Si l'adhérence qu'ont entre elles les molécules réunies de deux principes différens eft, comme on n'en fauroit douter, un effet dépendant de l'affinité de ces principes, il y a, fi l'on peut ici juger de la caufe par fon produit, lieu d'eftimer très-grande l'affinité de la matière de la chaleur avec l'eau, vu qu'il eft auffi difficile, & peut-être plus, de priver l'acide de fon eau, qu'il l'eft de le dépouiller du principe inflammable qui peut lui être uni ; l'expanfibilité même de ce dernier femble à fon égard rendre la chofe beaucoup plus aifée : on enlève à l'acide nitreux fumant la plus grande partie de fon phlogiftique en l'étendant feulement d'une certaine quantité d'eau.

(2) Il femble ainfi que cette matière tende dans tous les états où elle fe trouve à elever cet élément à fon niveau, & à le mettre, autant qu'il fe peut, en équilibre avec elle.

ſubſtance (1), & conſéquemment par la chaleur qu'à l'inſtant, & ſans aide, elle engendre avec elle dès qu'on les mêle enſemble : ainſi ſe prouve l'affinité de cette matière avec ces deux principes, & là ſe découvre en même temps comment ſe produiſent la lumière & la chaleur, & quelle part cette même matière peut avoir dans ces deux grandes opérations de la nature (2). A préſent ſi

----

(1) Voyez page 331 & ſuivantes ce que nous avons dit ſur cet objet.

(2) En faiſant attention aux effets dus à l'affinité de la matière de la chaleur avec l'un & l'autre des principes ci-deſſus énoncés, l'on voit que cette matière, en s'exerçant ſur le principe inflammable, principe pour l'ordinaire inviſible, méconnoiſſable, & confondu dans les corps, quoique formé pour être le flambeau du monde, l'on voit, dis-je, que cette matière peut, le tirant comme par miracle de ſon obſcurité, le rendre à l'inſtant radieux & brillant à nos yeux. Nous lui devons par conſéquent, comme à l'inſtrument de ſa déflagration, & non autrement, outre l'avantage de le voir à découvert & dans tout ſon éclat, les biens dont il nous fait jouir en cet état ; & ces biens ſe trouvent dans la lumière qu'il nous diſpenſe, dans la connoiſſance claire & diſtincte qu'il nous donne des objets qui nous environnent, & dans les ſecours multipliés qu'il nous fournit en l'abſence du ſoleil pour écarter de nous les ombres de la nuit. Mais ſi, en donnant l'eſſor à ce principe, la matière de la chaleur peut l'aider à tirer de devant nos yeux le rideau qui ſans elle nous cacheroit à jamais le ſpectacle des cieux, elle trouve à ſon tour dans 'eau qui l'avoiſine d'autre part le véhicule capable de la

nous mettons en balance tous ces effets produits par la matière de la chaleur, tant avec l'un qu'avec l'autre des principes ci-deſſus énoncés, nous verrons clairement qu'elle ne peut avoir moins d'affinité avec l'un qu'avec l'autre ; & s'il ſe trouve quelque différence, elle n'eſt point dans la quantité de l'effet, mais ſeulement dans la manière dont il s'exprime, manière qui tient elle-même à la nature du principe ſur lequel il ſe produit. L'on ne peut donc, quelle que ſoit ſur ce point l'opinion des Chymiſtes, & duſſent les apparences favoriſer cette opinion, l'on ne peut, dis-je, regarder l'affinité qui eſt entre l'acide & l'eau comme étant inférieure à celle qui eſt entre l'acide & le principe inflammable : ſi les effets qui réſultent de l'affinité de l'acide avec l'eau ne ſont ni auſſi brillans, ni auſſi ſenſibles, ni auſſi frappans que le ſont ceux qui réſultent de l'affinité de l'acide avec le principe inflammable, cela ne vient, comme nous venons de le faire entendre, que de ce

---

faire ſortir elle-même de l'inertie où elle reſteroit ſans cet intermède ; & au moyen des ſecours qu'elle en tire, elle va de ſon côté, mais ſans lumière & ſans éclat, répandant la chaleur, le mouvement & la vie. Ainſi, cette matière que nous voyons ſervir en qualité d'inſtrument à la production de la lumière, ſe trouve, en ce qui regarde celle de la chaleur dont le germe eſt en elle-même, avoir l'eau pour auxiliaire dans cet acte important ; & en cela elle la fait participer, malgré ſon inertie, à la plus grande comme à la plus féconde des opérations de la nature.

que d'un côté l'acide ou la matière de la chaleur trouve dans le principe inflammable un élément très-actif, très-expansible & toujours prêt à répondre à son action ; au lieu que de l'autre elle trouve dans l'eau un élément froid & passif, qui se prêtant à tout, ne se porte de lui-même à rien, & lui laisse tout à faire dans les actes d'affinité qui se passent entre eux : de sorte que si elle a, quant au premier, peine à le suivre dans le vol qu'il prend alors qu'elle le met en expansion, elle a au contraire, quant à l'eau, peine à s'en faire suivre, & à l'élever jusqu'à elle. Or en cela l'action de l'acide est la même ; il n'y a ici de différence que dans l'effet qui en résulte, ou, pour mieux dire, dans la manière dont cet effet s'explique relativement à la pesanteur ou à la volatilité de ces principes. C'est ainsi qu'une même force déployant sur deux masses différentes une même quantité d'action, ne produit pas le même effet sur l'une & sur l'autre.

L'on voit par le nombre des objets que l'acide embrasse dans son affinité, jusqu'où s'étend le pouvoir de ce principe, & ce qui lui donne ce pouvoir. La place qu'il occupe, en raison de sa ténuité, entre le phlogistique & l'eau, semble, en le mettant au centre de la matière, & en le rapprochant également des élémens divers dont elle se compose, lui donner prise & action sur tous ces élémens, & par suite sur les substances où ils se rencontrent ; il n'est exactement entre ces prin-

cipes conſtitutifs des corps que la terre ſur laquelle il ne puiſſe, comme en étant trop éloigné, agir immédiatement ; mais au moyen de
l'eau qui ſe place entre elle & lui, il peut aiſément par ſon canal étendre ſon action juſques ſur
elle. Ainſi, toute la matière ſe trouve ſoumiſe à
ſon pouvoir, & cet avantage n'eſt accordé qu'à
lui ; dela la prépondérance de ce principe ſur tous
les autres ; dela cette énergie qui le diſtingue, &
le rend en même temps & le premier agent, & le
premier diſſolvant de la nature ; c'eſt par lui que
tout ſe forme, & que tout ſe détruit : ce qu'il y
a d'étonnant en cela, c'eſt qu'il arrive à ces deux
réſultats par les mêmes moyens, & ces moyens,
il les puiſe dans ſon affinité avec les autres principes des corps ; la production des êtres eſt comme
leur diſſolution, un effet de l'action qu'il exerce ſur
ces élémens, & de l'eſſor qu'il leur donne. Si l'on
penſe à la chaleur que ce principe eſt capable
de produire alors qu'il ſe développe, l'on comprend auſſitôt comment il peut, en exaltant ces
principes, les faire entrer avec lui dans les divers
agrégats de la nature, & l'on voit non-ſeulement comment le phlogiſtique, mais encore comment la terre & l'eau peuvent, malgré leur peſanteur, ſe porter dans les produits de la végétation, & autres : d'ici même l'on apperçoit la ſource
d'où les êtres en naiſſant tirent le mouvement &
la vie, & cette ſource eſt dans l'acide. Mais lorſque ce principe a par la chaleur qu'il produit, &

l'impulsion qu'il donne aux élémens de la matière,
servi à l'institution des êtres, & satisfait, en qualité d'agent, au premier vœu de la nature ; s'il
porte ensuite son action sur ces mixtes, soit par
le travail intestin qu'il peut y exciter comme partie intégrante, soit par son application immédiate
sur eux, alors il devient, & cela toujours au
moyen de l'affinité qu'il a avec les principes qui
s'y recèlent, il devient, dis-je, l'instrument de
leur décomposition, & c'est lui dont la nature se
sert encore pour retirer de ces corps éphémères,
& condamnés dès en naissant à la destruction, les
matériaux qu'elle y avoit employés, & dont elle
doit incessamment faire un nouvel usage. C'est
ainsi que ce principe est tour à tour le véhicule
de la vie & de la mort ; & en cela nous ne voyons,
quelque divergens que se montrent ces résultats,
que les produits d'une même action ; ils se doivent
tous deux, je le répète, à l'affinité de l'acide avec
les autres élémens des corps (1) : &, comme il

---

(1) La différence que nous offrent ces produits semble
devoir se rapporter uniquement à l'état censé différent que
prennent ou quittent les élémens de la matière alors que
l'acide les introduit dans les corps, ou les en fait sortir ; elle
paroît tenir aux idées particulières que nous nous sommes
faites de la composition & de la décomposition ; mais
dans le fait nous ne devons voir en cela que deux résultats d'une même impulsion ; en s'exerçant sur les autres
élémens l'acide n'agit point par des moyens différens, &
c'est par la même voie qu'il les fait entrer dans les corps,
& qu'il les en fait sortir.

n'eſt rien qui puiſſe détruire dans cet acide **une énergie qui lui eſt propre**, & qui, fût - elle momentanément empêchée dans ſon effet en raiſon de quelques combinaiſons, ou modifications particulières, eſt toujours ſubſiſtante en lui, on doit le juger ou toujours en action dans la nature, ou toujours prêt à s'y mettre ; delà ces variations continuelles, & en quelque ſorte néceſſitées dans les formes paſſagères que prennent les élémens des corps dans leur agrégations diverſes ; delà ces naiſſances, ces morts, & ces régénérations ſucceſſives, en un mot, toutes ces viciſſitudes qui ſe remarquent dans la vie des êtres, & n'accordent à chacun d'eux que de paroître un inſtant ſur la ſcène du monde ; & tout cela n'eſt exactement dû qu'à l'acide qui toujours en action ſert indifféremment tantôt à la production, tantôt à la décompoſition des mixtes. Telle eſt en deux mots l'hiſtoire de cet agent que nous regardons ici, non comme étant le feu proprement dit, mais comme étant des deux principes que nous avons reconnus dans le feu, le plus actif, le plus eſſentiel, & celui auquel on peut vraiment appliquer ce beau diſtique de M. de Voltaire :

Ignis ubique latens naturam amplectitur omnem ;
Cuncta parit, renovat, dividit, urit, alit.

Ici même nous ne pouvons nous empêcher de regarder ce principe, lorſqu'il eſt dans les corps en proportion convenable, comme le vrai principe des faveurs, & s'il s'y trouve en plus grande quantité, comme celui de la caufticité, de cette qualité corrofive qu'affectent certaines fubftances, & dont les Phyficiens n'ont jufqu'ici donné que des raifons vagues & peu fatisfaifantes. Les uns, & ce ne font pas ceux qui ont le moins approché du but, les uns, dis-je, l'ont attribué à la matière du feu répandue dans les corps (1) ; d'autres, rejettant cette doctrine, *ont prétendu que l'état cauftique ou non cauftique de la chaux & des alkalis n'étoit*

____

(1) Ceux-ci en effet ne fe font guères trompé qu'en ce qu'ils ont, fans aucune diftinction, pris pour la matière unique du feu, le phlogiftique qui, tout feul, ne conftitue point le feu, & qui des deux principes dont le feu fe compofe, n'éft précifément pas celui auquel on doive rapporter la caufticité. Auffi, ont ils jugé qu'il falloit pour que ce principe pût devenir celui de la caufticité, qu'il fût lié jufqu'à un certain point avec une matière particulière de nature acide, & qu'il formât avec cet acide une efpèce de principe compofé, dans laquelle la matière du feu, fans avoir toute l'activité du feu pur & entiérement libre, en confervât cependant affez pour être de la plus grande caufticité, & pour pouvoir communiquer cette qualité aux différents corps avec lefquels il eft fufceptible de fe combiner ; cela conftitue ce que M. *Meyer* nomme fon *acidum pingue* ou *caufticum*. On fent d'après cela, qu'il n'y avoit qu'un pas à faire pour arriver au but ; & ce pas étoit de faire de l'acide un élément du feu. Alors on eût trouvé dans ce dernier le vrai principe de la caufticité. *Voyez Dict. de Chymie de Macquer*, art. *Caufticité.*

point dû à la préfence ou à l'abfence d'une quantité plus confidérable que dans les autres corps, de particules de feu, de caufticum, ou de feu prefque pur, mais à la féparation, ou à l'union d'une fubftance volatile gazeufe, & de l'eau qui les met dans un état de faturation plus ou moins complette ou imparfaite. Et en cela on ne comprend pas trop ce qu'ils veulent dire ; ils nous montrent bien comment une fubftance quelconque arrive à l'état cauftique, mais non d'où lui vient la vertu qu'alors elle déploie. Eh quoi ! la féparation des matières qui par leur mélange & leur union empêchent un principe né cauftique d'exercer fon effet accoutumé, peut-elle donc faire que ce principe devenu libre, & mis à nud, ne foit alors, & toujours, quoiqu'en-chaîné, le principe de la caufticité (1) ? Enfin, il en eft qui n'adoptant aucune de ces opinions, ont cru mieux faire d'en placer la caufe dans la tendance feule que les moiecules de la matière ont à s'unir les unes avec les autres (2) : comme fi d'une caufe auffi générale, & uniquement propre à former des agrégations, il pouvoit réfulter un

---

(1) Il me femble, ou je n'y entends rien, que toutes les raifons alléguées par M. *Macquer* à l'appui de cette dernière opinion & contre la précédente, font beaucoup plus propres à confirmer celle-ci qu'à la détruire, pourvu toutefois qu'on explique un peu mieux ce qu'on doit entendre par le feu. *Voyez Ibidem.*

(2) *Voyez ibidem.*

effet auffi particulier , auffi caractérifé , & auffi
étranger à cette caufe que celui dont nous parlons Non, ce n'eft point à cela que la caufticité
doit fe rapporter ; & l'on doit fentir d'après l'apperçu feul de fon effet, qu'il nous faut, pour l'expliquer , des raifons moins abftraites , plus précifes
& plus fenfibles. Ayant au furplus le moyen vrai
fous la main , nous croyons inutile d'entrer à cet
égard dans de plus amples difcuffions. Or, pour
peu que l'on faffe attention aux propriétés connues de l'acide , à fon énergie conftante , au pouvoir qu'il a fur tous les élémens , & en un mot
aux effets brûlans & déchirans qu'il produit fur les
corps dès qu'il fe trouve pur, ou en excès, l'on
verra fenfiblement, & à n'en pouvoir douter, que
ce n'eft effentiellement qu'à ce principe actif, dévorant , & formant, fous le titre de matière de la
chaleur un des élémens du feu , que ce n'eft, dis-
je , qu'à lui , & vraifemblablement à caufe de la
forme incifive & tranchante de fes parties, qu'eft
dûe la caufticité. Auffi n'eft-il , pour faire perdre
aux fubftances la qualité cauftique qu'elles démontrent d'autre moyen que de les dépouiller exactement de ce principe , ou fi l'on ne peut l'en chaffer, que de l'affoiblir lui-même en le modifiant, &
en le neutralifant par des mélanges avec d'autres
matières convenables ; veut-on au contraire amener à l'état cauftique des fubftances fufceptibles
d'y être portées, il n'eft de même , pour y parvenir, befoin que d'y introduire ce principe en excès,

ou , s'il s'y trouve en fuffifante quantité , que de
le dépouiller lui-même alors par la calcination ,
ou autrement, des matières volatiles étrangères qui
peuvent lui être unies , & qui par leur mélange
gênent , & empêchent fon action ; c'eft ainfi
qu'on amène la pierre à chaux à l'état cauftique ,
&c. &c. &c.

A préfent, fi nous en venons à l'affinité que l'eau
peut avoir , abftraction faite de celle qui exifte
entre fes propres parties , avec les autres principes
des corps, nous verrons qu'étant, à l'inftar de l'a-
cide , placée entre deux élémens, favoir, entre cet
acide & la terre , elle doit, à caufe de ce double
voifinage , être en affinité tant avec l'un qu'avec
l'autre ; & fi l'effet qui réfulte de l'affinité de l'eau
avec la terre ne fe montre pas égal à celui qui réfulte de fon affinité avec l'acide , cela ne vient encore ici , comme nous l'avons obfervé à l'égard de
ce dernier, que de ce qu'elle trouve dans ce même
principe un élément énergique qui l'exalte, qui
l'évertue, & auquel par conféquent on doit rapporter tous les effets dus à l'affinité qui eft entre
elle & lui, tandis qu'elle ne trouve dans la terre
qu'un élément abfolument incapable de lui communiquer la moindre vertu. Nous n'avons, quant
à l'affinité de l'eau avec l'acide, rien à ajouter ici ;
ce que nous pourrions dire de plus, ne feroit exactement qu'une répétition inutile de ce qui a été
dit plus haut. Et quant à l'affinité de ce même
élément avec la terre , l'on fent quelle elle peut être

'entre deux principes purement paffifs, & n'ayant
l'un & l'autre aucune action par eux-mêmes : cette
affinité fans doute doit fe réduire à rien, ou prefque à rien ; l'effet de l'eau répandue fur la terre
femble fe borner, à l'égard de cet élément toujours
prêt à la recevoir, à une fimple pénétration, qui,
quoiqu'intime, ne rend pas ces fubftances très-
adhérentes l'une à l'autre : l'eau néanmoins, vu
la facilité qu'elle a à s'épancher dans la terre (1),
peut par là devenir encore ou un moyen de liaifon entre fes molécules, fi elles font féparées, ou
une caufe de diffolution, fi elles fe trouvent en
agrégation : & en cela font compris, ou à-peu-
près, tous les effets dus à l'affinité mutuelle, &
aux embraffemens froids de ces deux élémens.
Mais fi l'eau pure & réduite à elle-même ne peut,
étant unie à la terre, contracter avec elle qu'une
alliance ftérile ; elle peut, par les principes dont
elle fe charge, & qu'elle lui porte, rendre de cette
manière fa préfence en elle intéreffante & fruc-
tueufe. Elle a d'ailleurs, & on ne doit point l'oublier, elle a, dis-je, par la place qu'elle occupe

____

(1) L'eau pénètre aifément tous les corps où la terre
& l'acide fe rencontrent ; mais fi elle tombe fur des
fubftances formées ou enduites de matières avec lefquelles
elle n'a point d'affinité, elle fe raffemble en globules à
leur furface, & elle ne les pénètre point. Il n'en feroit
pas de même fi l'on verfoit fur ces mêmes fubftances,
de l'acide ou de l'efprit de vin, &c.

entre l'acide & la terre, l'avantage fingulier d'être
le feul véhicule ou intermède qui puiffe mette en
affociation le premier de ces principes avec l'autre ;
& c'eft par là, c'eft en apportant à la terre le principe même de la chaleur, & en l'y introduifant
avec elle, que l'eau contribue, non comme caufe,
mais comme moyen néceffaire à fon développement & à fa fécondation. Il ne nous refte après cela
qu'une chofe à remarquer au fujet de l'eau, c'eft
qu'elle eft entre l'acide & la terre, fe rapprochant
également de ces deux élémens, & tenant par
conféquent un peu de la volatilité de l'un, & de
la fixité de l'autre. Cela fait qu'elle n'a dans la
nature qu'un état précaire, incertain, &, en quelque façon, dépendant de la matière de la chaleur ; auffi la voyons-nous dès qu'elle eft faifie &
pénétrée par cette matière fuppofée en activité,
prendre une forte d'effor, & fe mettre, en s'évaporant, au rang des élémens volatils ; mais cette
matière l'a-t-elle abandonnée, elle s'abaiffe à l'inftant, elle perd jufqu'à fa fluidité, & s'affimilant
pour lors à la terre, elle fe montre dure & folide
comme elle.

Nous n'avons, quant à la terre qui s'offre maintenant à notre examen, qu'un mot à dire fur elle.
Il eft cenfé que cette terre, qui, comme le plus
fixe des élémens, fe trouve le dernier de tous,
ne peut, à caufe de cela feul, être en affinité
qu'avec l'eau dont elle fe rapproche uniquement ;
& quant à cette affinité de la terre avec l'eau,

nous

nous avons fait voir précédemment, en parlant de l'eau même, en quoi elle peut consister; nous trouvons au surplus dans la· distance où cet élément se trouve des autres principes des corps la raison qui l'empêche d'être en affinité avec ces principes; & cela fait en même temps qu'il ne peut former aucune combinaison, ni contracter aucune union intime avec eux, autrement que par intermède (1) : voilà tout ce que l'on peut dire sur la terre, sur cet élément passif, fixe, pesant, non fusible, non cristallisable (2), n'ayant d'autre emploi que de servir de base aux autres principes, & pouvant en conséquence être regardé comme le *caput mortuum* de la Nature (3).

---

(1) Ainsi lorsque l'acide qui est ou contenu, ou introduit dans les substances soumises à la calcination, se trouve, par l'évaporation de l'eau, & l'émission des autres principes volatils qui lui étoient unis, réduit à la terre seule, il est alors, faute de pouvoir, sans intermède, se combiner avec cette terre, à laquelle pourtant il reste attaché, il est, dis-je, censé être libre & à nud dans ces résidus acido - terreux; & de-là la causticité qu'il leur donne.

(2) L'on doit regarder la fusibilité , & le pouvoir de cristallifer , comme deux qualités uniquement propres à des élémens actifs & volatils; ainsi toute substance fusible & cristallifable nous annonce par-là quels sont les principes qui dominent en elle.

(3) L'on voit par-là qu'il y a loin de cette terre élémentaire, supposée pure , à celle que l'on nomme en chymie absorbante ou calcaire; & l'on doit sentir en

Après avoir montré d'où provient & en quoi
confifte l'affinité, il convient, avant d'aller plus
loin, & afin de nous procurer des renfeignements
capables de nous guider dans les recherches qui
nous reftent à faire, il convient, dis-je, de donner
ici un apperçu général des loix qu'elle fuit &
qu'elle doit fuivre d'après la caufe que nous lui
avons affignée (1) : or en fe rappellant ce qui a
été dit ci-deffus, l'on voit 1°. que la plus grande
affinité poffible doit être néceffairement entre
les parties congénères de chaque élément :
2°. qu'aucun de ces éléments n'a & ne peut
avoir de l'affinité avec d'autres qu'autant que
ceux-ci l'avoifinent, & s'en rapprochent par leur
ténuité : 3°. que l'affinité doit être, toutes chofes
égales d'ailleurs, finon plus grande, au moins
plus frappante & plus fenfible entre des élémens
actifs, ténus & volatils, qu'entre des éléments
paffifs, fixes & pefants.

4°. Outre cela, l'on doit fentir que, pour que
l'affinité exiftante entre deux principes quelcon-

---

même temps que, fi l'acide a quelque affinité avec cette
dernière, cela n'eft point dû à la partie terreufe qu'elle
nous offre, mais bien aux principes étrangers qui s'y
trouvent, & avec lefquels l'acide a vraiment de l'affinité.

(2) Et cette caufe, l'on doit fe fouvenir que nous l'avons
placée dans le pouvoir que les principes des corps, fup-
pofés dans leur etat élémentaire, ont plus ou moins de
fe mettre en equilibre les uns avec les autres.

ques ait l'effet qu'elle est capable de produire, il faut que l'un d'eux au moins soit actuellement libre, ou dégagé en grande partie des matières qui pourroient gêner son action, & sur-tout qu'il ait une sorte d'activité ; car si ces principes étoient tous deux absolument fixés & également empêchés, ils ne pourroient alors agir l'un sur l'autre, & ils resteroient éternellement en contact sans donner le moindre signe d'affinité (1).

5°. Et dès qu'il faut, pour que l'affinité se démontre entre deux principes, que l'un d'eux soit actuellement libre & en activité, l'on conçoit que plus l'activité de ce principe agent sera grande, plus alors il aura de moyens & de facilités pour

---

(1) Les principes, par exemple, qui se trouvent dans deux morceaux d'or rapprochés l'un de l'autre, ne pourront, quoiqu'ils aient la plus grande affinité, en démontrer aucune, tant qu'ils seront de part & d'autres sous forme concrète & métallique : mais si l'on met de l'or en digestion dans de l'acide ou dans de l'éther, fluides, qui, malgré la différence de leurs états & de leurs formes, nous semblent répondre aux deux principes dont ce métal se compose, alors ces deux fluides, pourront, comme simples, comme non encore fixés, comme étant enfin, sinon dans leur état élémentaire, au moins dans un état d'activité suffisante, ces fluides, dis-je, pourront exercer leur affinité sur les principes constitutifs de l'or, & portant sur ce métal leur action dissolvante ils en détacheront quelques parties qu'ils ramèneront à leur état, & mettront, autant qu'il se peut, en équilibre avec eux, &c. &c. &c.

ramener les principes avec lesquels il eſt en affinité de l'état de concrétion où ils ſont dans les
corps à l'état où il ſe trouve lui-même, & conſéquemment plus l'effet de ſon affinité ſera grand
& ſenſible. Mais comme entre deux principes la
fixité de l'un eſt en quelque façon le contrepoids
de l'activité de l'autre, il s'enſuit en même temps
que plus le premier ſera fixé, moins il pourra
répondre à l'impulſion de l'autre & ſe mettre en
équilibre avec lui, & conſéquemment moins
l'effet de leur affinité ſera frappant & ſenſible ;
il ſeroit même abſolument nul dans le cas où
la réſiſtance ſe trouveroit égale à l'action (1) :

---

(1) Il ſe pourroit donc que l'affinité qui eſt entre
deux principes n'eût, quoiqu'on puiſſe, d'après leur
nature, la ſuppoſer très-grande, n'eût, dis-je, vu l'état
actuel où ſe trouvent ces principes, que peu ou point
d'effet. Ainſi l'on ſe tromperoit beaucoup ſi l'on jugeoit
par les effets qui ſe produiſent entre des principes éloignés de leur état élémentaire de l'affinité qu'ils doivent
avoir lorſqu'ils ſont dans cet état. Souvent l'on eſtimeroit
nulle ou très-foible celle que l'on devroit au contraire
juger très-conſidérable, *& vice verſâ*. L'inertie apparente
des principes fixés dans les ſubſtances n'eſt pas toujours
une raiſon pour les juger ſans affinité : l'affinité qui nous
paroit nulle peut, dès que les circonſtances le permettent, & qu'il n'y a plus d'empêchement à ſon action, ſe
démontrer à l'inſtant telle qu'elle eſt, & produire le plus
grand effet. Il y auroit d'après cela bien des corrections
à faire dans la table des rapports, table dans laquelle
l'ordre des affinités ne paroit avoir été réglé que ſur des

d'où l'on voit que si l'affinité se règle sur le pouvoir que les principes des corps ont, en raison de leur ténuité, & abstraction faite de tout empêchement, de se mettre en équilibre les uns avec les autres, l'effet qu'elle produit doit se régler à son tour sur l'état actuel où ces principes se trouvent. Ainsi, quoique l'affinité qui est entre deux éléments soit toujours la même au fond, l'effet auquel elle donne lieu, lorsqu'elle est en exercice, peut varier infiniment, & se montrer ou plus foible, ou plus forte, en raison du degré d'activité & de fixité qu'ils peuvent avoir l'un & l'autre ; & c'est à cela, c'est-à-dire à l'état différent où se trouvent les principes des corps, que doivent se rapporter toutes les différences qui se remarquent, non dans leur affinité, car ici elles dépendent

---

effets qui se produisent, non, entre des principes considérés dans leur état élémentaire, mais entre des substances différentes, ou entre des principes differents contenus dans ces substances. Ainsi l'on a sur cette mesure fautive jugé l'affinité de l'acide avec le principe inflammable la plus grande possible; cependant bien des raisons que l'on peut soupçonner aisément nous empêchent de croire cette affinité supérieure à celle qui est entre l'acide & les alkalis, même à celle qui est entre l'acide & les substances métalliques, &c. &c., l'erreur vient de ce que l'on n'a pas eu égard à l'état actuel où se trouvent les principes qui sont contenus tant dans les alkalis que dans les substances métalliques, & aux différences que cela doit mettre dans les effets de leur affinité avec l'acide.

d'une autre caufe, mais dans les effets de leur affinité refpective : elles tiennent effentiellement, tant à l'activité des uns, qu'à la fixité des autres; deux caufes qui fe balancent, fe combattent, & fe modifient l'une par l'autre.

L'on comprend aifément, par tout ce qui vient d'être dit, combien l'activité qu'un principe peut avoir acquife doit, en fervant à fon développement, influer fur les effets de fon affinité; elle peut, en fuppléant au nombre des parties, compenfer, & au-delà, l'avantage de la concentration, de forte qu'un principe fuppofé en activité peut, quoique peu concentré, produire plus d'effet qu'un autre plus concentré qui n'auroit pas la même activité : & ceci peut nous fervir à expliquer pourquoi les acides nitreux & marin, & fur-tout le premier, ont en général, quoique moins pefants, quoique moins abondants en parties, plus d'effet fur les fubftances, que l'acide vitriolique; & la raifon, c'eft qu'ils font de leur côté moins éloignés de leur état élémentaire, c'eft qu'ils ont plus d'activité, & conféquemment plus d'énergie. Cependant fi l'acide vitriolique fe trouvoit, par un moyen quelconque, porté au même degré d'activité, l'on ne peut douter qu'il n'eût alors, comme réuniffant à cet avantage celui de la concentration, plus d'effet à fon tour que les acides dont nous venons de parler. Quelle que foit donc l'affinité de l'acide avec les autres fubftances, ou avec les principes qu'elles recèlent, elle n'a, comme on voit, le pouvoir de se démontrer, qu'autant qu'il est en activité, & dèslors l'effet qu'elle produit, doit se mesurer sur le degré même d'activité qu'il peut avoir. C'est à ces deux causes réunies, savoir, à l'affinité de l'acide avec les autres éléments des corps, & à l'activité actuelle dont il jouit, & qu'on augmente quelquefois en l'étendant d'une certaine quantité d'eau, que se doivent les effervescences, les précipités, & toutes les dissolutions qui s'opèrent par son moyen ; & de sa part, tout cela n'est que pour ramener à son état, & mettre en équilibre avec lui, les parties tant acides qu'inflammables & aqueuses qui se rencontrent dans les substances. L'action par conséquent que cet acide exerce, tant sur les substances végétales & animales qu'il détruit (1), que sur les pierres & les métaux qu'il dissout (2), n'est en elle - même

---

(1) L'action que l'acide exerce sur les substances végétales n'est pas, à beaucoup près, aussi vive que celle qu'il exerce sur les substances animales ; & cela ne vient, à ce qu'il me semble, que de ce que les premières contiennent plus de terre que les autres : les animaux ne paroissent admettre dans leur formation que les principes les plus ténus & les plus actifs des végétaux dont ils se nourrissent.

(2) Si l'acide n'a pas sur les pierres dites vitrifiables la même action que sur les pierres gypseuses & calcaires, ce n'est pas qu'il n'ait la même affinité avec les principes qu'elles contiennent, ce n'est pas même que ces principes

qu'un effet réfultant de fon affinité avec les principes que ces fubftances renferment. Ainfi, lorfqu'étant verfé fur de la limaille de fer, l'acide
va diffolvant ce métal, & dégageant le principe
inflammable qui s'y trouve, & auquel il ne faut,
comme on fait, que la moindre fecouffe pour le
mettre en expanfion (1), il eft cenfé que tout

---

foient différents; cela vient uniquement de ce qu'ici la
fixité de ces principes l'emporte de beaucoup fur l'activité que peuvent avoir les acides employés pour diffoudre ces pierres, de forte que fi les moyens font les mêmes,
la réfiftance eft différente. Il fe peut d'ailleurs que les
combinaifons que ces principes font fufceptibles de former
entr'eux foient dans ces pierres, ainfi que dans certains
métaux, affez parfaites pour que les acides, tels que
nous les avons, ne puiffent rompre leur agrégation.

(1) Cependant il ne faut pas croire que le déplacement
d'un principe foit toujours, comme on le dit en chymie,
le figne & la preuve d'une moindre affinité; non, on
ne doit, le plus fouvent, prendre cet effet que pour
la marque d'une plus grande inobilité, &, fi je puis m'exprimer ainfi, d'une plus grande fenfibilité dans le principe
qui fe dégage; quelquefois même il pourroit être l'annonce
d'une affez grande affinité entre ce principe & celui qui
fe préfente. Ainfi, de ce que le phlogiftique & l'alkali volatil, vont, comme étant très-expanfibles, cédant à la
moindre impulfion, il ne s'enfuit pas pour cela qu'ils
aient moins d'affinité avec les principes dont ils fe dégagent que celui qui les déplace : l'eau n'a pas plus d'affinité avec l'acide, que le principe inflammable; & cependant il fuffit, comme nous l'avons déjà dit, d'en ver-
fer une certaine quantité dans de l'acide nitreux fumant

ecla ne se produit qu'en vertu de l'affinité qu'il a avec les parties acides qui entrent dans la composition du fer, & qu'il tend alors à mettre en équilibre avec lui; de-là ces explosions, ces fulminations, ces chandelles philosophiques qui se produisent toutes les fois qu'on verse de l'acide sur de la limaille de zinc ou d'acier; & ce que nous disons ici de l'action de l'acide sur le fer, on peut l'appliquer à l'action qu'il est susceptible d'exercer sur les autres métaux : tous les effets qui en proviennent ne doivent de même se rapporter qu'à l'affinité qu'il a, tant avec l'acide qu'avec le principe inflammable qui se rencontrent dans ces substances.

Si de-là nous passons à l'examen du feu & des effets qu'il produit, nous verrons sensiblement que ce n'est encore ici qu'à l'affinité que l'acide & le phlogistique, qui en sont les principes élémentaires, ont avec ceux que contiennent les matières combustibles, & à la grande activité qu'ils ont acquise, qu'est due l'action vive & prompte qu'il exerce sur ces matières. Si le feu pénètre, divise, fond, embrâse & détruit tout ce qu'il approche,

---

pour en chasser le phlogistique qui s'y trouve en excès : d'ailleurs il arrive souvent que le principe chassé ne diffère de celui qui le chasse que par l'état où il se trouve. Ainsi les acides se chassent les uns les autres, quoiqu'ils soient de même nature; c'est donc à l'état différent des principes, & non à une moindre affinité qu'il faut rapporter la plupart des déplacements qui ont lieu dans les expériences de chymie.

tout cela, je le répète, ne se doit qu'aux deux causes précédemment énoncées, & ne se produit que par leur concours, de sorte que si les principes ignés dont nous venons de parler n'avoient aucune affinité avec les principes des corps, tous ces effets n'auroient pas lieu, quelle que fût d'ailleurs l'activité des premiers; & si ceux-ci étoient absolument sans activité, l'effet qu'ils feroient capables de produire sur les autres, en raison de leur affinité, ne se démontreroit point. Tous les effets du feu ne doivent donc se rapporter qu'à l'action même des principes du feu, lesquels se trouvant libres & en pouvoir alors d'exercer leur affinité, vont l'un & l'autre, au moyen de leur activité actuelle, attaquant tous les combustibles & donnant de l'expansion à tous les principes volatils qui s'y trouvent, sans en excepter aucun. Nous ne voyons ainsi dans la décomposition des mixtes par le feu, comme dans la dissolution des métaux par l'acide, que des actes d'affinité dans lesquels les matières actuellement actives de la lumière & de la chaleur, ne font, en embrâsant les corps & en exaltant leurs principes, autre chose que ramener à leur état, & mettre en équilibre avec elles, les parties inactives de ces matières résidentes dans ces corps; & cela leur sera d'autant plus facile, qu'elles auront plus d'activité. Si donc nous substituons au feu modéré de nos combustibles ordinaires un feu plus actif & plus animé, tel que celui que l'on peut tirer des huiles, des réfines, des rayons folaires, du charbon de terre, toutes fubftances dans lefquelles les principes du feu fe trouvent infiniment plus rapprochés que dans le bois, ou le charbon qui en provient, l'effet qu'alors ces principes produiront fur les corps fera beaucoup plus prompt & plus vif, & non-feulement ils en dégageront plus aifément les principes congéneres qui s'y trouvent, ils pourront même, portant leur action fur des fubftances plus dures, plus réfractaires, vaincre la réfiftance des éléments fixés dont elles fe compofent. Ainfi les principes exaltés du charbon de terre pourront attaquer le fer, le diffoudre, & ramener à leur état quelques parties de ce métal, &c. &c. Et fi à l'activité extraordinaire que peuvent avoir ces principes de feu, ils joignent l'avantage d'être, comme dans les volcans, raffemblés en très-grande quantité, il n'y aura pour lors aucune fubftance, aucun métal, aucune pierre qu'ils ne diffolvent, & dont ils ne puiffent mettre les principes, tant fixés qu'ils foient, en équilibre avec eux; & cela nous apprend quels ils peuvent être. Toutefois nous n'appercevons dans l'hiftoire de la combuftion des corps qu'une action, qu'un effet, & qu'une caufe; & cette caufe fondamentale eft dans l'affinité que les principes conftitutifs du feu ont avec les principes conftitutifs des corps, & dont l'effet fe mefure, tant fur l'activité des uns, que fur la fixité des autres.

Nous n'avons befoin enfin, pour juger de ce que peut un principe alors qu'il eft dans toute fon activité, nous n'avons befoin, dis-je, que de fonger à l'effet prodigieux & terrible que produit la matière de la lumière, lorfqu'étant exaltée, rapprochée, & en maffe, elle va, du fein des nues qui s'entrechoquent, s'élançantt fur la terre & foudroyant les corps. (1) Rien n'égale, quand

---

(1) Si le feu, fi les rayons folaires, & par fucceffion le fluide de l'air, fe forment, comme nous l'avons dit, & comme on n'en peut guères douter, des matières réunies de la lumière & de la chaleur, il eft cenfé que ces deux matières conftitutives de l'air & des rayons folaires doivent, lorfque ces fluides fe condenfent & fe refroidiffent, fa condenfer & fe refroidir enfemble. Mais pour peu qu'enfuite la matière de la chaleur exiftante dans ces mixtes vienne à fe réchauffer, comme il arrive, foit lorfque les rayons folaires fe précipitent dans l'atmofphère, foit lorfque l'air fe trouve plus fortement & plus conftamment frappé du foleil, l'on fent que cette matière doit en même temps qu'elle fe réchauffe donner de l'expanfion à celle de la lumière qui lui eft affociée; de forte que celle-ci n'a, vu fon expanfibilité naturelle, & l'efpèce d'ébranlement qu'elle a déja reçue, befoin alors que du plus léger adminicule pour s'enflammer, & porter de proche en proche l'incendie dans les airs; delà ces fufées, ces globes de feu, ces fauffes étoiles, ces éclairs en un mot qui fe produifent dans le ciel, & fe font voir, non-feulement dans des temps d'orages, mais encore dans des temps calmes & fereins : & fi avec le fecours feul qu'il reçoit de la matière de la chaleur, le phlogiftique conftitutif de l'air peut, fans qu'il y ait d'ailleurs de nuages dans le ciel, ni contrariété de vents, fe porter à

elle eſt en cet état, la rapidité de ſa marche, & l'impétuoſité de ſon action ; il n'eſt point d'obſ-

---

la déflagration, l'on conçoit que, lorſqu'il y a vents contraires & nuages, une partie de la matière inflammable qui eſt contenue tant dans ces nuages que dans les deux airs qui ſe combattent alors, & qui, dans ces circonſtances, auroit pu ſans fracas ſe diſſiper en éclairs, doit, comme étant des deux côtés projettée vers un même point, ſe raſſembler dans ce point central, y faire maſſe, & delà, la foudre qui, tandis que le tonnerre produit par le choc des nuages gronde au-deſſus de nos têtes, va, au moyen de la chaſſe qui lui eſt donnée, ſe précipitant ſur nous. Elle ne diffère, comme on voit, de l'éclair qui de ſon côté va s'étendant dans l'eſpace, que par le rapprochement de ſes parties ; & comme elle n'eſt de même formée qu'aux dépens du phlogiſtique de l'air qui ſe décompoſe, elle peut, les nuages ſe ſuccédant, & l'air ſe renouvellant toujours, ſe produire différentes fois dans un orage. Mais ſi le phlogiſtique de l'air n'a pour ſe convertir en matière lumineuſe & former l'éclair, beſoin que d'être exalté par la matière de la chaleur, il faut en outre, pour qu'il y ait foudre & tonnerre, que l'air ſoit chargé de nuages, & qu'il y ait de l'oppoſition dans les vents ; toutefois nous obſerverons, quant aux nuages, que nous regardons, quand ils voguent en ſens contraire, comme la cauſe prochaine des orages, que s'ils y contribuent, ce n'eſt principalement qu'en ce qu'ils ſervent à augmenter la force & l'impulſion des deux airs qui ſe combattent, en leur fourniſſant un point d'appui contre lequel ils ſe raſſemblent : ils ſont d'ailleurs, en ne les regardant que comme des maſſes d'eau ſuſpendues dans l'air, ils ſont, dis-je, ſous cet aſpect incapables de ſatisfaire aux circonſtances les plus eſſentielles du phénomène ; en ſe

tacle qui l'arrête ; elle frappe, renverfe, tue, brûle ou détruit tout ce qu'elle rencontre ; & ce qui ne doit pas moins nous étonner, c'eft la facilité avec laquelle elle met en expanfion toutes les parties inflammables des corps qui fe trouvent compris dans la fphere actuelle de fon activité, & la promptitude avec laquelle toutes ces parties répondent, quoiqu'à diftance, à fon impulfion. Il femble, en effet, à voir ce qui fe paffe au moment d'un orage, que toutes les parties dé-

---

heurtant les uns contre les autres, les nuages peuvent bien, ne fuffent-ils que des amas d'eau, donner lieu au tonnerre qui fe fait entendre, ainfi qu'à la pluie ou à la grêle qui lui fuccèdent d'ordinaire ; mais, à moins qu'avec l'eau qu'ils voiturent, ils ne contiennent beaucoup d'air interpofé, ils ne peuvent point, quant aux éclairs & à la foudre, en fournir la matière : ainfi les vagues de la mer vont fans ceffe fe brifant l'une contre l'autre fans qu'il s'enfuive ni foudre, ni éclair. Il fuffit de faire attention à la manière dont fe fait la fulguration, pour fentir qu'elle n'eft vraiment due qu'à la déflagration de l'air.

L'on ne peut au furplus former aucun doute fur l'exiftence du phlogiftique dans l'air ; en d'autres lieux nous avons fur ce point porté les chofes jufques à la démonftration ; & s'il le falloit, les lampes économiques des fieurs *Lange* & *Quinquet* nous en fourniroient une nouvelle preuve ; il nous faut par conféquent regarder l'air comme un véritable combuftible : & dans le fait, fi ce fluide n'étoit ignefcible, comment fe pourroit-il qu'il fût autant néceffaire à l'action du feu ?

pendantes du principe dont nous parlons foient, comme fi elles fe tenoient par une chaîne invifible, remuées en même-temps, & portées à l'expanfion par un même moyen & une même caufe, de forte que, fans avoir toutes la même activité, elles participent toutes, au moyen de la commotion qui leur eft donnée, à l'action qui fe paffe au-deffus de nous; & comme la matière de la lumière dont il s'agit eft répandue par-tout, l'on fent, pour peu qu'on réfléchiffe aux effets fubféquents de cette commotion donnée aux parties dépendantes de ce principe élémentaire, l'on fent, dis-je, que tous les corps en général en doivent être affectés; & c'eft à cela, c'eft à l'ébranlement particulier qu'éprouvent, dans un temps d'orage, toutes les parties de ce principe difféminées dans les mixtes, qu'il nous faut attribuer le trouble & le tourment inteftin que ces mixtes reffentent eux-mêmes en ce moment; ils n'en faut pas d'avantage pour ébranler, pour altérer leur conftitution actuelle; & l'on pourroit, en conféquence, regarder les corps, dans un temps d'orage, ou comme étant prêts à fe diffoudre, ou comme étant dans un commencement même de diffolution : auffi tous les êtres, fi fur eux alors nous promenons nos regards, nous femblent-ils en ce moment dans un état de crife & de fouffrance; les animaux s'inquiétent, tremblent & pâtiffent : ils fe cachent pour fe dérober au tourment qu'ils éprouvent; mais c'eft en vain, ils ne peuvent fuir le malaife qui les fuit, ils en portent la caufe en eux - mêmes (1). Les

---

(1) Ce n'eft pas, comme on voit, au bruit du tonnerre qu'il faut attribuer les frayeurs, l'inquiétude & l'agitation que les animaux éprouvent au moment d'un orage : non, cela ne vient point de là ; & la preuve, c'eft que leur inquiétude fouvent commence bien avant que l'orage foit annoncé par des coups de tonnerre ; & ce qui achève de le démontrer, c'eft que ces mêmes animaux paroiffent dans d'autres occafions infenfibles à des bruits à peu près auffi forts & auffi extraordinaires : fi ces bruits quelquefois font, en étonnant leurs fens, capables d'exciter en eux un mouvement de furprife & d'effroi, au moins n'occafion-nent-ils pas ces agitations & ce mal-aife continu que les animaux reffentent durant les orages ; ces agitations & ce mal-aife ne peuvent donc fe rapporter qu'à l'impulfion donnée aux molécules inflammables qui fe trouvent ré-pandues, tant dans leurs fluides que dans leurs folides, & aux efforts que ces mêmes molécules font en conféquence pour s'en dégager ; & ce qui le prouve, c'eft qu'il n'eft à l'égard de quelques-uns de ces êtres, befoin que de les frotter la nuit à contre-poil pour faire fortir de leurs corps ces molécules toutes enflammées.

L'on fent d'après cela combien il feroit injufte & ridi-cule de blâmer dans les hommes la peur qu'ils peuvent avoir du tonnerre ; il eft clair que cette peur, tant qu'elle n'eft due qu'au fentiment, n'eft en eux, comme dans les animaux, qu'un effet phyfique, qu'une affection réful-tante de la commotion donnée aux parties inflammables qui fe trouvent en eux, affection qui n'étant ni volontaire, ni factice, ne peut dès-lors être commandée ni régie par la raifon. Et s'il eft des hommes qui foient plus effrayés des effets du tonnerre que d'autres, cela vient fans doute, ou

végétaux

végétaux fans doute ne peuvent donner les mêmes démonftrations; peut-être auffi ne font-ils pas fufceptibles d'être autant ébranlés par l'action dont il s'agit ; & il y a lieu de le penfer (1).

de ce qu'ils ne font pas auffi-bien conftitués, ou de ce que le phlogiftique qui entre dans leur compofition fe trouve en eux, ou en plus grande quantité, ou dans des difpofitions plus prochaines à l'expanfion, & cela fuffit pour les rendre plus fenfibles à l'effet des orages. Au furplus, comme dans toutes les affections des êtres intellectuels le moral va toujours fe réuniffant au phyfique, il fe peut que l'appréhenfion du tonnerre foit, indépendamment des caufes précédentes, confidérablement exaltée en eux & par l'idée de la mort, & par d'autres confidérations acceffoires, & ce n'eft qu'en cela, ce n'eft qu'en ce qu'elle tient du moral, que cette crainte pourroit être corrigée par la réflexion.

(1) Comme il entre dans la compofition de ces fubftances & plus d'eau & plus de terre que dans celle des animaux, cela fait que le principe inflammab'e ne peut de fon côté y être auffi abondant ; & s'il eft moins abondant, il eft clair qu'il ne peut y avoir, à l'occafion du mouvement qu'il éprouve dans un temps d'orage, le même ébranlement dans les maffes. D'un autre côté, nous voyons qu'il y a dans les végétaux encore, fur-tout s'ils font vivaces & ligneux, plus de folides & moins de fluides que dans les animaux ; d'où l'on peut juger que le phlogiftique qu'ils contiennent, & qui déja fe trouve en eux en moindre quantité, y eft auffi plus fixé, plus empêché, & conféquemment moins difpofé à l'expanfion. Et quant aux fluides qui coulent dans les plantes qui ont vie, ils font trop chargés d'eau ; & nous devons par cette raifon les croire plus contraires que favorables à l'effet dont nous parlons. L'eau qui domine dans ces fluides femble, tant qu'elle fubfifte dans

N n

Toutefois, s'ils contiennent du phlogistique, on ne doit pas les croire exempts d'éprouver quelque effet au moment d'un orage, & l'attitude morne qu'ils affectent alors semble en quelque sorte le démontrer. Au surplus, nous pouvons juger, par ce qui se passe dans les êtres vivants & sensibles, de ce qui peut & doit se passer tant dans les êtres végétans, que dans les corps morts & inanimés. Aussi la foudre trouve-t-elle, si elle vient à tomber sur quelques-uns d'eux, toutes les molécules inflammables dont ils sont pourvus également prêtes à s'en degager & à s'enflammer, de sorte qu'elles peuvent, en secondant son action, contribuer en quelque chose aux effets qu'elle produit (1), de même que dans un com-

---

les plantes, les défendre également & de la commotion électrique, & de l'inflammation. Aussi faut-il, pour que ces plantes brûlent & s'enflamment, qu'elles aient, par une dessiccation suffisante, perdu la plus grande partie de l'eau qu'elles contiennent.

(1) Quoique plus actif, le feu du ciel n'est pas d'une autre nature que le feu qui se tire de nos combustibles, au moyen de quoi il ne peut y avoir une très-grande différence dans les effets respectifs de l'un & de l'autre. En séparant donc des effets censés produits par la foudre tout ce qui peut lui appartenir, tant à cause du principe dont elle se compose, qu'en raison de l'activité qui lui est donnée, nous pouvons après rapporter tout le reste à l'action même des molécules inflammables qui sont répandues dans les corps, & qui cédant alors à l'impulsion qu'elles ont reçue vont, à l'approche de la foudre, prenant feu de

buſtible elles augmentent par leur déflagration l'action du feu qui eſt appliqué ſur lui. Tout ce qui ſe trouve donc de phlogiſtique dans les corps eſt, malgré le repos où il peut être, cenſé reprendre au moment d'un orage, ainſi qu'il le fait à l'approche d'un corps embraſé, une ſorte d'activité. Ici tout eſt en rapport, & l'effet, & la cauſe. Ainſi, tandis que les parties de ce principe qui ſont dans l'air s'en dégagent ſous des traits enflammés (1), & vont conſti-

---

toutes parts, & s'enflammant pour ainſi dire toutes en même temps ; & en cela déja nous voyons pourquoi les incendies cauſés par le feu du ciel ſont en moins de rien des progrès ſi rapides, & ſont ſi difficiles à éteindre. C'eſt également à l'action propre de ces molé-cules, & au mouvement qu'elles éprouvent dans un temps d'orage, qu'il nous faut attribuer les altérations qui ſe produiſent dans certains mixtes, tels que le lait, le vin, les viandes, &c. A cela ſe doivent encore & les déran-gements particuliers que nous éprouvons aſſez commu-nément dans des temps orageux, & les accroiſſements ſubits que prennent les maladies diverſes dont nos corps peuvent être affectés. Il ſe pourroit même que l'action expanſive de ces molécules inflammables fût dans un corps affoibli par la maladie une cauſe aſſez prochaine de mort, ainſi qu'elle eſt dans les mixtes ci-deſſus énon-cés une cauſe de corruption.

(1) Partout ailleurs le phlogiſtique ſe trouve, tant à cauſe de ſa fixité, qu'à cauſe des matières dont il eſt enveloppé, beaucoup plus gêné dans ſon action que dans l'air : & de-là vient que celui qui réſide dans les corps ne s'enflamme pas auſſi aiſément.

tuant ou la foudre ou l'éclair qui se produisent
alors , toutes celles qui se trouvent dans les
autres mixtes de la nature vont, en proportion
de leur fixité , faisant effort pour s'en dégager
pareillement , & se mettre en équilibre avec la
matière exaltée des météores dont nous venons
de parler. Il n'est pas jusqu'au phlogistique renfermé dans la terre qui ne prenne part à l'action qui se passe hors de son sein ; il semble de-là
même répondre à l'impulsion qui lui est donnée ;
& quoique le lieu principal de la scène soit, à
cause de la grande inflammabilité de ce fluide (1),
habituellement dans l'air, il n'est pas rare de voir
sortir de la terre des feux qui vont alors se réunissant à la foudre ou à l'éclair qui se produisent
dans les cieux. Ce n'est donc qu'à l'action propre
du phlogistique, qu'à l'expansion qui lui est donnée
par la matière de la chaleur, & à l'essor qu'il prend
alors , en quelque lieu qu'il se trouve , que se
doivent & les météores effrayants qui se forment
dans les airs , & les mouvements intestins qui
s'excitent dans les corps , & généralement tous
les phénomènes qui se manifestent dans les orages;

____

(1) L'air est de tous les mixtes de la nature celui
qui doit, comme le plus ténu, se décomposer le plus aisément , & d'où par conséquent le phlogistique a moins
de peine à se dégager ; & de-là vient que ce fluide est
autant inflammable & autant nécessaire à la déflagration
des autres combustibles.

& fi nous comprenons dans ce tableau tous les effets caufés par la foudre, en cela nous verrons ce que peut le principe inflammable dont nous parlons étant dans toute fon activité ; toutefois, dans tout ce qui s'opère alors par la foudre ou par lui, nous n'appercevons encore, comme dans l'action du feu fur les combuftibles, que des actes d'affinité dans lefquels les parties actives de la matière de la lumière ne font, étant fous forme de foudre, autre chofe, en décompofant les mixtes, en embrafant les corps, & en diffolvant les métaux, que ramener à leur état, & mettre en équilibre avec elles les parties tant inflammables qu'acides qui fe trouvent dans ces fubftances, & fur-tout les premières, comme étant les plus expanfibles ; & les effets de cette affinité vont ici fe réglant encore & fur l'activité des unes, & fur la fixité des autres, même fur la facilité avec laquelle celles qui feroient fixées dans les corps peuvent être mifes en expanfion.

Les effets de la foudre font fi extraordinaires & fi variés qu'on ne fait le plus fouvent à quoi les attribuer ; auffi s'eft-on jufqu'à préfent plus attaché à les décrire qu'à les expliquer. Eh ! comment l'auroit-on fait avant de favoir ce qu'eft la foudre, avant de connoître ce dont elle fe compofe ? La variété des faits demandoit des moyens différens, & ces moyens nous manquoient ; il étoit réfervé à la théorie que nous expofons ici de nous les procurer : toutefois,

N n iij

nous n'entreprendrons pas de donner l'explication de chacun de ces faits en particulier ; qu'il .nous fuffife de mettre le lecteur en état de les expliquer lui-même, en lui montrant les caufes auxquelles ils doivent fe rapporter fuivant les circonftances ; avec lui déja nous en avons reconnu quelques-unes. Mais, quoiqu'on puiffe regarder & l'affinité que la matière conftitutive de la foudre peut avoir avec les principes élémentaires des corps, & l'activité dont jouit cette matière, comme des caufes-mères auxquelles fe doivent en général & fans exception tous les effets que la foudre eft capable de produire, il lui feroit, dût-il trouver dans ces données des moyens fuffifans pour rendre raifon de tous ces faits l'un après l'autre, il lui feroit, dis-je, difficile d'arriver par-là à la fource des différences qui fe remarquent entre eux ; & nous devons, pour l'aider en cela, lui fournir d'autres moyens encore. Or, quant à ces difparités que nous préfentent les effets de la foudre, il nous femble qu'elles doivent tenir originairement à quelques différences exiftantes dans la matière même dont la foudre fe compofe ; & plus on y réfléchira, plus on en fera convaincu. Jufqu'ici, nous avons regardé la foudre comme étant exclufivement compofée de la matière de la lumière extraite de l'air décompofé, & réunie en certaine quantité ; & comme il eft au moins certain que les chofes font le plus fouvent ainfi, nous pouvons

déja dans cette suppofition, & d'après les propriétés connues de ce principe, nous pouvons,
dis-je, calculer les effets qu'il peut avoir, étant
feul & dans l'état ci-deffus énoncé. Mais, quoique
nous regardions la foudre comme étant habituellement formée aux dépens de cette matière,
cela ne fait pas qu'il ne puiffe parfois fe gliffer
quelque autre principe dans fa compofition. Eh !
ne fe pourroit-il pas que la matière de la lumière
qui dans l'air d'où elle fe tire fe trouve toujours unie à la matière de la chaleur, ne fe pourroit-il pas, dis-je, que cette matière retint, en
fe rapprochant pour former la foudre, quelques
parties de cette matière de la chaleur avec lefquelles elle formeroit une efpèce de foudre particulière très-différente de l'autre ? La chofe au
fond eft affez probable ; & cela étant, l'on
conçoit combien l'adjonction de cette matière
au principe inflammable peut, en changeant la nature de la foudre, mettre de différence dans les
effets qu'elle eft capable de produire. Au furplus,
nous ne fommes pas les feuls à qui l'idée foit
venue d'admettre plufieurs foudres différentes.
Il y a des pays en Italie où les payfans même
en reconnoiffent de deux efpèces, qu'ils appellent
l'une la *frazela*, & l'autre la *faeta*. La *frazela*
eft une foudre qui frappe, renverfe, tue & ne
brûle point ; & l'on voit par ce qui précède
que celle-ci doit être uniquement compofée de
la matière de la lumière qui par elle-même ne

N n iv

brûle point. La *saeta* eſt bien différente : celle-ci frappe, renverſe, tue & brûle en même-temps ; & l'on ſent encore, d'après nos principes, que celle-ci doit, outre la matière de la lumière, admettre dans ſa compoſition une quantité donnée de la matière de la chaleur que l'on ſait avoir ſeule la propriété de brûler. Il y a plus : ſi la foudre va ſe compoſant tantôt de la matière ſeule de la lumière, tantôt des matières de la lumière & de la chaleur réunies en diverſes proportions, ne ſe pourroit-il pas auſſi qu'elle ſe formât quelquefois aux dépens ſeuls de la matière de la chaleur, laquélle ſe trouvant dans les airs, après l'extraction faite du phlogiſtique qui lui étoit uni, tout-à-fait réduite à elle-même, iroit à ſon tour ſe réuniſſant en maſſe pour former à elle ſeule une eſpèce de foudre magnétique, non-viſible, non-lumineuſe, mais non-moins dangereuſe ? Eh ! qui nous empêcheroit de le croire ? Il n'y a rien en cela qui ne ſoit très-admiſſible ; & l'on ſent encore, d'après la connoiſſance que nous avons de ſes propriétés, ce que peut cette matière brûlante, étant, comme nous venons de le dire, ſeule, dans ſon activité, & ſous forme de foudre. Ainſi, nous pouvons juger, par les effets de la foudre, des matières dont elle ſe compoſe ; & ces matières connues peuvent nous aider à leur tour à expliquer les différences qui ſe remarquent entre eux.

Mais, quoiqu'à l'aide des données précédentes,

on puisse déja rendre raison de la plupart des effets qui sont produits par la foudre, & des différences qu'ils nous présentent, il ne faut pas oublier ici qu'une partie des faits qui sont attribués à ce météore, & des singularités qui nous étonnent en eux, peut, comme nous l'avons observé, se rapporter encore, non à la foudre, mais à l'action propre des molécules inflammables qui sont dans les corps, & qui vont dans un temps d'orage faisant effort de toutes parts pour s'en dégager, de sorte que nous pourrions regarder toutes ces molécules reprenant de l'activité comme autant de petites foudres dont l'effet rassemblé peut s'assimiler à celui de la foudre même, & l'augmenter dans l'occasion ; c'est à cela, je le répète, c'est à l'expansion particulière de ces molécules que se doivent & les agitations qu'éprouvent alors les animaux, & les altérations qui se produisent dans certains mixtes, & les révolutions subites qui se font dans les corps affectés de quelque maladie. L'on sent même que si l'action intestine de ces molécules peut faire d'aussi vives impressions sur les êtres que nous venons d'énoncer, elle seroit également, sans le concours de la foudre, & sans que cette action soit augmentée, suffisante pour donner la mort à des animaux plus foibles, tels que les vers à soie, & les fœtus des oiseaux non encore sortis de leurs coques. Il n'y a d'ailleurs aucun doute à former sur la cause à laquelle nous attribuons tous ces effets : comme ils se produisent presque toujours à une certaine diſtance des lieux où la foudre elle-même exerce ſon action, ils ne peuvent ſe rapporter directement à ce météore, ni ſe confondre avec les effets qui lui ſont propres. Nous ſommes d'après cela très-portés à croire que les perſonnes qui ſont dans les orages plus agitées, & qui témoignent plus de crainte, ſont en même temps celles qui pourroient, comme plus électriques, comme plus ſuſceptibles de commotion, avoir plus à craindre dans cette occaſion. Il eſt cenſé que ſi les molécules inflammables qui entrent dans la compoſition de ces individus, & à l'action deſquelles ils doivent déja l'état de ſouffrance où ils ſe trouvent, venoient à prendre une plus grande expanſion, comme il arriveroit ſi la foudre ſe rapprochoit d'eux, il eſt cenſé, dis-je, que ces individus tremblants pourroient être alors renverſés tout-à-coup, & qui plus eſt, frappés de mort, ſans qu'ils euſſent été touchés par la foudre, ſans même que d'autres perſonnes éprouvaſſent un ſort pareil, & cela, par le fait ſeul des molécules inflammables de leurs corps, & en vertu de l'éruption ſubite & générale de ces molécules : ici leur action ſe trouve meſurée ſur la force de l'individu ; l'effet d'ailleurs qu'elle eſt cenſée pouvoir produire ſur lui eſt exactement en rapport avec celui qu'éprouvent les vers à ſoie, & d'autres inſectes en pareille occaſion. Nous ne nous étendrons pas davantage ſur cette matière ; ſi nous n'avons pas ſatisfait à tout, nous avons du moins indiqué les moyens à l'aide desquels le lecteur pourra le faire aisément. Il n'est dans les effets de la foudre aucune circonstance, aucune singularité dont il ne puisse à présent donner la raison suffisante.

Les discussions dans lesquelles nous venons d'entrer au sujet des matières dont la foudre se compose nous forcent, ainsi que tout ce qui précède, à reconnoître dans la nature, non comme quelques-uns le prétendent, un agent fluide universel, mais deux agens fluides essentiellement différens, ou plutôt, car ces agens fluides n'y sont vraiment nulle part nécessairement, ou plutôt, dis-je, deux principes dont s'engendrent, alors qu'ils se séparent des combinaisons dans lesquelles ils se trouvent habituellement engagés, les deux fluides différens dont nous voulons parler, savoir, le fluide électrique d'une part, & le fluide magnétique de l'autre ; & ces principes générateurs font de leur côté les matières de la lumière & de la chaleur dont nous ne cessons de nous entretenir. Ainsi, quoique ces fluides n'aient, exactement parlant, aucune place marquée dans la nature, ils peuvent en tout temps, & selon les occasions, s'y établir artificiellement aux dépens de ces principes, & par le rapprochement respectif de leurs parties : ils n'ont dès-lors qu'une existence fortuite & précaire ; & cette existence, ils la doivent communément à la dissolution des mixtes. Ainsi tout corps peut, en se détruisant, donner lieu à leur formation. Toutefois, le mixte d'où

ces fluides fe tirent le plus ordinairement l'un
& l'autre eft le mixte fluide de l'air qui, fe décompofant pour ainfi dire à volonté, peut, fuivant les moyens qu'on y emploie, fournir féparément & de lui-même la matière propre de
ces fluides, & fervir de la forte à leur inftitution.

Cela pofé, nous avons peine à croire que ceux
qui, comme MM. *Thouvenel, Mefmer* & *Deflon,*
n'admettent qu'un agent fluide univerfel, parviennent jamais, avec cette feule donnée, à débrouiller le fyftême de la nature : il nous paroît
même impoffible qu'ils fatisfaffent au moindre des
phénomènes qu'elle nous préfente, tant qu'ils ne
reconnoîtront pas comme nous, & comme l'a
fait M. *Marat* (1), deux agens, au lieu d'un,
& qu'ils n'adopteront pas pour ces agens les matières ci-deffus énoncées de la lumière & de la
chaleur, matières que la nature a chargées de
deux rôles bien différens, matières dont les propriétés & l'action font abfolument diffemblables,
matières enfin dont fe forment, quand elles font
féparées, les fluides électrique & magnétique dont
il eft ici queftion (2).

---

(1) S'il n'a pas précifément reconnu ces deux agens,
il a du moins très-diftinctement apperçu les deux fluides
qui en proviennent ; il nous a même fait connoître les
différences effentielles qui exiftent entre l'un & l'autre.
Voyez plus haut ce que nous en avons rapporté.

(2) Je m'explique : j'appelle *électrique* tout fluide ex-

L'exiftence de ces agens étant réconnue, l'on
conçoit que fi l'un d'eux peut, par les moyens
que nous connoiffons, être introduit en nous,
& tranfmis de-là dans d'autres corps en vertu
d'une communication établie, il doit en être
de même à l'égard de l'autre : ainfi, nul doute
que la matière de la chaleur ne puiffe, fi on y
emploie des moyens convenables, être apportée
en nous, & verfée de-là dans d'autres corps fous
la forme du fluide magnétique, de même que

---

clufivement compofé de la matière de la lumière étant,
ou à-peu-près, dans fon état élémentaire; & *magnétique*,
tout fluide formé aux dépens feuls de la matière de la
chaleur. Je rends par-là cette dernière dénomination, de
propre qu'elle étoit au fluide de l'aimant, commune à
tous les fluides de cette feconde efpèce, ce qui n'empêche pas qu'il ne faille toujours, & pour caufe, comprendre dans cette claffe les émanations invifibles &
continues qui fe dégagent de ce minéral. Ainfi, des deux
matières ci-deffus énoncées fe déduifent, comme de deux
fources primitives, tous les fluides qui fe forment artificiellement dans la nature, favoir, quand elles font féparées, tous les fluides fimples, tant inflammables que
méphitiques, qui appartiennent à chacune d'elles; & quand
elles font réunies, tous les fluides neutres qui, tels que
l'air, vont fe formant aux dépens de l'une & de l'autre.
Et fuppofé qu'il fe préfente quelques différences entre
les fluides appartenans à chacune de ces trois efpèces,
on ne peut dès-lors les rapporter à la nature de leurs
principes conftitutifs, qui font toujours les mêmes, mais
feulement à l'état différent où ils peuvent être dans les
corps où ils réfident, & dont ils fe dégagent

la matière de la lumière s'y trouve projettée fous la forme du fluide électrique à l'aide des appareils qui font établis pour cela. Le point effentiel ici eft d'en trouver le moyen propre : j'ignore à cet égard fi M. *Mefmer* l'a découvert ; je ne déciderai point fi la préfentation verticale de l'index dans l'air , l'application d'une verge de fer fur un de nos membres, la preffion du pouce fur les hypocondres, &c. &c., font , ou non, des moyens fuffifants, foit pour mettre en mouvement la matière magnétique qui fe trouve en nous, foit pour y attirer d'ailleurs cette matière, & la faire paffer de-là dans d'autres corps. Je n'embraffe là-deffus aucun parti ; je ne tiens encore à aucun moyen particulier (1) : tout

---

(1) J'eftime toutefois qu'au défaut des moyens ci-deffus énoncés le fer, le foufre, & généralement toute fubftance abondante en acide, pourroient, en vertu du développement que l'on donneroit à ce principe par le frottement, ou de quelque autre manière, s'employer avec avantage pour introduire en nous le fluide dont il s'agit : & attendu que les émanations qui partent du corps des animaux font plus méphitiques qu'inflammables, & qu'il y a entre le principe dominant de ces émanations invifibles, & la matière de la chaleur dont l'air fe compofe, ainfi qu'entre les parties de cette matière exiftantes dans chaque individu, une affinité réelle & conftante, ne pourrions-nous pas d'après cela regarder encore & les frictions, & les attouchemens mutuels, & les frottemens de mains , & les préfentations fubféquentes des doigts, tant dans l'air que vers les perfonnes que l'on veut ma-

ce que je vois ici , c'eſt qu'il peut y en avoir
un ; c'eſt que ſi ce moyen n'eſt pas trouvé, il
eſt poſſible qu'on le découvre ; & je ne doute
pas qu'un jour, lorſqu'on aura travaillé ſur cette
matière autant qu'on l'a fait ſur l'électricité , on
ne tienne pour certain ce qui ſemble maintenant abſurde & chimérique. Nous devons en
tout nous méfier de nos premiers jugemens ;
c'eſt le ſort des grandes vérités d'être méconnues
& rejetées avant que d'être accueillies. Je ne déciderai pas non plus ſi tous les effets obtenus juſ-

gnétiſer, comme des moyens aſſez propres, ſoit pour
mettre en branle la matière magnétique de nos corps ,
ſoit pour attirer celle de l'air , & lui donner un cours
en nous? Je n'aurai point , dans les circonſtances où
nous ſommes, la témérité d'inſiſter ſur la validité de ces
moyens; l'on ne peut néanmoins, d'après nos prémiſſes ,
les croire tout-à-fait indifférens. Nul doute , au ſurplus ,
que nos corps ne puiſſent donner accès à la matière fluide
dont nous parlons ici : les pores abſorbans dont ils ſont
pourvus , ainſi que de pores exhalans , doivent, on le
ſent , les rendre perméables aux fluides dont ils peuvent
avoir le contact : de-là le danger que nous courons
alors que nous nous trouvons expoſés aux influences de
quelque air ou fluide impur , & non ſuffiſamment neu-
traliſé , ou lorſque, jeunes encore, nous cohabitons avec
des perſonnes âgées , mal-ſaines ou infirmes ; cependant
ces mêmes perſonnes dont nous abſorbons à notre détri-
ment les émanations viciées , ne peuvent , de leur côté , ſi
elles cohabitent avec des animaux naiſſans , qu'améliorer
leur condition, en attirant à elles les émanations douces ,
fraîches & pures qui s'exhalent de leurs corps.

II. Part.   * N n i5

qu'ici, tant en bien qu'en mal, par l'emploi prétendu du magnétifme animal doivent, comme l'affurent MM. les Commiffaires chargés par le Roi d'examiner cette queftion, fe rapporter exclufivement à l'imagination, à l'attention des malades fur eux-mêmes & à l'imitation. Il me femble également difficile, & de n'être pas de leur avis, & de l'adopter en totalité (1). Duffé-je

(1) Je fuis loin de contefter ici le pouvoir de l'imagination : je fais affez quels font, tant au moral qu'au phyfique, les effets qu'elle eft capable de produire fur nous, lorfqu'elle eft ou provoquée par quelque objet, ou préoccupée de quelque fouvenir. Je ne fais par conféquent aucun doute qu'elle n'ait grande part aux effets, crifes & convulfions qui fe produifent journellement par le moyen du magnétifme animal. Toutefois, quand je réfléchis à la fomme des faits qui fe doivent depuis quatre ou cinq ans à l'emploi prétendu de cette matière, il me femble auffi difficile de croire qu'ils viennent tous de l'imagination, que de penfer qu'ils aient tous le magnétifme pour caufe (a). J'ai d'ailleurs peine à me perfuader que deux ou trois cents perfonnes à qui M. *Mefmer* a fait part de fa doctrine & de fes procédés, & parmi lefquelles il fe trouve des gens très-inftruits, & même verfés dans l'art de la Médecine, aient toutes pu s'en laiffer impofer &

(a) Et fi parmi ces faits il s'en trouve quelques-uns qui ne peuvent décidément fe rapporter qu'à l'imagination, il en eft auffi qui, de leur côté, paroiffent ne rien devoir à fon action. Telle eft, entre beaucoup d'autres que l'on pourroit citer, la guérifon du nommé Colinet, garçon de cuifine de monfeigneur le Prince de Condé, tiré de l'état le plus fâcheux peu après avoir été magnétifé par M. Brilhonet, Chirurgien de monfeigneur le duc de Bourbon, homme que l'on ne peut foupçonner d'en avoir impofé fur ce fait.

au surplus me trouver sur ce point entièrement
d'accord avec eux, je n'en dirois pas moins que
s'il exiſte dans la nature, comme on n'en peut

---

par leur maître & par leur imagination au point d'attribuer à des moyens phyſiques ce qui ne ſeroit dû
qu'à l'imagination exaltée des malades qu'elles ont vues
& ſuivies. J'obſerve en outre qu'en rapportant à l'imagination ſeule tous les faits dont il eſt parlé, l'on ne fait
en cela que ſubſtituer à un agent inviſible & inconnu un
autre agent également inviſible, & dont la manière d'agir
ne nous eſt guères plus connue, & je ne vois pas ce
que nous pouvons gagner à cet échange ; ajoutez que
dans cette hypothèſe l'on fait jouer à un agent purement
immatériel un rôle qui paroît ne pouvoir convenir qu'à
un agent phyſique. Je veux que l'imagination, que l'on fait
déja avoir comme par magie le pouvoir de reproduire
le paſſé, de rapprocher l'avenir, de rendre préſens à
l'eſprit des êtres morts ou abſens, & de nous faire voir ou
ſentir des objets qui n'exiſtent point, ait encore, en trou-
blant ou en détournant le cours de nos eſprits animaux,
celui d'occaſionner quelques dérangemens dans notre machine ; je veux même qu'elle puiſſe, le calme arrivant,
rétablir en nous tout le déſordre qu'elle y auroit cauſé ;
j'accorde que d'autres fois encore, & au moyen de la
chaſſe extraordinaire qu'elle donne à nos eſprits, elle
puiſſe vaincre & détruire des embarras exiſtans dans
notre organiſation ; mais paſſé cela je ne vois pas comment
dans des maux réels, dans des maux occaſionnés par
quelque dérangement dans les combinaiſons de nos principes conſtitutifs, l'imagination pourroit faire les fonctions
d'un remède curatif, & ſuppléer à des principes matériels.
Telles ſont les raiſons qui m'empêchent de déférer entière-

douter, deux agens différens, repréfentés, l'un par la matière de la lumière, & l'autre par celle de la chaleur, & donnant lieu, quand ils fe trouvent dans une certaine agrégation, à deux fluides également différens, favoir, au fluide électrique, & au fluide magnétique, le dernier de ces fluides doit, de même qu'il arrive à l'autre, pouvoir s'introduire en nous, & fe tranfmettre de-là dans d'autres corps, dès qu'on y emploiera des moyens convenables & relatifs à fa nature. La nullité fuppofée des moyens employés jufqu'ici pour cela n'entraîne point l'impoffibilité de la chofe, de même que l'invifibilité de l'agent n'exclut point la poffibilité de fon exiftence ; & l'on ne peut me contefter ces affertions, vu que le fluide de l'aimant, fluide analogue à celui dont nous parlons, a déja, comme on fait, la vertu de pénétrer le fer, & de paffer à travers les corps les plus compactes pour fe joindre à ce métal.

Il n'eft plus queftion ici que de favoir fi le fluide

---

ment à l'avis de MM. les Commiffaires. Je ne puis, quoi qu'il en foit, refufer au rapport qu'ils ont rendu public le tribut d'admiration qu'il me femble mériter tant pour l'efprit philofophique qui y règne, que pour l'attention fcrupuleufe qu'ils ont mife dans les expériences multipliées qu'ils ont faites à ce fujet, & fur-tout pour l'ordre, la précifion & l'élégance avec lefquelles le tout eft rédigé, ce qui doit nous faire regarder cet ouvrage comme un modèle, & un chef-d'œuvre en ce genre.

dont nous parlons peut , fuppofé toutefois que
nous ayons le moyen de l'introduire en nous,
s'employer comme remède pour la cure de nos
maladies ; & cela ne doit, je penfe, fouffrir aucune difficulté. En effet que cherche-t-on, ou
que doit-on chercher dans les drogues diverfes
dont on fait ufage en médecine, fi ce n'eft un principe capable de neutralifer en nous ceux qui par
leur excès pourroient nuire à notre conftitution ?
Or eft-il rien qui puiffe mieux remplir cet objet
qu'une fubftance pure & fimple telle que le fluide
dont il s'agit, qu'une fubftance qui, comme nous
l'avons vu, n'eft autre que la matière même de la
chaleur ? Et quant à cette matière n'avons-nous
pas reconnu en elle un des principes les plus actifs de la nature , & le plus vivifiant de tous ?
N'entre-t-elle pas en cette qualité dans la compofition de tous les corps ? Et dès qu'elle fert à leur
formation , qui empêcheroit qu'elle ne pût ,
quand ils fe dégradent, fervir de même à leur ré-
paration, fur-tout lorfqu'elle eft, comme ici, fans
aucun mélange, dans toute fa ténuité, & dans une
forte de développement & d'expanfion ? Il n'y
a donc aucun doute à former fur ce point ; mais
tout en nous l'accordant, l'on doit fentir en même
temps que ni le fluide magnétique, ni le fluide
électrique, quoiqu'ils puiffent l'un & l'autre s'employer avec avantage & fuccès dans certains cas,
ne peuvent chacun à part former un remède unique, univerfel, & propre à tous les maux ; & l'on

O o ij

en sera pareillement convaincu si l'on fait attention que nos corps ne sont point formés d'un seul
principe, que ceux qui entrent dans notre composition n'y sont nulle part, soit dans nos solides,
soit dans nos fluides, seuls & séparés ; & que sans
les combinaisons diverses dans lesquelles ils se
trouvent généralement & nécessairement engagés, ces mêmes principes, loin de concourir par
leur présence à notre conservation, seroient, étant
libres, & n'étant ni corrigés, ni modifiés l'un par
l'autre, dans le cas d'exercer contre nous leur
énergie meurtrière, & ne serviroient alors qu'à
notre destruction. Nos corps donc se maintiennent
en vigueur & en santé tant que ces combinaisons subsistent suivant l'ordre établi par la nature ;
mais dès que les principes qui servent à les former cessent de s'y trouver dans les proportions
requises, tout s'altère & se dérange alors dans
l'économie animale ; & de-là les maladies diverses
que nous éprouvons, & qui viennent de ce que
tantôt l'un, tantôt l'autre de nos principes constitutifs, trompant pour ainsi dire le vœu de la
nature, vont ou se dissipant en partie, ou s'accu-
mulant en nous outre mesure ; aussi sommes-nous
forcés, pour remédier au désordre qu'ils occasion-
nent, de recourir, non à tout moyen indifféremment, mais aux principes précisément qui se trouvent, en vertu de leur opposition, plus propres
à corriger, à modifier, & pour tout dire en un mot,
à neutraliser ceux qui par leur excès peuvent nuire

à notre conftitution ; & comme la caufe du mal varie en raifon du nombre & de la différence de nos principes conftitutifs , celui qui doit fervir de remède doit varier également , & l'on fent qu'il ne peut être le même pour tous les cas : je le repète, un remède univerfel feroit une contradiction évidente dans le plan de la nature, & nous ne pouvons le regarder en médecine que comme une véritable chimère.

Cela pofé , l'on voit en quoi pèche fur-tout le fyftème curatif de MM. *Mefmer* & *Deflon* ; & c'eft en ce qu'ils veulent que leur agent qu'ils eftiment feul &'unique puiffe fervir exclufivement à la cure de toutes nos maladies , ce qui ne peut s'accorder, comme nous venons de le voir, ni avec les faits de la nature , ni avec le fyftème particulier de notre conftitution. Ainfi quand ces MM. fe feroient rendus maîtres de l'agent qu'ils annoncent, quand ils auroient même trouvé le vrai moyen de l'introduire en nous, nous ne pourrions malgré cela regarder cet agent , quelque utile qu'il puiffe être dans certains cas, comme pouvant fuffire à la guérifon de tous les maux auxquels nous fommes fujets ; & jamais il ne fera pour ceux qui nous l'adminiftrent comme remède, vu le fyftème qu'ils ont adopté, qu'un moyen incertain employé par des mains incertaines , & dont l'effet fur nous ne peut être également que très-incertain , de forte que pour quelques cures opérées au hazard fur certains individus auxquels il eft poffible qu'il convienne, il eſt dans le cas de produire ſur beaucoup d'autres les effets les plus funeſtes, comme l'ont très-bien vu MM. les Commiſſaires du Roi; & l'on en peut dire autant de toute méthode curative établie comme celle-ci ſur une ſeule donnée (1).

Je ne penſe pas que l'on m'accuſe, d'après ce qui précède, de vouloir me rendre ici le défenſeur de M. *Meſmer* & le partiſan de ſa méthode curative; mais de ce que cette méthode n'eſt pas à beaucoup près d'un uſage auſſi étendu qu'il le ſuppoſe, de ce qu'elle peut même avoir des effets nuiſibles en bien des occaſions, faut-il pour cela la proſcrire abſolument, & ſon auteur avec elle? Non: & quant à M. *Meſmer*, quels que ſoient ſes écarts, nous lui avons au moins une ſorte d'obligation pour nous avoir mis ſur la voie d'une découverte dont il ſeroit poſſible que l'humanité tirât les plus grands avantages; & quant à ſa méthode, quels que ſoient ſes défauts, ne pourrions-nous pas encore en tirer quelque parti, & cela, en l'éclairant dans ſa marche, en réformant ce qu'elle peut avoir de défectueux, & pour tout dire en un mot, en reſtreignant l'uſage du magnétiſme aux cas ſeuls où il pourroit convenir? Et ces cas peuvent ſe juger en étudiant & la nature

______

(1) *Voyez* ce qui a été dit ſur cet objet à *l'article* de la fermentation.

du principe qui nous bleſſe, & celle de l'agent que nous repréſente le magnétiſme (1).

En réfléchiſſant à tout ce que nous venons de dire, l'on ſent qu'il doit être également dangereux pour nous & de faire ſortir un de nos principes quelconques des combinaiſons dans leſquelles il peut être engagé, & d'en introduire un autre en excès dans nos corps ; & la raiſon, c'eſt qu'en enlevant à un de nos principes conſtitutifs celui qui lui étoit uni, & qui ſervoit à le modifier, nous le mettrons alors pour ainſi dire à nu, & dans le cas

____

(1) Et quant à cet agent enfin, parce qu'il peut nuire, comme le font les meilleures choſes lorſqu'elles ſont priſes à contre-temps, le regarderons-nous auſſi comme un poiſon funeſte ? Non : parce que, phyſiquement parlant, il n'y a pas de poiſon dans la nature ; parce que les termes de *ſpécifique* & de *poiſon* ne ſont en eux-mêmes que des termes relatifs qui ſelon les circonſtances peuvent tour-à-tour s'appliquer à la même choſe ; parce qu'enfin toutes les matières qui portent vulgairement le nom de poiſon ne ſont dans le fait autre choſe que des agrégats formés aux dépens des principes les plus actifs & les plus vivifians de la nature, leſquels étant à nu, ou en excès, & non neutraliſés l'un par l'autre, vont alors exerçant librement, ſoit à notre avantage, ſoit à notre préjudice, l'énergie qui leur eſt propre ; de ſorte que le principe même qui ſert à nous former, à nous nourrir, & ſi l'on veut à nous guérir, peut nous bleſſer auſſi, & qui plus eſt nous donner la mort, lorſque l'uſage qu'on en fait eſt directement contre le vœu & les indications de la nature.

de développer très-promptement toute son énergie sur nous, & il en est de même lorsque nous en faisons entrer un autre en trop grande abondance. Tout principe donc qui surabonde dans nos corps à un certain degré est, en vertu de l'action qu'il exerce alors, & qu'il est capable d'exercer, censé devoir y produire des ravages; & l'on ne doit point chercher ailleurs la cause & des cancers dont les uns sont affectés, & du scorbut dont d'autres sont attaqués, & de cette gangrène qui vient inopinément & comme par surprise s'attacher à quelques-uns de nos membres, accident que nous croyons uniquement dû à la trop grande affluence d'un principe prédominant porté & arrêté dans cette partie. Ce n'est pas tout : si nous avons en santé tout à craindre des dérangemens qui peuvent arriver dans les combinaisons de nos principes constitutifs, & lorsque quelqu'un d'eux dévient trop abondant en nous, l'on doit sentir par la même raison combien aussi il peut être dangereux de se méprendre dans le choix des remèdes qui doivent nous être administrés lorsque nous sommes atteints de quelque maladie, & l'on conçoit que si, au lieu d'un principe contraire à celui qui nous blesse, il nous arrive d'en prendre un qui lui soit identique, bien loin alors de détruire les effets du premier, & de diminuer le mal qu'il nous cause, nous ne pouvons par ce moyen que l'augmenter encore; le secours alors qu'on nous présente peut nous devenir autant & plus funeste

que le mal même que nous éprouvons. Il n'eſt
par conſéquent aucun remède qu'on doive prendre au hazard & ſans qu'il ſoit connu ; & pour
en revenir aux fluides électrique & magnétique,
à l'occaſion deſquels nous ſommes entrés dans
cette diſcuſſion, & déterminer les cas auxquels
il peut être avantageux de s'en ſervir, il nous ſemble, à juger des choſes d'après la nature des principes que ces fluides nous repréſentent, & ſans
parler ici de l'uſage que l'on en peut faire, ou pour
rendre en nous du ton aux parties qui en manquent, ou pour ranimer le cours de nos fluides,
il nous ſemble dis-je qu'en toutes autres occaſions le premier ne doit guères s'employer que
dans celles où l'acide ſeroit cenſé prédominer en
nous. Et nous croyons, quant à l'autre, devoir
pareillement en borner l'uſage aux cas ſeuls où il
y auroit en nous ſurabondance du principe inflammable, ou ſigne d'alkaleſcence dans nos humeurs, d'où l'on voit que l'un des deux ne peut
jamais, ſans le plus grand inconvénient, s'adminiſ-
trer au lieu & place de l'autre.

Mais, dira-t-on, il n'eſt pas aiſé dans la plupart des maux dont nous ſommes affectés d'appercevoir d'où part le trait qui nous bleſſe ; quelque différens que ſoient les effets que ces maux
produiſent ſur nos corps, l'impreſſion qu'ils font
ſur notre ame ne varie guères qu'en plus ou en
moins ; la douleur, quelle qu'en ſoit la cauſe, n'a
pour ainſi dire qu'un mode, de ſorte qu'on ne

peut juger par elle si nous péchons ou par excès d'acide, ou par excès de principe inflammable ; & cela étant, comment savoir, s'il nous survient quelque mal, auquel de ces deux principes il nous faut recourir pour y remédier ? Je l'avouerai : cette distinction n'est pas dans la pratique aussi facile à faire qu'elle le paroissoit dans la théorie ; on ne doit pas malgré cela la mettre au rang des choses impossibles : & si le sentiment intime ne peut nous éclairer sur les causes particulières de nos maux, les effets physiques qu'ils produisent sur nos corps peuvent à son défaut nous donner quelques renseignemens sur elles ; toutesfois les études qu'il nous faut faire ici pour trouver & saisir les rapports de ces effets avec leurs causes exigent encore de notre part, outre une grande attention, de la sagacité & des connoissances ; il n'y a même que des personnes habituées à traiter des maladies, à rechercher leurs causes, à examiner les symptômes de chacune d'elles, & à comparer les effets que produisent nos principes étant en combinaison avec ceux qu'ils ont coutume de produire étant isolés, qui puissent en raison de leur expérience, de leurs observations & de leurs études, nous aider à faire ici les distinctions dont il s'agit. Le plus difficile comme le plus important dans tout cela, est de savoir à quel principe doit se rapporter le mal que nous éprouvons : ce principe une fois connu, l'on sait aussitôt celui qu'il faut employer pour le combattre. Pour abréger nos recherches

à cet égard, & diminuer nos embarras & nos in-
certitudes, il feroit vraiment à defirer que l'on
imaginât relativement à nous, comme on l'a fait
pour l'électricité, differens appareils ou moyens
qui nous tenant lieu, l'un d'électromètre, l'autre
de magnétomètre, puffent nous indiquer d'une
manière prompte & précife fi nous abondons en
acide ou en principe inflammable, de même que,
dans l'électricité, l'électromètre qui y eft employé
nous fait connoître fi le conducteur eft ou non
fuffifamment chargé de fluide électrique ; & d'a-
près les progrès journaliers qui fe font dans les
arts & les fciences, je ne doute pas, dès qu'on
s'occupera de cet objet, qu'on ne trouve pour
l'homme & les animaux des mefures pareilles, au
moins quelques moyens à l'aide defquels on puiffe
juger de l'état actuel de leurs principes conftitutifs:
déja même il me femble qu'on pourroit tirer quelque induction des effets que produiroient fur nos
corps les fluides électrique & magnétique dirigés
contre nous, & employés tour à tour comme par
effai pour reconnoître lequel de nos principes
pourroit y dominer.

Des expériences toutes récentes nous apprennent que le magnétifme eft capable, fi on l'oppofe à l'électricité, de détruire ou d'empêcher
l'effet qu'elle a coutume d'avoir, & que de même
l'électricité peut, lorfqu'elle eft abondante, détruire & annuller tout le magnétifme dont un
individu feroit chargé ; & ceci femble déja, en

nous mettant fur la voie des moyens que nous cherchons, juftifier les efpérances que nous avons conçues à cet égard. Je n'ai pas été, je l'avoue, témoin de ces expériences ; mais il eft des faits à la poffibilité defquels on peut croire fans les avoir vus, & ceux-ci font du nombre : je me plais d'autant plus à le penfer qu'ils nous donnent ici la preuve complette de tout ce que nous avons dit, & fur l'exiftence des deux agens dont nous avons parlé, & fur celle des deux fluides differens qui en font formés, & qui, dans l'occafion préfente, vont, non fe détruifant l'un l'autre, comme on le pourroit croire, mais s'uniffant l'un à l'autre en raifon de leur affinité, & fe combinant enfemble pour former par leur réunion un fluide neutre particulier, qui, quoique engendré par eux, ne reffemble en rien à aucun de ces deux fluides conftituans. Il y a déja du temps que M. *Sage* a reconnu que des mouches peuvent feules & d'elles-mêmes empêcher l'effet de l'electricité ; & fi cela eft, comme on n'en peut douter, il y a lieu d'en conclure que ces infectes doivent être extraordinairement chargés de magnétifme. Ce dernier fait eft, comme on le voit, en rapport avec les premiers ; & vu les conféquences que l'on peut tirer tant de celui-ci que des autres, l'on fent combien il importe de les vérifier tous ; les phyficiens d'ailleurs pourront trouver ici matière à de nouvelles expériences ; & je ne puis trop les engager à tenter, relativement au même objet, toutes celles qu'il

eſt poſſible de faire, & cela en ſoumettant aux
mêmes épreuves beaucoup d'autres animaux, &
qui plus eſt, des foſſiles & des végétaux ; j'entrevois une foule de découvertes qui peuvent ſe faire
par ce moyen. Et quant à M. *Meſmer* l'on doit
voir également que tout ceci milite en ſa faveur ;
& quoi qu'on diſe, la victoire eſt à lui s'il parvient
à ne laiſſer aucun doute ſur les faits ci - deſſus
énoncés : il ſeroit en effet, en les ſuppoſant vrais,
bien difficile alors de nier l'exiſtence de ſon agent.
Mais c'eſt trop nous arrêter ſur cette matière, revenons à l'affinité ſur laquelle il nous reſte encore
quelque choſe à dire.

Pour remettre le lecteur ſur la voie, & lui ſau-
ver la peine de rechercher où nous en étions ſur
cet objet, nous lui rappellerons en deux mots ce
qui en a déja été dit : nous avons vu d'abord que
l'affinité n'eſt, quant à la cauſe qu'elle peut avoir,
uniquement fondée que ſur le pouvoir que les
principes des corps ont plus ou moins de ſe mettre
en équilibre les uns avec les autres ; nous avons
de-là obſervé les lois qu'elle ſuit alors qu'elle
s'exerce ; paſſant enſuite aux effets qu'elle eſt capable de produire, nous avons reconnu que ces
effets ne ſont pas toujours les mêmes, & que s'ils
varient entre des principes différens à cauſe des
différences qui exiſtent dans leur ténuité, ils peuvent, ſans que les principes ſoient changés, varier
encore en raiſon de l'état différent où ces principes
peuvent ſe trouver, de ſorte que ces effets ſeront

plus fensibles à mefure que les principes entre lefquels ils fe produifent fe rapprocheront de leur
état élémentaire, & plus foibles à mefure qu'ils
s'en éloigneront ; & comme ces différences dans
les effets d'une même affinité pourroient nous in-
duire en erreur, foit en nous donnant de faux
renfeignemens fur la nature de certains principes,
qui, lorfqu'ils font fixés, font, quoique les mêmes
au fond, toujours difficiles à reconnoître en cet
état, foit en nous faifant regarder comme nulle
ou très-foible une affinité, qui, fi l'état des principes entre lefquels elle s'exerce venoit à changer,
fe montreroit alors très-confidérable, & feroit peut-
être au plus haut degré, nous nous fommes crus
obligés d'après cela d'élever des fignaux, & d'établir des règles qui puiffent dans tous les cas nous
aider à nous reconnoître, & nous ramener fur tous
les faits de l'affinité à des jugemens fûrs & inva-
riables. Et fi, après avoir rapproché fous un même
point de vue tout ce qui regarde l'affinité en général, nous en venons, nos mefures à la main, à
l'examen particulier des affinités qui exiftent entre
les différens principes des corps (1), il nous fera par
leur moyen aifé d'affigner à chacun d'eux ce qui
lui appartient. Le tableau qui fuit peut à fon tour

____

(1) L'on doit fentir que, pour bien juger de l'affinité
de ces principes, il faut abfolument, comme nous faifons
ici, & comme nous l'avons fait en parlant de leur pefanteur, les prendre dans leur état élémentaire.

nous en donner une idée juste & précise ; & cela
se réduit :

D'abord quant au principe inflammable, à l'affinité qu'il a, premièrement, & sur-tout, avec les
parties qui lui sont congénères ; secondement
avec l'acide dont il est, en raison de sa ténuité,
exclusivement avoisiné ; & par suite avec toutes
les substances où ces deux principes se rencontrent.

Quant à l'acide ensuite, les choses doivent se
réduire de même à l'affinité qu'il a, premièrement,
& de préférence aussi, avec les parties qui lui sont
congénères ; puis d'une part avec le principe inflammable, & de l'autre avec l'eau, comme étant,
en raison de sa ténuité, intermédiaire entre ces
deux élémens ; & par suite avec toutes les substances où l'un ou l'autre de ces trois principes se
rencontrent.

Et quant à l'eau, le tout se borne à l'affinité
qu'elle a, premièrement, & comme les autres,
avec les parties qui lui sont identiques ; puis d'une
part avec l'acide, & de l'autre avec la terre, comme
avoisinant par sa position l'un & l'autre de ces élémens ; & par suite avec toutes les substances où
ces trois principes se rencontrent.

Je ne dirai rien des affinités de la terre avec la
terre, & de la terre avec l'eau ; regardant à peu
près comme nuls tous les rapports qui pourroient
être entre ces élémens passifs, je crois inutile de
surcharger mon tableau d'aucuns détails à cet
égard. Je ne vois ici, & c'est dans l'affinité de la

terre avec l'eau que cela se présente, je ne
vois, dis-je, qu'une chose qui puisse nous inté-
resser ; c'est que la première de ces substances
élémentaires n'a vraiment que par-là le pouvoir
& le moyen de se lier avec l'acide, & de-là avec
le principe inflammable ; autrement, & sans l'intermède de l'eau, il lui seroit, vu sa fixité, impossible d'entrer dans aucune combinaison intime
avec l'un & l'autre de ces élémens volatils.

Tel est, d'après nos apperçus, l'état au juste
des affinités qui existent entre les différens principes des corps, & cet état, l'on peut le regarder
ici comme le résultat, comme le sommaire de
tout ce que nous avons dit sur cette matière importante ; tel est aussi, dans le cas où nous se-
rions requis de donner une table des rapports,
le plan que nous adopterions pour la faire.

A présent si nous jetons les yeux sur celle que
M. *Geoffroi* nous a donnée, & que nos chimistes
d'aujourd'hui prennent encore pour règle dans
leurs jugemens, nous verrons d'un coup-d'œil, &
d'où viennent les affinités qui y sont rapportées,
& quels sont, pour la rendre plus correcte, les
réformes qu'il y auroit à faire dans cette table.

Nous voyons d'abord, quant à l'affinité de l'a-
cide avec le principe inflammable, laquelle se
présente la première dans cette table, nous voyons,
dis-je, sur quoi se fonde cette affinité, & nous
croyons inutile de le répeter ici : mais nous obser-
verons qu'à cette affinité devroit être accolée

celle

celle que l'acide a pareillement avec l'eau, affinité que nous estimons, sinon plus grande, au moins égale à celle qu'il a avec le principe inflammable. A cette faute s'en joint une autre que le rédacteur de cette table a faite encore au sujet des affinités de l'acide, & cela, en oubliant de parler de celle qu'il a avec toutes les parties qui lui sont identiques, affinité que nous croyons devoir passer avant celles même dont il est ci-dessus parlé.

Si de là nous passons à l'affinité de l'acide avec les alkalis tant fixes que volatils, nous verrons ici que cette affinité n'a vraiment lieu qu'en raison de l'identité de ces principes ; & cela s'accorde avec la théorie particulière que nous avons ci-devant donnée sur la nature des alkalis, substances qu'alors nous avons regardées comme tirant leur origine & leur existence des acides. Il semble en conséquence que l'affinité de l'acide avec ces substances devroit passer encore avant celle qu'il a avec le principe inflammable ; & nous le pensons ainsi, dût l'effet qui se produit entre l'acide & les alkalis être moins sensible & moins grand que celui qui se produit entre l'acide & le phlogistique. Et si l'effet n'est point ici parfaitement en rapport avec sa cause, cela ne doit s'attribuer, pour ce qui regarde tous les alkalis en général, qu'aux matières étrangères qui se trouvent alliées au principe dominant de ces substances, & pour ce qui regarde l'alkali fixe en particulier, qu'à la fixité même des parties acides qui s'y rencontrent ;

P p

deux circonſtances qui, chacune à part, peuvent empêcher les alkalis tant fixes que volatils de répondre auſſi promptement & auſſi vivement qu'ils le devroient à l'action des acides ſur eux.

Après cela vient l'affinité de l'acide avec la terre abſorbante, ou, pour mieux dire, avec la terre calcaire, car, ſelon nous, ce n'eſt point du tout la même choſe; & quant à celle-ci, l'on doit ſentir, vu la diſtance qu'il y a de l'acide à la terre, qu'elle n'a également lieu qu'à cauſe de l'acide, du principe inflammable, & de l'eau qui ſe trouvent dans ces terres ou pierres; & la terre proprement dite ne peut par elle-même y avoir aucune part.

D'un autre côté, quoique l'acide paroiſſe, vu le peu d'action qu'il a ſur les terres ou pierres dites vitrifiables, n'avoir aucune affinité avec elles, & qu'en conſéquence il n'en ſoit fait aucune mention ici, il ſe pourroit néanmoins, & tout ce qui précède nous invite à le croire, il ſe pourroit, dis-je, qu'il y eût, quoique ſans exercice & ſans effet, une ſorte d'affinité ſourde & implicite entre lui & ces ſubſtances, & cela toujours en raiſon des parties tant acides qu'inflammables, qui peuvent ſe trouver en elles; auſſi, dût cette affinité ne ſe démontrer en aucune occaſion, faut-il ſe garder d'en conclure qu'elle n'exiſte pas; tout ce qu'on peut inférer de là, c'eſt qu'elle eſt empêchée dans ſon exercice; & quant à cela, il ne faut l'attribuer qu'à la fixité extraordinaire que les principes ci-deſſus nommés ont priſe dans ces

pierres , fubftances que nous croyons avoir été
anciennement formées à leurs dépens , & produites par le feu. Au refte nous ne fommes pas
tout-à-fait fans moyens pour prouver l'exiftence de
cette affinité tacite; & l'on pourra, pour peu qu'on
faffe attention à la force & à la tenacité des maftics
& enduits qui fe forment , en mêlant ces pierres
brifées & réduites en poudre avec de la chaux (1),
l'on pourra, dis-je , fe convaincre par-là , & de
l'action que l'acide de la chaux peut avoir fur ces
molécules , & par fuite de l'affinité qui exifte entre
ce principe & ceux qui fe trouvent dans ces
pierres.

Enfin fi nous en venons à l'affinité de l'acide
avec les fubftances métalliques , nous verrons
encore ici que cette affinité n'eft vraiment due
qu'à la préfence de l'acide & du phlogiftique dont
ces fubftances font abondamment pourvues , j'ofe
même dire exclufivement formées , mais dans des
proportions diverfes , ce qui conftitue les différences qui fe remarquent entre elles ; & cela étant,
il eft clair que cette affinité qui fe préfente la dernière dans la table de M. *Geoffroy*, ne doit être
ni moins grande , ni moins forte qu'aucune de
celles dont nous avons parlé. Et fi fon effet n'eft
pas auffi fenfible que celui des précédentes , cela

______

(1) Pour donner aux acides plus de prife fur ces agrégats pierreux , il faut augmenter les furfaces de ceux-ci ,
& c'eft à quoi l'on parvient en les pulvérifant.

doit s'attribuer, comme ci-deffus, à la très-grande
fixité que les principes dont il s'agit ont pareillement acquife dans ces fubftances, & même encore,
pour ce qui regarde quelques-unes d'elles, & fur-
tout l'or, à la manière exacte dont ils s'y trouvent
combinés ; ce qui les défendant en plus contre
l'action des acides, peut mêttre un nouvel empêchement à leur diffolution. Auffi faut-il, pour
rompre l'étroite union de ces principes, augmenter la force du diffolvant qu'on leur préfente, foit
en affociant un acide à un autre, foit en prenant
ce principe dans ceux des états qu'il parcourt, où
il paroît avoir plus d'activité. Toutefois ces forces
employées pour détruire l'effet fubfiftant d'une
affinité qui s'eft jadis exercée entre les principes
conftitutifs de ces fubftances, n'empêchent pas
qu'on ne doive toujours regarder l'affinité de
l'acide nouveau qui leur eft préfenté comme étant
avec eux, & quoiqu'elle ait moins d'effet, abfolument égale, foit à celle que ces principes fixés ont
autrefois exercée l'un envers l'autre, foit à celle
qu'il a lui-même, & avec ces principes lorfqu'ils
ne font pas réduits à cet état, & généralement
avec les autres fubftances métalliques, ou, pour
parler plus jufte, avec les principes qui s'y rencontrent (1) ; car, je le répète, cette affinité n'eft

---

(1) Parmi les faits réfultans de cette affinité de l'acide
avec les fubftances métalliques, il s'en trouve un que
nous avons remarqué, & qui mérite de l'être, en ce qu'il

due à autre chose qu'à la présence même de ces principes ; & en cela nous avons la preuve de tout ce que nous avons précédemment avancé sur la composition de ces substances ; tout se lie dans notre système ; chaque chose que nous expliquons, sert à son tour à en expliquer une autre.

Je ne m'étendrai pas davantage sur cette matière ; ce que nous en avons dit est sans doute plus que suffisant pour nous faire sentir d'où viennent, & en quoi consistent toutes les affinités qui ont lieu soit entre nos principes élémentaires, soit entre ces principes & les différens composés de la nature ; & quels sont en même temps les changemens qu'il conviendroit de faire dans la table indicative de M. *Geoffroy*, table qui nous semble n'avoir été rédigée que d'après les effets les plus apparens de ces affinités, & cela, sans égard ni à la nature des principes entre lesquels elles s'exercent, ni à l'état où ils peuvent être.

---

confirme de son côté tout ce que nous avons dit sur la plus grande affinité de l'acide, (& il en est de même de tout autre principe, avec les parties qui lui sont congénères) ; & c'est dans la dissolution du fer par l'acide que ce fait se présente : en effet, pour peu qu'on se rappelle ce qui se passe dans cette occasion, l'on doit sentir que la chose qui est donnée au principe inflammable, alors qu'on verse de l'acide sur de la limaille d'acier, n'est uniquement qu'en raison de la plus grande affinité de ce dissolvant avec les parties acides dont cette limaille est, comme nous l'avons vu, presque entièrement composée.

Plus j'étudie la matière , plus il me semble difficile de fonder l'affinité sur une autre base que celle que nous lui avons donnée ; je tiens en conséquence opiniâtrément à la théorie que je viens d'exposer. Malgré cela, je ne dirai point que la gravitation, toute différente qu'elle est de l'affinité, ne puisse quelquefois, non représenter la cause dont celle-ci dépend, mais suppléer à cette cause, & en tenir lieu de manière que dans l'obscurité des choses il seroit possible de la prendre pour elle ; sans être les mêmes, ces deux causes ont par fois des effets assez semblables ; & si nous avons reconnu dans l'une d'elles la cause première & précise des agrégations & décompositions spontanées qui se font dans la nature, il nous faut regarder l'autre comme pouvant aussi contribuer en quelque chose aux assemblages de la matière & à la formation de ses masses. Pour rendre donc à chacune de ces causes ce qui lui appartient dans l'action qui s'exerce entre nos élémens divers , j'estime d'abord que tout ce qui pourroit, quant à la terre, s'attribuer à quelque affinité de sa part , on ne doit dans le fait le rapporter qu'à la gravitation , & au pouvoir seul & unique que les parties de cet élément fixe & passif ont de peser les unes sur les autres. Je remarque ensuite , quant aux autres élémens, que, quelque affinité qu'ils aient les uns avec les autres, lorsqu'ils sont en activité & dans leur état élémentaire, cette affinité cesse de se démonter dès qu'ils sont fixés ; & dans cet état,

je les vois tous alors sans force, sans vertu, sans
activité, gisans obscurément dans les corps, &
réduits comme la terre à laquelle ils se trouvent
momentanément assimilés, sous la loi seule de
la gravitation ; ainsi toutes les parties de ces principes qui entrent dans un morceau ou d'or, ou
d'autre matière concrète, peuvent être regardées,
malgré la nature de ces principes, & tant qu'elles
resteront dans l'état où elles sont, comme n'ayant,
de même que les parties naturellement fixes de la
terre, d'autre pouvoir que celui de peser les unes
sur les autres & de graviter vers un centre commun. L'on voit par là, d'une manière assez distincte,
quels sont & à quoi se réduisent les droits & les
fonctions respectives des deux puissances dont
nous parlons ; l'une n'embrassant dans son district
que la matière vivante & développée, semble
bornée à s'exercer entre les élémens, & les élémens les plus actifs des corps ; son lot pour cela
n'en est pas moins beau : attachée aux racines
mêmes des choses, elle a dans son attribution
l'avantage spécial de servir la nature dans l'exécution de ses desseins, ainsi que dans le débrouil-
lement & l'emploi de ses matières, & nous voyons
en elle le premier instrument de ses opérations ;
en facilitant, en provoquant même l'agrégation
des molécules intégrantes des corps, elle aide à
la production des êtres ; & s'il lui est donné de
coopérer à cette grande œuvre de la nature,
il est censé qu'elle doit avoir, tant à cause de la

variété des produits, qu'en raison de la différence
des principes sur lesquels elle s'exerce, une manière de faire inégale, & des mesures différentes :
de-là les distinctions & les préférences qu'elle ad-
met dans ses jeux, & qui vont nous invitant à
reconnoître en elle une espèce de sentiment, une
sorte d'intelligence. Telle est l'affinité ; & telle
est dans la distribution des rôles de la nature la
charge qui lui est imposée : placée à l'origine de
tout, elle commande aux élémens, & ces élémens
restent sous son obéissance tant qu'ils sont en activité, tant qu'ils sont jouissans librement des
avantages qui leur sont propres, tout le temps
enfin qu'ils ne sont pas en fixité ; encore ceux
qui parviennent à cet état peuvent-ils, non exercer leur action sur d'autres, mais éprouver celle
que des élémens non encore fixés pourroient
exercer sur eux ; & de là les dissolutions qui se
font par ce moyen. Passé cela, il n'y a plus
d'affinité ; & les élémens qu'elle tenoit sous sa loi,
semblent dès qu'ils sont fixés, méconnoître son
pouvoir & n'obéir alors qu'à la gravitation ; leur
fixité peut donc être regardée comme une ligne
commune de démarcation qui, limitant le domaine respectif de ces deux puissances, nous
montre le point précis où finissent les fonctions
de l'affinité, & où commencent celles de la gravitation : ainsi, tandis que la première s'exerce
sur les élemens, celle-ci va de son côté régissant
généralement, indistinctement, & uniformément

toutes les parties mortes, fixes & captives de ces
mêmes principes, lesquels étant considérés dans
cet état, & vus sous cet aspect, semblent ne faire
alors conjointement avec la terre, quelque différente que soit leur nature, qu'une seule & même
matière. Mais quoique ces principes soient actuellement, & en raison de leur fixité, soumis à
la gravitation, l'on doit sentir que hors de là tout
principe actif & doué d'une force expansive, (&
telles sont les matières de la lumière & de la chaleur), doit, au lieu de graviter vers un centre,
tendre au contraire à s'en éloigner, dès qu'il se
trouve en activité.

Enfin quoique nous ayons reconnu, & dans
l'affinité d'une part, & dans la gravitation de
l'autre, les causes premières & principales de toute
agrégation, nous sommes encore ici loin d'en inférer qu'à cela se bornent sur cet objet tous les
moyens de la nature ; & je ne dirai point qu'outre
ces causes, l'on ne puisse trouver ailleurs encore,
& notamment dans les conformations différentes
des particules de nos principes élémentaires, des
raisons nouvelles de rapprochement & d'agrégation ; il me semble même que ces conformations
pourroient bien ici, non servir de base à l'affinité, ni en représenter la cause, mais aider à cette
cause, & seconder son effet en facilitant la réunion
de nos principes, en les liant les uns avec les autres.
Il y a long-temps qu'en lisant les *Vues de la Nature par M. de Buffon*, j'ai senti combien il seroit

avantageux pour nous d'avoir une connoissance
exacte des formes accordées à ces principes, &
quoiqu'il paroisse bien difficile d'arriver à cette
découverte, je ne juge pas la chose absolument
impossible. Je ne suis pas du nombre de ceux qui
croient à la divisibilité de la matière à l'infini ; ou
si par abstraction & métaphysiquement parlant,
je regarde tout ce qui est étendu comme étant
toujours divisible, je suis d'ailleurs très-éloigné de
croire que la chose puisse être réduite à l'acte.
J'admets qu'une masse que je suppose composée
d'une quantité donnée de parties puisse être di-
visée jusqu'à ce qu'on soit parvenu à désunir & à
séparer toutes ces parties simples & intégrantes
les unes des autres ; mais lorsqu'on touche à ce
terme, toute division ultérieure me paroît impossible. Je regarde en conséquence tous les élémens de la matière, quelque différens qu'ils soient
en ténuité, comme étant physiquement indivi-
sibles ; & c'est à cette indivisibilité même que ces
élémens doivent leur inaltérabilité , & la matière,
son indestructibilité, qualité qu'en bonne physique
on ne peut lui refuser , & que pourtant on auroit
peine à lui accorder si ces élémens étoient alté-
rables dans leur essence , & comme on le prétend,
divisibles à l'infini. D'ici même je crois appercevoir, en suivant de l'œil les divisions successives
& continues d'un corps, je crois, dis-je, appercevoir un point où , se réduisant à rien , la matière étendue cesse en quelque sorte d'être ce

qu'elle étoit, ce qui implique contradiction : un des réfultats au moins de l'hypothèfe dont nous parlons, c'eft que le plus petit atôme pourroit être, comme renfermant en lui autant de parties qu'une maffe quelconque, égal au tout auquel il étoit précédemment attaché, ce qui n'eft pas moins abfurde : laiffant donc à part une queftion que je crois tout au plus bonne à amufer l'école, & revenant à mon objet, j'eftime, fous l'autorité des *Epicures* & des *Lucreces*, à l'opinion defquels il nous faut toujours revenir fur le fait des élémens, j'eftime, dis-je, que ces élémens font, fi on les prend hors de toute agrégation & dans leur fimplicité primitive, inaltérables & indivifibles. Je ne fais par conféquent aucun doute que les matières de la lumière & de la chaleur, matières que nous avons mifes au rang de ces élémens, & que nous pouvons prendre ici pour exemple, n'aient, lorfqu'elles font en expanfion, & comme étant alors dans leur ténuité originelle, toute la divifion qu'elles peuvent avoir. Sans aller même jufques-là, je regarde tout principe tenu en diffolution limpide, comme étant alors, ou à peu près, auffi divifé qu'il peut être ; & je me perfuade qu'en le faififfant dans cet état, l'on pourroit à l'aide du microfcope fe procurer quelques données fur la forme particulière de fes parties. Il y auroit bien un autre moyen d'arriver à cette connoiffance, ce feroit de faire criftallifer à part chacun des principes dont nous parlons, & par la

forme que prendroient les maffes, l'on connoîtroit celle de leurs parties intégrantes. Mais hors
l'eau qui nous paroît avoir feule le pouvoir de
criftallifer fans être unie à d'autres principes, fuppofé même que l'on puiffe dénommer ainfi la congélation d'un liquide n'ayant en quelque forte aucun état décidé, paffant fans ceffe de l'un à l'autre,
& revenant alors à celui de la concrétion, je ne
fache pas qu'aucun autre de nos élémens puiffe
ainfi criftalliffer de lui-même, & fans le concours
de quelque principe propre à lui fervir de bafe ou
d'adjoint dans la formation des criftaux falins que
nous obtenons par-là ; de manière qu'on ne peut,
vu le mélange de ces principes, & tant que l'art
n'aura pas trouvé le moyen de les faire criftallifer
feuls, on ne peut, dis-je, juger par la forme ré-
gulière que nous préfentent les criftaux provenans
de leur agrégation, ni quelle eft celle qui appartient en propre à chacun d'eux, ni même en quoi
ils peuvent contribuer l'un & l'autre à cette forme
compofée & pour ainfi dire neutre qu'ils donnent
aux corps criftallifés dont nous parlons. Quoi qu'il
en foit, il fuffiroit, à ce qu'il me femble, que la
forme d'un feul de ces principes nous fût connue
pour que l'on pût arriver par là à la connoiffance des formes dont les autres font pourvus ; &
l'on conçoit que, fi à l'aide d'un nombre donné
l'on peut découvrir le nombre ignoré qui fert avec
le premier à compofer un tout, il feroit de même
poffible ici, en alliant tour à tour avec d'autres

principes celui dont la forme nous seroit connue, & en les faisant cristalliser ensemble, de déterminer, & d'après la forme donnée des masses cristallisées qui en résulteroient, & d'après celle déja découverte de l'un de leurs principes constituans, quelle peut être à son tour la forme inconnue de l'autre principe qui auroit avec le précédent concouru à la formation de ces masses (1).

---

(1) Sans parler ici de la matière dont nos élémens font formés, matière qu'abstraction faite des différences qu'elle peut comporter en elle-même nous n'envisageons en ce moment que sous l'attribut qu'elle a d'être étendue, l'on doit savoir qu'à cette base fondamentale font joints différens modes qui, donnant à ces principes élémentaires un caractère plus distinct & plus marqué, règlent & déterminent leur manière d'être, de sorte que s'ils doivent à leur matière constitutive l'avantage d'être par le lieu qu'ils occupent quelque chose dans l'espace, c'est ensuite & sur-tout aux modes dont nous parlons qu'ils doivent chacun séparément d'être ce qu'ils font ; & la matière qui leur donne l'existence n'est pas plus nécessaire, à prendre les choses, non d'après ce qu'elles auroient pu être dans l'origine, mais d'après ce qu'elles font en effet, que les modes qui leur font affectés, & qui, quoique mis au rang des accidens, font, comme entrans dans le plan adopté & suivi par la nature, immuables comme lui. Dans le nombre enfin de ces modes attachés à la matière de nos élémens, l'on peut mettre & l'odeur qu'ils exhalent, & la couleur dont ils se parent, & la forme particulière qu'ils ont chacun en partage ; & de ces odeurs, couleurs & formes primitives, se composent ensuite par le mélange même de ces principes les odeurs, les couleurs,

Ainsi chacune de ces formes pourroit, à mesure qu'elle seroit trouvée, s'employer à la découverte

---

& les formes mixtes & factices que nous préfentent les differens êtres de la nature. Or, fi parmi les couleurs qui exiftent nous en avons déja reconnu deux ou trois que nous pouvons regarder comme des couleurs élémentaires génératrices des autres, & fi parmi les odeurs nous en avons également diftingué une ou deux qui pourroient fe prendre pour des odeurs fimples, je ne doute pas qu'on ne puiffe auffi fe procurer des connoiffances fur les formes primitives de nos élémens : nous n'avons, il eft vrai, fait aucun pas encore de ce côté-là ; & comme le premier en toutes chofes eft toujours le plus difficile, ce qui doit le plus nous embarraffer ici eft de trouver une donnée qui puiffe d'elle-même nous guider dans ces recherchés ; le hafard, favorable par fois aux découvertes, peut tout-à-coup la mettre dans nos mains ; mais il fe peut auffi que nous la cherchions encore long-temps avant de la rencontrer. Quoi qu'il en foit, telle eft, en attendant mieux, la marche que j'indiquerois à ceux qui voudroient tenter l'entreprife. Je me perfuade qu'en dirigeant d'abord leurs recherches fur l'eau, fubftance qu'il eft, à ce qu'il femble, plus aifé qu'une autre de ramener à fa pureté originelle, ils pourroient en la faififfant dans fa criftallifation, ou pour mieux dire dans fa congélation, acquérir de la forte quelques apperçus fur la forme qui lui eft propre ; & fuppofé qu'ils réuffiffent dans cet effai, ne pourroient-ils pas, en alliant après cette eau fuffifamment purifiée à quelques parties d'acide, & en les faifant par la même voie criftallifer enfemble, fe procurer, & d'après la forme de leurs criftaux, & d'après ce qu'ils auroient déja découvert fur celle de l'eau, de nouveaux renfeignemens fur la forme même de l'acide ? & celle-ci une fois reconnue, ils auroient en elle, vu la

des autres ; ce point enfin obtenu, l'on doit fentir les avantages que nous procureroit une pareille connoiffance ; alors on fauroit à quoi fe doivent & les vertus que poffèdent nos principes, & les qualités qu'ils donnent aux mixtes dans lefquels ils fe trouvent répandus : & de même que dans les couleurs, on fait ce que doivent produire le jaune & le bleu unis enfemble, l'on connoîtroit, en étudiant le produit d'une forme fimple mêlée & confondue avec une autre, de quelles formes fe compofent celle que préfentent les fubftances diverfes de la nature ; par là même on découvriroit quels font les principes qui entrent dans la compofition de ces mixtes ; par-là s'expliqueroient enfin bien des phénomènes qui nous étonnent. Mais loin d'en être à ce terme, nous n'avons pas même, pour nous y conduire, cette première donnée dont nous avons parlé ; & faute d'elle nous nous trouvons, comme l'aveugle dépourvu de fon bâton, réduits à juger de tout cela par eftimation. Pour peu cependant qu'on réfléchiffe aux

---

facilité avec laquelle ce dernier principe va fe combinant & fe neutralifant avec tous les autres, un moyen capable de les conduire à la connoiffance des formes qu'ils ont tous en partage, & d'où dérivent la plupart des propriétés qu'ils nous démontrent. Je me borne à ces obfervations : je ne puis au refte trop recommander à ceux qui voudroient s'effayer fur cet objet, de confulter avant tout l'excellent ouvrage que M. *de Romé de l'Ifle* nous a donné fur la criftallifation.

effets que produifent les principes dont nous parlons , l'on pourra de cette manière encore acquérir
quelques appercus fur les formes qui leur font
propres ; ainfi en voyant les effets cauftiques & déchirans que l'acide a coutume de produire fur
les corps , nous concevons que fes parties doivent
être incifives & tranchantes ; & fi , ramenant un
moment nos regards fur les matières de la lumière
& de la chaleur dont nous avons tant parlé , nous
obfervons de plus près leurs effets refpectifs , nous
verrons que la première , bien que plus ténue , eft
le plus fouvent réfléchie des corps fur lefquels
elle eft lancée , & qu'elle n'a pas , pour peu qu'ils
foient compactes , le pouvoir de s'introduire en
eux , tandis que l'autre , quoique plus maffive &
plus pefante , a la propriété de les pénétrer tous
fans aucune exception , ce qui ne pouvant s'attribuer qu'à la forme différente de leurs parties ,
nous porte à regarder celles de la matière de la
lumière comme devant être arrondies , & celles
de la matière de la chaleur comme étant de leur
côté incifives & pointues. Et cela pofé , l'on découvre auffitôt pourquoi ces dernières ont accès dans
tous les corps , & d'où vient que les autres en font
habituellement repouffées (1). Cependant il ne

---

(1) En réfléchiffant à ce qui vient d'être dit , ne pourroit-on pas attribuer également à l'arrondiffement des molécules mercurielles le peu d'adhérence que ces molécules

faut

faut pas croire pour cela que l'entrée de ces corps
foit tout-à-fait interdite à celles-ci ; fi leur arron-

---

ont entre elles ; & fi l'on peut d'après leur forme juger du
principe qui les conftitue, ne pourrions nous pas de conféquence en conféquence regarder alors le mercure comme
étant, ou peu s'en faut, formé aux dépens feuls de la
matière de la lumière (a) ? Je m'attends, en ouvrant cette
opinion, à trouver bien des contradicteurs : tout cependant
nous invite à l'adopter ; la raifon que nous avons tirée de
la conformation des parties mercurielles n'eft pas la feule
qui lui prête de l'appui ; en examinant les propriétés du
mercure, & celles de la matière de la lumière, on trouve
dans le tableau comparé des unes & des autres de nouvelles analogies tendantes à confirmer ce que nous venons
d'avancer : deux chofes, entre autres, femblent, étant
bien pefées, ne devoir laifier aucun doute fur cette
queftion ; la première eft la facilité avec laquelle le mercure va, malgré fon extrême pefanteur, fe fublimant à
un degré de feu affez ordinaire ; la feconde eft le refus
qu'il fait, ainfi que la matière de la lumière, de s'unir &
de fe mêler immédiatement avec l'eau. Je ne pousferai
pas cette dicuffion plus loin. Toutefois je n'abandonnerai
pas la matière fans dire un mot fur l'emploi que l'on peut
faire de la fubftance dont il s'agit pour la cure de nos maladies ; & quant à cela, je crois qu'il feroit, en partant
de la fuppofition précédente, bien difficile alors de ne pas
la regarder comme nous offrant en elle-même un remède

(a) Et vu la dureté du fer, & le tranchant acéré des outils qui
en font formés, ne pourrions-nous pas, remontant par-là jufqu'au
principe conftitutif de ce métal, regarder ici la matière de la chaleur,
qui feule eft capable de lui donner ces qualités, comme entrant
feule, ou à-peu-près feule, dans la compofition de cette fubftance?

Q q

diffement eſt un obſtacle à leur introduction, les avantages que leur donne leur extrême ténuité

---

excellent, pour les cas ſur tout où il ſeroit beſoin d'arrêter les effets d'un acide devenu trop abondant en nous, & de remettre en combinaiſon ce principe excédant, en le neutraliſant avec un autre, comme cela ſe fait à l'égard de tout acide libre alors qu'on lui reſtitue du phlogiſtique. Je vois malgré cela que cette ſubſtance qui par la nature de ſon principe eſt réellement faite pour opérer des miracles dans les cas ci-deſſus indiqués a communément peu d'efficacité, qu'aſſez ſouvent même il lui arrive, aulieu de nous guérir, de produire, en augmentant nos maux, un effet tout contraire à celui qu'on pourroit en attendre. Il y a vraiment lieu de s'étonner du peu de rapport qui ſe trouve ici entre l'effet & ſa cauſe : cependant ſi l'on en cherche la raiſon, l'on verra que cela ne doit ſe rapporter ni au mercure, ni à ſon principe, mais bien aux préparations que l'on fait ſubir à cette ſubſtance, & ſur-tout aux matières étrangères qu'on lui aſſocie à l'effet de la rendre miſcible & ſoluble dans nos fluides. Le mercure ne pouvant, à cauſe de ſa peſanteur & de ſon infixité, nous être adminiſtré dans l'état où la nature le donne, il convient, pour l'approprier à notre uſage, de l'atténuer, de le fixer, & de l'attacher à quelque ſubſtance qui puiſſe tout à la fois lui ſervir de mordant, d'intermède & de véhicule ; & comme il ne peut d'ailleurs ſe diſſoudre dans l'eau, il eſt, ſinon de néceſſité, au moins d'uſage de recourir, pour faire cette amalgame, aux acides, & aux acides les plus concentrés : or ce ſont préciſément ces acides qui, en ſe combinant avec cette ſubſtance, font, par leur mélange, qu'elle ne peut plus donner l'effet qui lui eſt propre ; il en eſt ici du mercure comme d'une couleur qui, dès qu'on

peuvent suppléer à ceux qui leur manquent du côté
de leur conformation. Rien n'empêche au moins

---

la mêle avec une autre, cesse de teindre à sa manière les
corps sur lesquels elle s'applique, & vouloir qu'il en soit
autrement, c'est vouloir l'impossible. Au reste pour peu
qu'on y réfléchisse, l'on devinera sans peine ce que doivent produire en nous ces préparations acido-mercuriel-
les ; il n'y a point de milieu : ou l'on juge que le mercure
que l'on nous donne combiné avec des acides va ainsi sans
se décomposer jusqu'au siège du mal qui nous ronge ; ou
l'on pense qu'en passant dans nos fluides il peut, aban-
donnant son acide, se porter seul à l'endroit que nous venons de dire ; or dans l'une & l'autre de ces suppositions
nous n'avons aucune espérance à fonder sur l'emploi de
cette substance ; dans le premier cas, il est clair qu'étant
déja chargé d'un acide, & d'un acide concentré, le mercure
ne peut s'emparer alors de celui qui peut nous nuire ;
conséquemment son effet est nul, & c'est peut-être ce qu'il
y a de plus à desirer pour nous ; & quoique dans l'autre
supposition il y ait lieu de croire qu'arrivant seul vers les
parties offensées de notre corps, le mercure peut se saisir
de l'acide qu'il y trouve & détruire son effet, l'on ne
peut, malgré cela, regarder l'espèce de soulagement qu'il
pourroit nous procurer par là que comme un soulagement précaire & illusoire ; en effet, si le bien que nous
éprouvons vient de ce que le mercure s'est neutralisé avec
l'acide qui causoit nos souffrances, que n'avons-nous pas
à craindre alors de cet acide qu'il portoit avec lui, de
cet acide dont il est censé s'être séparé, & qui laissé libre
& à nu quelque part en nous, est dans le cas d'y exercer
ses ravages accoutumés ? Tout le bien donc que le mercure pourroit nous procurer est plus qu'effacé par le mal

Q q ij

que ces parties ne puiffent fe glifler dans les fubftances, à la fuite & par l'intermède de quelque

que cet acide étranger peut nous occafionner d'ailleurs.
Auffi voyons-nous fouvent, à mefure qu'une plaie fe
guérit, le mal fe réveiller, & fe reproduire en d'autres
endroits par l'effet du levain morbifique & léthifère que
le mercure met en nous avec l'acide qu'il y dépofe. L'on
auroit peine à nombrer les victimes que ces mélanges
acido-mercuriels, & le fublimé fur-tout, ont plus ou
moins rapidement conduites au tombeau; d'où je conclus
que les préparations mercurielles faites avec les acides vitriolique, nitreux & marin font toutes, comme très-
dangereufes, à rejeter de la médecine; & qu'on doit à
peine fe permettre celles qui feroient faites avec les acides les plus doux, & dans lefquelles ces acides n'entre-
roient qu'en très-petite quantité, le tout pour rendre le
mercure qui en feroit la bafe, foluble dans l'eau, & mifci-
ble dans nos fluides. J'aime à me trouver d'accord fur ce
point avec M. *Mittié*, l'homme de nos jours qui a le plus
travaillé fur cette matière, & dont le fentiment doit être
d'un grand poids pour nous : les études particulières auxquelles ce médecin s'eft livré, les expériences fans nombre qu'il a faites fur le mercure, & les obfervations qu'il
a pu faire, en traitant les malades, fur les effets qu'il produit en nous, l'ont conduit à regarder les remèdes mercuriels, ainfi que nous le faifons, comme des remèdes
rarement avantageux, fouvent inefficaces, & plus fouvent dangereux & nuifibles. Auffi, quoiqu'il ait trouvé
le moyen d'allier le mercure avec l'acide le moins mal-
faifant & le plus analogue à notre conftitution, qui eft
l'acide animal, & qu'il ait obtenu par-là des fuccès prompts
& éclatans, s'en tient-il de préférence à l'ufage des remè-

autre principe ; & comme la matière de la lumière dont elles dépendent eft toujours, fur-tout dans les rayons folaires, unie à la matière de la chaleur, il eft cenfé que cette dernière, arrivant conjointement avec l'autre, peut, tout en s'infinuant dans les corps, procurer un paffage à fa compagne, & fervir même, en qualité de véhicule, à fon introduction. L'on ne peut au refte, que cette matière y arrive de cette manière ou d'autre, nier les dépôts qu'elle forme & laiffe dans les fubftances; fa préfence en elles nous eft affez démontrée, & par la lumière revivifiée que la plupart de ces fubftances nous donnent en brûlant, & par les efprits & les huiles qu'on en retire par la diftillation. Il n'eft pas befoin même, pour fe convaincre de la chofe, d'en venir à l'extraction de cette matière ; on peut la juger où elle exifte, foit aux odeurs qui s'exhalent des corps, foit aux couleurs dont ils fe revêtiffent, foit enfin aux qualités douces & fucrées qu'elle donne par fon mélange, & en vertu de fa conformation, à différens mixtes tant folides que liquides, que nous avons en conféquence mis au rang de nos alimens les plus agréables & les plus fains. Mais

---

des tirés des végétaux, & particulièrement au firop que M. *de Velnos* nous a rapporté de l'Amérique, remède d'autant plus précieux, qu'il réunit tous les avantages que l'on peut defirer dans un remède anti-vénérien, fans avoir aucun des inconvéniens qui font à redouter dans l'emploi des remèdes mercuriels.

Qq iij

tandis qu'ainſi la matière de la lumière va corri-
geant, par ſon aſſociation avec la matière de la chaleur, l'aigreur & la cauſticité naturelle de ce dernier principe, celui-ci, qu'on ſait également répandu dans les corps, va de ſon côté communiquant aux principes auxquels il eſt uni quelque
choſe de ſon eſprit, de ſa force, & de ſon énergie ; loin de leur rien ôter par ſa préſence, il
réhauſſe les qualités de l'un, il corrige l'inſipidité
de l'autre, & de cette manière il rend à tous,
en les exaltant, plus qu'il n'a reçu d'eux, ceux-ci
n'ayant, aulieu de lui rien donner, ſervi au contraire qu'à l'affoiblir par leur mélange. On peut
donc regarder ce principe, vu l'aſcendant qu'il a
ſur les autres, comme celui qui donne du ton &
de l'expreſſion à tout. C'eſt lui qui, par les ſels qu'il
forme dans les ſubſtances en raiſon de ſes combinaiſons diverſes, conſtitue leurs ſaveurs différentes, & qui, par l'impreſſion qu'il fait ſur nos fibres
en vertu de ſes pointes aiguës & ſtimulantes, les
rend ſenſibles au goût. C'eſt lui qui, ſans parler
& de l'odeur & de la couleur qui lui ſont propres,
donne à tous les parfums en général qui s'exhalent
des corps un piquant qui les relève, & qui forme,
quant aux couleurs dont elles ſe parent, le mordant qui les fixe ſur elles. C'eſt lui enfin qui, ſe
montrant vis-à-vis de nous bien différent dans ſes
effets, va, lorſqu'il eſt en meſure convenable,
nous procurant par des ſenſations ménagées toutes
ſortes de jouiſſances, & devient, lorſqu'il abonde

& que fon action eft augmentée, l'inftrument
même de nos fouffrances & de notre deftruction. Ainfi le trait qui nous bleffe & nous tue,
part du principe même auquel nous devons la chaleur vivifiante qui nous anime.

Récapitulation des lettres précédentes.

Nous touchons, Madame, au but que nous
nous étions propofé ; deux mots encore fur les
évaporations de la terre, & notre tâche eft rem-
plie ; mais avant que d'en venir là, fouffrez que de la
hauteur où nous fommes je ramène un moment vos
regards fur l'efpace que nous avons parcouru, &
fur les objets qu'en paffant nous y avons obfervés :
le tableau que ces objets rapprochés l'un de l'autre nous préfentent dans leur enfemble mérite votre
attention. Voyez, je vous prie, que de chofes
nous découvrons d'ici, & comme la nature eft
belle fous cet afpect ! quel ordre ! quelle harmo-
nie ! quelle magnificence ! & , ce qui doit fur-tout
vous étonner, c'eft la grande diverfité de fes
productions comparée avec le petit nombre de
fes données. Qui le croiroit ? quatre élémens lui
fuffifent pour former tout ce que nous voyons!
Les plantes, les arbres, les terres, les métaux,
les pierres, les animaux, l'homme, & généralement tous les êtres, ne font, phyfiquement parlant, que des productions de ces quatre élémens
diverfement arrangés, diverfement combinés. Dif-

férens dans leur effence, leur forme, leur ténuité, leur pefanteur & leurs propriétés, ces élémens n'ont, pour ainfi dire, rien de commun que le droit qu'ils ont tous, en raifon de leur volume, d'occuper un lieu dans l'efpace. Parfaitement fimples, ils font tous également inaltérables; aucun d'eux ne peut ni fe détruire, ni fe convertir en d'autres ; au fait, toutes ces idées de changement, de converfion & de diffolution, ne peuvent tomber que fur les agrégats quelconques que nous voyons, & non fur les parties fimples qui les compofent. Celles-ci, qu'elles foient libres ou captives, réunies ou difperfées, ne ceffent jamais d'être ce qu'elles font; les élemens enfin dont nous parlons font, en les prenant fuivant l'ordre de leur ténuité, & en fens inverfe de leur pefanteur, 1°. la matière de la lumière ou le phlogiftique ; 2°. la matière de la chaleur, ou l'acide, puis l'eau & la terre. De ces quatre élémens il n'en eft aucun qui ne foit, par fon caractère & fes attributs, fuffifamment diftingué & féparé des autres, mais les deux premiers étant élaftiques, compreffibles, condenables, & expanfibles ; ils fe trouvent par-là à une telle diftance de ceux qui fuivent, vu que ceux-ci n'ont aucune de ces qualités, qu'on pourroit regarder ceux qui fe préfentent de part & d'autre comme formant deux efpèces très-différentes de matières élémentaires ; & d'après cet aperçu, nous vous avons donné les **deux premiers pour des élémens actifs , & les**

deux autres pour des élémens abſolument paſſifs. Le premier de tous ces principes eſt, comme
le plus ténu & le moins peſant, le plus volatil &
le plus expanſible; une choſe d'ailleurs à remarquer
en lui, c'eſt la propriété qu'il a excluſivement à
tout autre de s'enflammer, & de ſe rendre lumineux alors qu'il entre en expanſion, propriété qui
nous invite à regarder cet élément comme étant
par lui-même l'auteur, le diſpenſateur, &, ſi je
puis m'exprimer ainſi, le germe du jour dont l'u-
nivers s'éclaire; & nous lui devons, quant à nous,
l'avantage ineſtimable d'être hors des horreurs
d'une nuit éternelle, & à même de contempler les
merveilles diverſes que nous offrent & la terre &
les cieux, merveilles qui ſans lui ſeroient abſolument perdues pour nous. Moins ténu, plus peſant, & plus lent dans ſa marche, le principe qui
ſuit n'eſt pas auſſi brillant dans ſon action, toutefois il n'eſt ni moins puiſſant, ni moins énergique,
ni moins intéreſſant pour nous; s'il n'éclaire pas
le monde, il l'anime, & ſon lot à lui eſt de verſer
au ſein de la nature la chaleur, le mouvement,
& la vie. L'eau qui vient après, n'étant ni com-
preſſible, ni condenſable, n'offre en elle qu'un
élément ſans reſſort, ſans vertu, ſans pouvoir,
ſans action (1); auſſi n'eſt-elle deſtinée qu'aux

____

(1) L'eau n'eſt ainſi ni volatile, ni expanſible; & ſi elle
s'évapore, étant expoſée au feu, ce n'eſt pas, comme on
pourroit le croire, par ſes propres forces qu'elle ſe porte
à cet effet; non, cela ne s'opère qu'avec l'aide & le ſe-

seconds rôles ; & sa charge eft 1°. de tempérer, & d'affoiblir le pouvoir & l'effet des deux principes dont nous venons de parler (1) ; 2°. de rafraîchir, & d'abreuver toutes fubftances ayant vie ; & 3°. de fournir aux matières de la lumière & de la chaleur qui fe trouvent trop diftantes de la terre, des moyens de communication & de liaifon avec elle. Et quant à ce dernier élément, l'on fent parfaitement qu'il n'eft, vu fa pefanteur, fa fixité, & fon inénergie abfolue, bon qu'à favorifer par les points d'appui qu'il préfente le rapprochement des principes ci-deffus énoncés ; & fa fonction qu'on peut dire unique eft de fervir de bafe aux agrégations concrètes qui fe forment dans la nature, de même que l'eau que nous regardons comme le principe de toute liquidité en fert aux liquides qui s'y forment également, & qui ceffent d'être dès qu'elle en eft retirée (2).

---

cours des principes du feu qui la pénétrent, & qui fe trouvent, par l'expanfion qui leur eft donnée, affez forts pour l'enlever, & l'entraîner avec eux jufques à une certaine diftance.

(1) S'il étoit dans la nature un principe générateur du froid, comme il en eft un de la chaleur, ce principe ne feroit autre que l'eau, & cela, à caufe de l'oppofition qui eft entre elle & la matière porte-chaleur ; rien de plus froid & de plus refroidiffant que l'eau réduite à elle-même.

(2) Si la terre & l'eau fervent de bafe, l'une aux folides, & l'autre aux liquides qui fe préfentent dans la na-

Vous voyez par l'expofé que je viens de vous faire ce que peuvent nos élémens, & quels font les attributs qu'ils ont chacun en partage : mais une chofe à remarquer ici , c'eft que quelques vertus , quelques propriétés qu'aient ces principes, ils font , pour les manifefter, comme dépendans les uns des autres ; & j'obferve, quant au premier, que quoi qu'il foit entre tous le feul capable de s'enflammer , & de produire de la lumière, il ne peut de lui-même & fans y être aidé , fe porter à cet effet. Et il n'eft parmi les autres que la matière de la chaleur qui puiffe , étant en expanfion, lui donner l'impulfion néceffaire pour cela. De forte que fans elle, & faute de développement , il feroit avec tous les pouvoirs qu'il a comme n'en ayant aucun. Il en eft de même de cette matière qui va l'aidant à fortir de fon obfcurité ; & quoique celle-ci ait de fon côté le pouvoir exclufif de produire de la chaleur , & que d'elle feule découle toute celle qui fe diftribue dans le monde , elle ne peut, ainfi que l'autre , à moins que d'être fecondée , fatisfaire à fon objet ; & ce qu'il y a d'étonnant, c'eft qu'à fon égard c'eft de tous les élémens celui qui

---

ture , ne pourroit-on pas regarder les matières de la lumière & de la chaleur , qui feules ont l'avantage d'être volatiles , comme étant à leur tour , enfemble ou féparément , les bafes néceffaires de tous les fluides qui s'y préfentent également , & qui font , comme nous l'avons remarqué , très-différens des liquides ?

lui eſt le plus contraire , & qui va même , lorſqu'il eſt en grande quantité , juſques à détruire
tout ſon effet , à qui il eſt donné de ſervir à ſon
développement , & cet élément c'eſt l'eau (1).

---

(1) D'après tous les philoſophes qui nous ont devancés
nous vous avons donné l'eau pour une ſubſtance élémentaire , & tout nous force , comme vous voyez , à la reconnoître pour telle ; j'oſerai même vous la préſenter ici
comme un élément bien prononcé ,bien caractériſé , bien
diſtingué des autres , & non moins néceſſaire. Il eſt cependant , au moment même que nous en parlons , des
phyſiciens qui voudroient nous faire regarder cette ſubſtance , que nous eſtimons ſimple , comme un mixte , &
qui plus eſt , comme un mixte formé d'air inflammable
& d'air déphlogiſtiqué ; & voici ſur quoi ſe fonde leur
opinion : ayant fait paſſer de l'eau réduite en vapeurs à
travers un tube de fer poſé ſur un braſier ardent , ils
n'ont de cette eau vaporiſée recueilli autre choſe que de
l'air inflammable , d'où ils conjecturent que cette eau s'eſt
décompoſée ; que l'air déphlogiſtiqué , dont ils la diſent
en partie formée , s'eſt , en vertu de ſon affinité avec les
métaux calcinables , attaché au fer qui l'attire , au moyen
de quoi l'autre de ſes principes prétendus ſe trouve porté
ſeul dans le récipient , qui eſt ,pour le recevoir , à l'autre
extrémité du tube ; & d'après cela ils concluent que
l'eau n'eſt point un élément , & qu'elle ne doit plus être
regardée comme tel. Mais , tout en applaudiſſant à l'expérience de ces Meſſieurs , je trouve bien haſardée la conſéquence qu'ils en tirent , & le fait qui y donne lieu n'eſt
à mon avis rien moins que déciſif. Il n'eſt ici aucunement
démontré que l'eau aille ſe décompoſant , & que l'air inflammable qui ſe trouve dans le récipient ſoit un produit

J'obſerve cependant que cette eau qui nous eſt
préſentée comme l'oppoſé de la matière dont nous

---

de ſa décompoſition. Il y auroit même lieu de croire, quant
à cet air, qu'il vient plutôt du fer, où l'on ſait qu'il réſide,
que de l'eau qui, loin d'en contenir, n'a pas même le
pouvoir de s'unir avec lui : & ſi l'on fait attention que le
fer n'eſt en grande partie formé que de la matière de la
chaleur, matière qui, toujours avide de l'humidité, doit
l'être encore plus dans l'état d'ignition où elle ſe trouve
ici, l'on concevra ſans peine comment il ſe peut dans l'expérience préſente que l'air inflammable ſe produiſe ſans
qu'il émane de l'eau, & que l'eau diſparoiſſe, ſans qu'il
y ait décompoſition de ſa part. Il eſt clair que la matière
dont il vient d'être parlé doit, attirant & interceptant les
vapeurs aqueuſes qui ſe préſentent dans le tube, les
abſorbe en totalité, & ce faiſant, abandonner le principe inflammable qui peut lui être uni, & qui prenant
ſon eſſor va, au lieu de l'eau, ſe dépoſer dans le récipient
qui lui eſt préparé ; & ce n'eſt pas la première fois que
nous avons remarqué que l'acide va, comme s'il avoit plus
d'affinité avec l'eau, ſe détachant du principe inflammable pour s'attacher à elle. Il me ſemble enfin que les vapeurs aqueuſes dont nous parlons ne font, en dégageant
le principe inflammable du fer, autre choſe que ce que
fait l'acide lui-même étendu d'eau, lorſqu'on le verſe ſur
de la limaille d'acier : ces faits ſont en rapport, & les
réſultats ſont les mêmes. Le fait principal diſcuté, ſi
nous en venons aux circonſtances qui l'accompagnent, il
nous eſt encore, & ſans changer de moyens, facile d'y
ſatisfaire ; & ſi, comme on l'aſſure, le fer acquiert, dans
l'expérience dont il s'agit, du volume & du poids, ſi le
diamètre intérieur du tube ſe rétrécit, ces accidens trouvent leur explication dans celle même que nous avons

parlons, est par sa ténuité assez rapprochée de cette matière pour qu'elle puisse s'unir à elle, je dirai

---

donnée du premier phénomène ; & l'on sent que cela doit être, alors qu'un principe pesant & grossier, tel que l'eau, prendra la place d'un principe aussi léger & aussi tenu que le principe inflammable. Le fer en outre se montre-t-il, l'expérience faite, moins attirable à l'aimant? L'on sent encore que cela ne peut venir que de l'eau qui, en s'attachant à ce métal, ou à la matière de la chaleur contenue dans ce métal, assoiblit, & diminue sa vertu ; & je doute en même temps que l'air déphlogistiqué puisse, en s'unissant au fer, produire le même effet sur lui. L'on remarque d'ailleurs qu'après un certain temps l'expérience languit & le phénomène cesse. L'on dit même qu'il n'a jamais lieu quand, au lieu de tuyaux de fer, on se sert de tubes d'or, d'argent, ou de cuivre, & tout cela se conçoit : il est censé d'abord qu'il doit y avoir, le tube fût-il de fer, cessation de l'effet annoncé, alors que la matière de la chaleur se trouve suffisamment saturée d'eau, ou dès que le principe inflammable qui se tient à la surface intérieure du tube en est totalement dégagé ; & il n'y a dans le second cas aucune émission de ce principe, par la raison qu'il est dans les métaux ci-dessus énoncés, calcinables ou non, uni & attaché à la matière de la chaleur d'une manière plus étroite & plus intime que dans le fer ; de sorte qu'il est en eux retenu par cette matière, & l'on sent que celle-ci ne peut, comme engagée & mariée avec lui, se livrer alors à d'autres attachemens, ni s'emparer comme ci-devant des vapeurs aqueuses qui lui sont présentées (a).

(a) Bien des gens peut-être auront peine à se persuader que l'eau qui est évaporable à un certain degré de chaleur, & qui, dès qu'elle y parvient, va s'échapper, quelquefois même avec explosion, des vais-

plus, pour qu'elle ait de l'affinité avec elle, de
forte que, malgré tout ce qui les sépare, ces

Jusques ici je ne vois rien qui puisse nous faire changer
d'opinion à l'égard de l'eau. Mais ces Messieurs ne s'en font
pas tenus à l'expérience que nous venons de discuter;

l'eaux qui la contiennent, puisse, étant portée sur un fer rouge,
rester attachée; & comme ils pourroient m'inquiéter sur ce point, je
crois devoir les prévenir, & j'observe 1°. qu'il y a ici quelque différence à faire entre de l'eau froide qui projetée sur un fer chaud pourroit
en être repoussée, & de l'eau qui réduite en vapeurs a, à-peu-près,
dans cet état toute la chaleur & toute l'expansion qu'elle peut avoir.
2°. Que s'il est vrai que l'eau puisse bouillir, & s'évaporer à un certain degré de chaleur, il ne l'est pas moins qu'elle peut d'autres fois
éprouver la même chaleur sans qu'il y ait aucune évaporation de
sa part. 3°. Qu'il n'est pas plus étonnant que l'eau puisse, en raison de
son affinité, s'attacher à la matière de sa chaleur contenue dans un fer
rouge, qu'il l'est que l'air déphlogistiqué, qu'on sait non moins expansible qu'elle, & qui est au par-delà susceptible de déflagration, puisse
s'attacher à ce métal; nul doute d'ailleurs que dans le fer il n'y ait,
alors même qu'il est rouge, une quantité donnée de principe inflammable : or, si ce principe, qu'on peut dire mille fois plus expansible que
l'eau, & qui va se dégageant des corps à un degré de chaleur bien
moins considérable, peut, ou s'attacher à ce métal, ou y rester attaché, quelque chaud qu'il soit, il est à croire que l'eau peut bien en
faire autant. L'on remarquera en 4° lieu, qu'en qualité d'élément
passif l'eau est en tout dépendante de la matière de la chaleur, qu'abandonnée par elle, elle reste concrète, qu'elle devient fluide dès qu'elle se
présente, & que si elle bout & s'exhale, le thermomètre étant à 80 degrés
au dessus du terme de la congélation, elle ne le doit encore qu'à cette
matière qui, ayant elle-même 80 degrés d'expansion, se trouve assez
forte alors pour l'enlever avec elle. Mais tout en obéissant aux impulsions de ce principe, l'eau ne va pas toujours suivant la même marche, & donnant les mêmes faits. Les choses varient à son égard, &
selon l'état où se trouve la matière qui la commande, & selon les
combinaisons dans lesquelles elle peut être engagée, de sorte qu'elle
est, à chaleur égale, tantôt enlevée par elle, tantôt attirée & retenue, & tantôt repoussée. L'eau est enlevée par cette matière quand
celle-ci étant en expansion & en liberté, comme il arrive alors qu'elle
se dégage de nos combustibles, à l'occasion de la pénétrer, & nou

élémens se montrent comme étant par un coin attachés encore l'un à l'autre ; & c'est à cela sans

---

en habiles physiciens ils ont retourné les choses ; & non contens d'avoir, en chassant de l'eau vaporisée dans un tube de fer échauffé, obtenu de l'air inflammable, ils ont

en avons un exemple dans l'eau qui bout : elle est au contraire attirée & retenue, quand par des raisons de fixité, ou autres, cette même matière n'est pas, quoiqu'également échauffée, autant portée à se dégager des substances où elle réside ; nous voyons qu'en mêlant ensemble de l'eau & de l'acide, il se produit dans ce mélange, & à son occasion, une chaleur souvent supérieure à celle de l'eau bouillante, sans que l'eau s'évapore ; & la raison, c'est qu'ici l'acide n'est point libre ; c'est qu'il n'est point porté à se dégager ; c'est qu'il n'est pas, relativement à sa fixité, en expansion suffisante pour le faire : loin donc d'enlever l'eau, il la retient, & il la retient d'autant plus, qu'il n'est point, par d'autres combinaisons, empêché d'exercer l'affinité qu'il a avec cet élément. L'on en peut dire autant de celui qui est contenu dans un fer rouge ; & l'on voit par l'exemple précédent comment celui-ci peut attirer, absorber, & retenir avec lui les vapeurs aqueuses qui lui sont présentées. Mais quoique la matière de la chaleur par qui l'eau est tantôt enlevée, tantôt absorbée, soit constamment portée à s'attacher à elle, il est des cas néanmoins où elle refuse de s'y unir ; & c'est quand, toutes choses égales d'ailleurs, elle se trouve en combinaison intime avec d'autres principes, & l'expérience de ces Messieurs nous en fournit elle-même un exemple. L'on y voit que l'eau, qui, traversant un tube de fer rouge se trouve absorbée, ou décomposée, n'éprouve aucun de ces accidens alors qu'on se sert de tubes d'or, d'argent ou de cuivre ; & cela ne vient que de ce que la matière de la chaleur qui dans le fer est foiblement unie au principe inflammable, se trouve au contraire dans les métaux que nous venons d'énoncer, liée très-étroitement, & d'ancienneté avec ce même principe, de sorte qu'elle ne peut, comme saturée d'une substance avec laquelle elle n'a pas moins d'affinité qu'avec l'eau, se livrer à celle-ci. Enfin tout nous démontre, & il est bon de s'en souvenir, que loin d'être toujours les mêmes, les faits doivent varier dans la nature, & peuvent même changer du tout au tout, selon les circonstances, & notamment selon l'état où se trouvent les principes qui y donnent lieu, & les combinaisons dans lesquelles ils peuvent être engagés. Ceci peut en même temps nous

doute

doute que le premier doit l'avantage qu'il a de
contribuer au développement de l'autre. L'eau

---

pour étayer ce fait, & donner plus de force aux inductions
qu'ils en ont tirées, cherché à former de l'eau avec de l'air
inflammable & de l'air déphlogistiqué réunis ensemble. Dans
cette vue ils ont fait passer dans deux machines hydro-pneumatiques placées à distance, d'un côté de l'air inflammable,
& de l'autre de l'air déphlogistiqué ; delà par des tuyaux
prolongés, tenant à ces machines, & aboutissant à un récipient purgé d'air, posé entre l'une & l'autre, ils ont, en les
comprimant, conduit ces deux fluides jusques à l'orifice de
ce récipient, puis les y ayant introduits, & les faisant déflagrer à mesure par le moyen de l'électricité, ils ont au fond
du vase trouvé pour tout produit environ sept onces & demie
d'eau, qui répondent au poids que donnoient ces fluides eux-
mêmes étant dans les machines hydro-pneumatiques. Et ce
qui ajoute à la chose, & rend la conversion de ces fluides
en eau d'autant moins douteuse, c'est qu'avant de les faire
déflagrer on les fait passer à traver de l'alkali caustique afin
de les déflegmer. L'expérience comme on voit ne laisse rien
à desirer ; & d'après ce qui en a résulté, ces Messieurs ont
été publiant de plus belle, & en apparence avec plus de
fondement, que l'eau n'est qu'un mixte formé d'air inflammable & d'air déphlogistiqué. Mais nous sommes loin encore

aider à concevoir comment il se peut que dans des substances que
nous croyons formées par le feu il se trouve des gouttes d'eau renfermées en elles ; & l'on sent d'après ce qui précède que ces gouttes
peuvent, en vertu de l'affinité de l'eau avec la matière de la chaleur, y avoir été introduites, sinon au moment de la plus grande
chaleur du globe, au moins dans le temps qui a suivi jusques à son
refroidissement, & ce temps fut celui sans doute où se formèrent ces
substances.

R r

étant quoique paſſive, miſcible avec la matière de la chaleur, & capable de la pénétrer, eſt cenſée

---

d'adopter cette conſéquence : le fait actuel ſur lequel elle s'appuye ne peut nous ſubjuguer à ce point ; il ne peut, tout impoſant qu'il eſt, nous réduire à croire aux choſes impoſſibles ; & c'en eſt une, j'oſe le dire, que l'eau ſoit formée des deux fluides que nous venons d'énoncer ; fuſſions-nous même ſans moyens pour infirmer ce fait, nous ne pourrions dans ce cas le regarder encore que comme un fait iſolé dont il faut s'abſtenir de tirer aucune induction, au moins juſques à ce qu'on ait pu le lier & l'accorder avec les autres faits de la nature. Je l'avouerai : les expériences ſont utiles, elles mènent aux découvertes, elles ſervent à confirmer des vérités naiſſantes ou reçues, & par elles au moins nous nous procurons des données qui, miſes à part, peuvent, comme des richeſſes en réſerve, nous aider au beſoin ; mais il eſt dangereux auſſi qu'elles ne nous entraînent dans des jugemens précipités, & l'on touche à l'écueil alors qu'on ſe prévaut d'un premier apperçu, du premier fait qui ſe préſente, ou pour forger des ſyſtêmes nouveaux, ou pour renverſer ceux qui ſe trouvent établis ; or dans l'un & l'autre cas, ſoit pour édifier, ſoit pour détruire, ainſi que pour exclure une ſubſtance du rang des élémens, un fait ne ſuffit point, il en faut cent, il en faut mille.

Il s'en faut au reſte que nous ſoyons, qnant au fait qui nous occupe, réduits au point que nous venons de dire ; & ſi l'air inflammable, qui dans la première expérience va, au lieu de l'eau, ſe dépoſer dans le récipient, ne vient point, comme nous l'avons reconnu, de la décompoſition de ce liquide, il y a déja, & d'après cela, tout à parier que l'eau, qui forme le produit de l'expérience actuelle, ne vient pas plus de la décompoſition des airs inflammable & déphlo-

par cela même capable encore de détendre le
reſſort dont elle eſt douée ; & c'eſt parce qu'elle

---

giſtiqué. Eh ! ſans nous arrêter à des apparences trompeuſes,
ne ſeroit-il pas, quant à cette eau, plus naturel & plus
ſimple de penſer qu'elle eſt ici, non engendrée, mais apportée
par ces fluides, qui, ſe chargeant d'elle en paſſant dans les
machines hydro-pneumatiques, la dépoſent alors qu'ils entrent en déflagration ? Il y a plus : c'eſt que les choſes ne
peuvent être autrement. Et ſi l'on m'objecte que dans ce cas
l'alkali cauſtique ne manqueroit pas de s'emparer de toute
l'eau dont ces fluides ſe feroient ainſi chargés, je réponds
qu'étant avide de l'humidité, cet alkali n'eſt jamais ſans
contenir du flegme, de ſorte qu'il eſt à raiſon de celui dont il
peut être pénétré autant capable d'en fournir aux deux fluides
qui le traverſent, que de leur ôter celui dont ils ſe feroient
emparés ; & j'ajoute que s'il eſt par ſa nature porté à ſe ſaiſir
de l'eau qui lui eſt préſentée, il devroit alors ſe ſaiſir non-
ſeulement de l'eau qu'apporteroient ces fluides, mais des
fluides encore qui l'apportent, vu que s'ils ne ſont pas actuellement en eau, ils vont inceſſamment ſe convertir en elle,
& qu'ils en portent le germe avec eux.

Il eſt à remarquer d'ailleurs que l'eau, qui fait le produit
de l'expérience dont nous parlons, loin d'être parfaitement
pure, s'eſt trouvée légèrement acide ; & de cette eau l'on en
a tiré, en la faiſant évaporer, environ ſix grains de nitre en
criſtaux. Cette circonſtance n'a pas peu étonné nos phyſiciens, qui, ne s'attendant à rien moins qu'à trouver de
l'acide ici, ſont reſtés ſans ſavoir, ni pouvoir dire d'où il
provient. Cependant il n'étoit pas difficile d'en ſoupçonner
la ſource : & pour peu que ces Meſſieurs y euſſent fait attention, ils auroient vu que, ſi l'air inflammable eſt un
fluide ſimple, l'air déphlogiſtiqué eſt un fluide neutre,
un fluide formé d'air inflammable & d'air méphitique,

le détend réellement, (& elle le fait fans trop l'affoiblir, lorfqu'elle eſt en petite quantité,)

& que c'eſt à ce fluide feul, comme fufceptible de décompofition, que fe doit l'acide dont nous parlons. Cela poſé, j'obferve à mon tour, que, fi dans la déflagration de ce mixte, le plus pefant de fes principes intégrans, qui eſt l'acide, ne donne que fix grains, l'autre, qui eſt le principe inflammable, ne pourroit, comme le plus léger, donner, s'il étoit recueilli à part, que trois ou quatre grains au plus, ce qui formeroit neuf ou dix grains en tout ; & quant à l'air inflammable qui nous vient d'autre part, il n'eſt pas à croire que de fon côté il puiffe même en donner autant; de forte que ces deux fluides enfemble ne pourroient, étant dépouillés d'eau, donner que quinze ou dix-huit grains, d'où je conclus que le poids qu'ils donnent, lorfqu'ils font dans les récipiens des machines hydro-pneumatiques, n'eſt, fi l'on en excepte quinze ou dix-huit grains, & peut-être moins, qui peuvent dans le total leur appartenir en propre, n'eſt, dis-je, abfolument dû qu'à l'eau dont ils font alors chargés ; & l'on fent que le dépôt qui fe fait enfuite de cette eau qui leur eſt étrangère doit, comme contenant en fomme, & toute l'eau dont les molécules de ces fluides pouvoient être impregnées, & au pardelà tout l'acide qui fervoit à former l'air déphlogiſtiqué, doit, dis-je, à quelques grains près, qui fe trouvent en moins à caufe de la déperdition du principe inflammable, répondre au poids que donnoient ces fluides avant leur déflagration; & comme la différence qu'il peut y avoir entre le poids de ces fluides & celui de leur dépôt, n'eſt, felon nous, & pour la raifon que nous venons de dire, que de neuf à dix grains au plus, il n'eſt pas étonnant ou que ces Meffieurs ne l'aient point apperçue, ou qu'ils aient négligé d'en faire état dans leur eſtimation. Il eſt d'après cela comme

qu'elle peut être regardée comme l'élément le plus propre à mettre cette matière en action, comme

---

démontré que les sept onces & demie d'eau qui se trouvent dans le récipient après la déflagration des fluides ci-dessus énoncés, ne résultent aucunement de leur décomposition, & ne viennent que de l'eau même dont ces fluides s'étoient précédemment chargés.

A présent je demande à ces Messieurs quel est, pour remplir le vide que causeroit dans la nature la suppression d'un de nos élémens, le principe nouveau qu'ils ont à substituer à l'eau qu'ils excluent. Je les prie de me dire en outre d'où seroit venue la quantité d'air inflammable & d'air déphlogistiqué qu'il eût fallu pour former les eaux de la mer, & généralement toutes celles qui sont répandues sur le globe. Et supposé que l'eau tire de là son origine, je leur demande encore pourquoi cette eau, ne participant en rien aux propriétés de ses principes intégrans, n'a pas la vertu de s'enflammer comme eux, pourquoi même elle se montre de toutes les substances qui existent celle qui est le plus opposée à leur inflammation ; & je présume qu'ils ne seront pas peu embarrassés pour répondre à cette question.

Je laisse enfin au lecteur à juger si l'eau, qui n'est ni compressible, ni condensable, ni expansible, ni même volatile, peut être formée des principes les plus élastiques, les plus condensables & les plus expansibles de la nature; si l'eau que nous regardons comme le principe de toute liquidité, ainsi que de toute humidité, peut avoir pour principes générateurs les élémens les plus secs, les élémens du feu, ou des fluides qui les représentent; si l'eau, qui est inodore, insipide, & sans couleurs, peut naître des principes même à qui se doivent les odeurs, les couleurs, & les saveurs; si l'eau, qui ne peut se mêler & s'unir avec le principe inflammable, peut avoir ce principe

celui qui l'aide le plus efficacement à déployer sa force & sa vertu, en quoi elle semble participer aux grands effets qu'elle produit. Le premier objet de la nature, en arrangeant toutes choses, fut sans doute d'établir pour la matière de la chaleur, & près d'elle, un moyen propre à son développement ; ce moyen trouvé, tout dut après rouler comme de lui-même. Cette matière en effet est à peine en expansion que, sans se borner, comme la matière de la lumière, à une stérile dilatation, elle va par l'effet même de son effet, c'est-à-dire

---

pour un de ses constituans. Quant à moi, je le répète, je juge la chose de toute impossibilité ; & jamais je n'admettrai que l'eau, qui se distingue en tout des autres principes de la matière, qui sert à lier plusieurs de ces principes entre eux, qui ne peut être par aucun remplacée dans ses fonctions, qui contribue, comme véhicule, au développement de la matière de la chaleur, & forme en conséquence un des premiers instrumens de la fermentation, de la végétation, & de la vivification, jamais, dis-je, je n'admettrai qu'une telle substance puisse être autre chose qu'un élément ; & je m'étonne qu'on ose, sur l'indication d'un seul fait, lui en ôter le titre.

J'apprends, en finissant cet article, que les deux Académiciens qui ont fait les expériences précédentes, ont, en revenant sur la première, tenté d'obtenir avec de l'eau distillée le même produit qu'ils s'étoient procuré avec de l'eau commune, & qu'ils n'ont pu y réussir. Ce fait qu'on nous dit vrai éclaircit la question, ou pour mieux dire il la décide : & si j'en avois eu connoissance plus tôt, je me serois dispensé d'entrer dans une pareille discussion.

par la chaleur qu'elle produit , forçant cette matière de la lumière à répandre son éclat, prêtant
à l'eau qui l'a servie une sorte d'activité , &
donnant du jeu à tous les élémens de la matière.
Elle va même , en les pénétrant , jusques à
leur communiquer sa vertu ; elle rend, & le principe inflammable qui par lui-même ne brûle point,
& l'eau qui , loin de brûler, est opposée au feu ,
& la terre qui semble nulle en tout , elle rend,
dis-je , ces divers élémens brûlans comme elle ;
ou pour mieux dire, c'est elle encore qui par les
parties brûlantes de sa substance qu'elle attache
aux parties froides de ces principes continue de
brûler en eux , nonobstant les obstacles qu'ils
peuvent mettre à son action. C'est ainsi que tout
se lie & s'engrène dans la nature ; & tout cela se
fait sans rouages, le tout s'opère au moyen de
l'affinité qui est entre les différens principes des
corps, & qui se fonde , comme nous l'avons dit,
sur le pouvoir que ces principes ont plus ou moins,
en raison de leur ténuité , de se mettre en équilibre les uns avec les autres.

Après avoir considéré ces principes en eux-
mêmes, observé leurs propriétés , & marqué les
rapports qu'ils peuvent avoir entre eux , suivons-
les à présent dans l'usage que la nature en fait ;
mais avant d'en venir à l'examen des agrégats concrets qui se forment à leurs dépens, & qui résultent de leurs combinaisons diverses , voyons ce
qu'ils font, & ce qu'ils peuvent produire avant

d'être en fixité , & lorfqu'ils font encore ou à-peu-
près dans leur état élémentaire , c'eſt-à-dire , dans
l'état où la nature a coutume de les prendre pour
les faire ſervir à l'exécution de ſes deſſeins. Des
quatre élémens que nous avons reconnus , les deux
premiers font les ſeuls à cet égard qui méritent
notre attention ; je ne répéterai point que c'eſt
à eux , comme les plus ténus , & les ſeuls, qui
ſoient volatils , condenſables & expanſibles que
ſe doivent les phénomènes les plus étonnans , &
la plupart des météores qui ſe produiſent dans les
airs. Mais j'obſerve qu'étant en expanſion , & dans
l'état que je viens de dire , ces principes peuvent
être regardés alors comme formant par eux-mêmes
deux fluides ſimples qui diffèrent eſſentiellement ,
& qui font , ſelon la nature de leur matière conſ-
tituante , l'un inflammable , & l'autre méphitique , l'un électrique , & l'autre magnétique. A la
vérité ces deux fluides ne font nulle part dans la
nature ſéparément l'un de l'autre ; & s'ils s'y préſentent ainſi , ce n'eſt , vu l'état actuel des choſes,
que par accident , & qu'à l'occaſion des révolutions qui s'opèrent dans les mixtes ; mais quoiqu'ils n'exiſtent néceſſairement en aucune place ,
on ne doit pas moins les regarder , ou les matières
qui les conſtituent , comme les deux ſources primitives d'où découlent tous les fluides poſſibles ,
tant ceux qui ſe trouvent établis dans la nature ,
que ceux qui ſe forment inſtantanément aux dépens des principes qui ſe dégagent des corps en

diſſolution. Cela poſé , ces fluides, en quelque nombre qu'ils ſe préſentent , ne doivent tous , ſi nous nous réglons ſur celui de leurs matières conſtitutives , former au plus que deux ou trois eſpèces différentes ; & il n'eſt de toutes nos ſubſtances élémentaires que les deux matières de la lumière & de la chaleur deſquelles , comme ſeules capables de ſe volatiliſer , ils puiſſent , de quelque eſpèce qu'ils ſoient , tirer leur exiſtence. De ces matières donc, ſuppoſées en expanſion , & en quantité ſuffiſante , naiſſent d'abord , ſi elles ſont ſéparées l'une de l'autre , les deux fluides particuliers dont nous venons de parler , ſavoir, le fluide inflammable & le fluide méphitique , avec leſquels ſe confondent le fluide électrique & le fluide magnétique qui répondent à chacun d'eux, & n'en diffèrent guères que par leur dénomination ; & ces deux fluides , ſous quelque nom qu'ils ſe préſentent , ſont exactement les ſeuls fluides ſimples qu'il y ait , & qu'il puiſſe y avoir dans la nature. Ainſi ſe forment déja deux eſpèces de fluides bien prononcées , bien diſtinguées l'une de l'autre ; & ſi , au lieu d'être ſéparées , les matières qui les conſtituent ſe trouvent dans leur expanſion réunies & confondues , des deux alors ſe forme à frais communs une troiſième eſpèce , qui eſt celle de tous les fluides neutres ou mixtes qui ſe préſentent dans la nature , & qui tirant leur origine des mêmes ſources ne diffèrent des précedens qu'en ce qu'ils ont néceſſairement pour générateurs & pour bafes, abftraction faite des matières étrangères qui peuvent s'y joindre, deux principes au lieu d'un; & comme ces principes font invariablement les mêmes pour tous les fluides de cette efpèce, ceux-ci de leur côté ne peuvent guère différer entre eux que par la manière dont ces principes fe trouvent combinés, que par les mifes différentes de l'un & de l'autre, & qu'en raifon des états où ils peuvent être dans les corps avant qu'ils fe transforment en fluides. Dans le nombre de ces fluides compofés fe trouvent le fluide du feu, le fluide des rayons folaires, le fluide éthéré, l'air atmofphérique (1), l'air dit déphlogiftiqué, & la plupart des fluides aériformes qui nous viennent de la décompofition des corps.

Tout en parlant de ces fluides on fent quel parti la nature peut en tirer, & combien il eft avantageux & commode pour elle d'avoir ainfi comme dans un réfervoir une partie de fes matières premières appropriées à tous les ufages

---

(1) Cet air, comme nous l'avons déja dit, ne diffère effentiellement du fluide précédent qu'en ce que fes parties font infiniment plus rapprochées, & qu'en outre elles fe trouvent impregnées d'une certaine quantité d'eau, qui, s'exhalant de la terre, s'eft, en vertu de l'affinité qu'elle a avec une des bafes primitives de ce fluide, tellement attachée à cette bafe, qu'on pourroit, quoique étrangère, la croire partie néceffaire dans la compofition du fluide neutre particulier que nous refpirons.

qu'elle en peut faire. Et comme les derniers dont
il eſt fait mention , ou quelques-uns d'eux au
moins , ont au contraire des fluides ſimples ,
& pour des raiſons qu'il eſt aiſé de concevoir, une exiſtence décidée , continue , & en
quelque ſorte néceſſaire, ce ſont eux auſſi qu'elle
met le plus habituellement à contribution ; c'eſt
là , c'eſt dans ces fluides neutres , qu'il faille ou
non les décompoſer, qu'elle trouve dans leur
ténuité , dans leur ſimplicité , & en un mot dans
l'état qu'il convient , les principes qui lui ſont
néceſſaires, tant pour former les êtres qu'elle pro-
jette, que pour les alimenter, & les entretenir
dans l'état de vie qui leur eſt donné. Les autres,
c'eſt-à-dire les fluides ſimples , ſeroient le plus
ſouvent comme trop actifs, & comme non modifiés , plus nuiſibles que favorables à ſes deſſeins.
L'air , ce fluide mixte par qui le feu s'anime ,
& ſans lequel rien ne ſe produit & rien ne vit ,
l'air , dis-je , eſt de tous ces fluides mélangés que
nous venons d'énoncer , celui ſans contredit qui
ſe prête le plus à ſes beſoins divers. L'on ſait
aſſez ſans que je le diſe, quelles ſont , dans le
ſyſtême qu'elle a ſuivi, les fonctions de ce fluide
ambiant qui ſe préſentant par-tout , & ſe montrant
par-tout néceſſaire, va, comme véhicule, comme
intermède , ou comme matière , l'aſſiſtant aſſez
généralement dans toutes ſes opérations ; qui,
après avoir ſervi à la formation des êtres, ſert
enſuite à entretenir en eux le mouvement vital

qui leur eſt imprimé , & peut par les principes nourriciers qu'il leur fournit de lui-même contribuer encore à leur accroiſſement. L'on pourroit à cet égard en dire à-peu-près autant du fluide ſolaire ; & pour en revenir à celui dont nous parlions, c'eſt de lui auſſi que ſe tire, lorſqu'il ſe décompoſe, la matière de la foudre , des éclairs, des aurores boréales , &c. &c. Pour peu enfin que l'on faſſe attention au nombre , à la qualité & à l'état actuel des principes de l'air, ainſi qu'à la facilité avec laquelle il va ſe decompoſant, l'on ſentira que de lui peuvent ſe tirer deux fluides différens , réſultans l'un & l'autre & de la déſunion de ſes principes conſtitutifs , & de la réunion de leurs parties reſpectives; & ces deux fluides , qui peuvent , ſelon les moyens qu'on y emploie, s'obtenir ſéparément , ſont d'une part le fluide électrique , & de l'autre le fluide magnétique. Ainſi, les faits dépendans du magnétiſme & de l'électricité pourroient n'être regardés que comme des effets réſultans d'une affinité qui s'exerce, non entre les deux principes de la lumière & de la chaleur , mais entre les parties homogènes de ces principes exiſtantes tant dans l'air que dans d'autres ſubſtances , & tendantes de toutes parts, pour peu qu'elles ſoient provoquées, à ſe rapprocher, & à ſe mettre en équilibre enſemble.

Voilà à-peu-près tout ce que l'on peut dire au ſujet de nos deux premiers élémens, vus en fluidité, & dans leur état élémentaire ; cependant ſi , après les avoir envisagés sous cet aspect, nous allons d'ici les considérant, non dans les états subséquens qu'ils peuvent prendre dans les corps, mais lorsqu'après y avoir été en fixité ils vont de là retournant à leur premier état de fluidité, nous verrons que c'est à ces deux principes encore, comme seuls condensables & expansibles, que se doivent, à cause de l'espace différent qu'il leur faut, selon qu'ils font en condensation ou en expansion, les explosions, les détonnations & les fulminations qui se produisent tant dans la nature que dans nos loboratoires ; & ces phénomènes qui nous étonnent, ne manquent jamais de se produire lorsque les passages dont nous parlons se font d'une manière brusque & rapide.

Mais si, aulieu d'être brusqué, le retour de ces principes à leur état élémentaire se fait avec lenteur & ménagement, si les moyens qui les y poussent font, comme il convient qu'ils soient dans la plupart des opérations de la nature, moins pressans & plus doux, si, loin de se prendre dans un feu trop actif, ces moyens se puisent ou dans la chaleur tempérée dont notre globe reste pénétré, ou dans celle qui nous est envoyée du soleil, ou enfin dans cette chaleur qui naît de l'union de certains principes & par leur mélange, ce qui est assez pour donner à ceux dont nous parlons, non une chasse réelle, mais une sorte d'essor ; alors il n'y a plus matière à explosion ; les choses prennent une autre face ; & l'effet des

impulfions données aux principes précédens par
ces efpèces de ftimulans dont il vient d'être
parlé , fe renferme tout , pour répondre à fa
caufe, dans ce travail inteftin, dans ce mouvement fermentatif qui s'excite fourdement au
fein de la matière , & fert à fes développemens divers , mouvement qui nous repréfente
le moyen & l'inftrument phyfique par lequel
s'accompliffent les œuvres tant furprenantes
de la végétation & de la vivification ; mouvement qui , fe prêtant à tous les befoins de
la nature , lui fert également ou pour rapprocher
fes matières , ou pour les défunir , pour édifier ,
ou pour détruire ; mouvement qui , s'exerçant fans
relâche , va d'une manière imperceptible changeant fans ceffe les formes , l'attitude & les qualités des fubftances , & ne laiffe rien de ce qui a
vie fubfiftant dans le même état ; mouvement
enfin , qui , prenant les êtres dans leurs germes
& aux portes de l'exiftence, les conduit infenfiblement de la première pouffe à toute leur
croiffance, de la verdeur à la maturité, de l'enfance à la vieilleffe, & les amène, après les avoir
fait paffer par tous les états qu'ils ont à parcourir
dans l'efpace de temps qui leur eft accordé, au
terme fatal de leur diffolution , terme où toutes
les fubftances vont rendant à la nature les élémens qu'elle avoit employés à leur formation, &
qui doivent inceffamment fervir, ou à l'accroiffement de celles qui reftent, ou à des régénéra-

tions , ou enfin à de nouvelles productions.

Maintenant fi nous prenons ces mêmes matières que nous avons déja confidérées dans deux fites différens , favoir, dans l'état de fluidité , & lorf-qu'après avoir féjourné dans les corps , elles re-tournent à cet état , fi , dis-je , nous les prenons maintenant hors de leur état élémentaire , & lorf-qu'elles vont fe fixant dans les corps , nous ver-rons que ces matières , à qui fe doivent déja tous les fluides , font par elles-mêmes encore capables de fervir à l'établiffement des folides ; mais avant de nous rabattre fur les produits qu'elles nous donnent alors , j'obferve que ces deux principes , qui , pour former des fluides , n'avoient ci-devant aucun befoin du concours des deux autres , font dans l'inftitution des folides communément nécef-fités de fe joindre à la terre & à l'eau en qui ils trouvent & les points d'appui dont ils ont befoin, & des moyens de liaifon , de forte qu'on peut regarder les folides comme étant , finon tous , au moins la plupart, formés aux dépens de nos quatre élémens , & c'eft aux proportions diverfes dans lefquelles ils entrent dans leur compofition que fe doivent les variétés qu'ils nous préfentent. Mais quoique les deux matières dont nous parlons ne foient pas feules employées à la formation des corps, on ne doit pas moins les regarder comme les matières les plus effentielles & les plus nécef-faires de leur conftitution, comme celles aux-quelles fe doivent précifément leurs vertus , leurs

faveurs, & généralement toutes leurs qualités. D'ailleurs, quoiqu'il foit dit que nos élémens fervent
tous à la formation des folides, cela ne fait pas
que dans le nombre de ceux-ci il ne puiffe s'en
trouver qui foient formés par trois, par deux, &
même par un de ces élémens à l'exclufion des
autres ; & fi nous vous avons donné les matières
de la lumière & de la chaleur comme ayant befoin, pour former des corps, de fe joindre à la
terre & à l'eau, cela ne fait pas encore que ces
matières, fuppofées en expanfion, ne puiffent
alors, fi elles étoient chaffées & reçues dans des
cavités, former d'elles-mêmes, & fans le concours d'aucun autre principe, des agrégats vraiment concrets ; & nous en avons précifément
un exemple dans les fubftances métalliques, fubftances que nous croyons n'être autre chofe que
des dépôts de ces matières portées par la fublimation dans les crevaffes intérieures du globe.
Il me refte à cet égard une chofe à vous faire
obferver : c'eft que, quoique ces matières foient
extraordinairement ténues, & conféquemment
légères, c'eft à elles néanmoins, comme étant
en même temps fingulièrement compreffibles, &
parce qu'elles peuvent tenir en plus grande quantité dans un plus petit efpace, que fe doivent les
corps les plus compactes & les plus pefans. Ainfi
fe découvre la caufe, non de la pefanteur abfolue des maffes, mais de cette grande denfité
& de cette pefanteur extrême qu'ont certaines
fubftances

fubftances par comparaifon avec d'autres. Ainfi
l'on pourroit, au poids feul de ces fubftances,
juger non-feulement de la nature de leurs principes, mais même des proportions dans lefquelles
ils entrent dans leur compofition; & c'eft d'après
cela que nous avons regardé l'or & le diamant,
qui font les deux corps les plus pefans de la nature, comme étant exclufivement compofés des
matières de la lumière & de la chaleur.

Nous ne pouvons qu'avec peine nous rendre
maîtres des fluides; à moins d'être extraordinairement rapprochés, ces fortes d'agrégats ne
donnent aucune prife fur eux : tout en nous touchant, tout en agiffant fur nous, ils reftent invifibles & impalpables; delà, la difficulté qu'il y
a, & de s'affurer de leur exiftence, & de diftinguer leur efpèce. Il n'en eft pas de même des
folides : ces compofés maffifs ont dans la nature
une exiftence, finon plus certaine, au moins plus
apparente & plus notoire : étant acceffibles à tous
nos fens, ils font, par cette raifon même, plus
faciles à reconnoître; leur forme, leur volume,
leur poids, tout, jufqu'à leur couleur & leur
faveur, nous avertit de leur préfence, & nous
aide en même temps à les diftinguer les uns des
autres. Les folides d'ailleurs font, comme ayant
plus de principes générateurs, beaucoup plus di-
verfifiés que les fluides; les matières intégrantes
des corps font à-peu-près comme nos lettres ou
nos chiffres : plus ces objets font en nombre,

S s

plus il y a de combinaisons à faire ; & comme ces matières, en ce qui regarde les solides, font, à cause de la terre & de l'eau qu'ils admettent, ou qu'ils peuvent admettre en plus dans leur composition, au nombre de quatre, il est censé qu'il doit y avoir, dans cette classe d'agrégats, & plus d'espèces, & plus de variétés dans les espèces. Ce seroit le lieu de vous faire l'énumération de ces espèces ; mais je ne puis me permettre ici d'entrer dans ces détails ; qu'il me suffise en passant d'en observer quelques-unes.

Les végétaux dont se couvre la surface du globe, & les animaux qui la parcourent, font, parmi les solides dont cette masse est formée, ceux qui réclament les premiers notre attention ; & quant à ces solides vivans & animés, l'on peut déja dire qu'ils exigent tous pour leur formation, mais dans des proportions diverses, le concours de nos quatre élémens. C'est à cela même que doivent se rapporter les variétés sans nombre qui se trouvent sur-tout dans ces deux espèces de solides. La terre sert à établir leur charpente ; l'eau forme la base des liquides vivifians qui circulent en eux ; & des deux autres proviennent les sels qui les distinguent, & les esprits qui les animent. Ainsi, les matières volatiles & ténues de la lumière & de la chaleur, vont s'associant, pour instituer ces substances, avec la terre & l'eau ; & par la consistance qu'elles y prennent, elles s'assimilent en quelque sorte à ces élémens grossiers.

Nous ignorons, il est vrai, comment ces principes se rencontrent, se mélangent & s'apparient: tout ce qui s'exécute au moment que les êtres se façonnent, comme lorsqu'ils éclosent & qu'ils prennent de l'accroissement, est pour nous un mystère; un voile épais nous cache ici les procédés de la nature. A peine la présence des matières ci-dessus nommées se laisse-t-elle soupçonner dans les êtres qu'elle produit, tant qu'ils subsistent dans l'état qui leur est donné; mais ce qui ne s'apperçoit ni au temps de leur formation, ni dans le cours de leur durée, se démontre bien sensiblement au moment de leur destruction : soumis à l'action du feu, tous les corps nous font voir alors d'une manière bien distincte les différens principes qu'ils receloient en eux ; l'on peut même, au besoin, les recueillir séparement.

Il faut, pour que la végétation s'établisse, le concours de deux choses également importantes, & en même temps fort différentes l'une de l'autre; & ces deux choses requises sont la chaleur & l'humidité. Sans la chaleur, rien n'auroit vie dans la nature; c'est à elle, & il n'importe ici d'où elle vienne (1), que le monde doit d'être ce qu'il est ; c'est elle enfin , qui , donnant aux

____

(1) Qu'il nous souvienne pourtant que la chaleur, qu'elle vienne du soleil ou de la terre, ne tire décidément son origine que de la matière même de la chaleur, & qu'elle n'est, de quelque manière qu'on la considère, comme cause ou autrement, que l'effet propre de cette matière mise en activité.

parties des matières de la lumière & de la chaleur actuellement giſſantes dans l'inertie une ſorte d'ébranlement & d'expanſion, les porte, quelque foible qu'elle ſoit, à ſe dégager des liens qui les tiennent captives ; & comme ces parties qu'on voyoit, dans leur fixité, graviter ſur la terre à l'inſtar des élémens les plus groſſiers, tendent, dès qu'elles deviennent libres, à ſe ſublimer, elles vont alors, au moyen des forces qu'elles acquièrent, ou qu'elles retrouvent en elles en ſe développant, elles vont, dis-je, entraînant & emportant avec elles des portions de terre & d'eau qui leur étoient unies, & qui doivent avec elles ſervir à l'inſtitution des végétaux. D'un autre côté, ſans l'humidité qui s'attache aux principes aſtifs & fugaces dont il vient d'être parlé, rien ne les arrêteroit dans leur expanſion ; rien ne les fixeroit ; rien n'empêcheroit leur diſperſion : il y a plus, c'eſt que, faute de cet intermède, ces mêmes principes ne pourroient s'unir d'une manière intime avec la terre, ni former aucune combinaiſon avec elle : l'eau, d'ailleurs, je le répète encore, n'a-t-elle pas, comme ſervant au développement de l'acide ou de la matière de la chaleur, le pouvoir, en ſe mêlant avec ce principe, de produire de la chaleur avec lui ? & en cela, ſur-tout, l'on doit voir comment & pour-quoi elle devient matière néceſſaire dans l'œuvre de la végétation. De la chaleur douce & modérée qui ſe produit ainſi par ſon moyen, & à l'occafion de fes mélanges avec l'acide, réfulte ce mouvement fermentatif, ce travail inteftin qui s'établit dans la matière, & qui, fe prêtant aux vues de la nature, favorife le développement des germes, porte les embryons qui en proviennent au terme de leur croiffance, & va, dès que ces fubftances ceffent d'acquérir, les pouffant toutes à leur deftruction.

Le germe que recèlent nos femences végétales une fois développé, l'embryon vivant qui en provient, va tirant alors, & de la terre dans laquelle il prend pied, & de l'air vers lequel il s'élève, les matières propres à fon accroiffement, même celles dont fe forme, quand la plante a toute fa force, le germe qui doit la reproduire après fa mort. Fixé d'ailleurs dans la place qu'il occupe, tout végétal croît, vit, & meurt au lieu même où il a pris naiffance. Il n'en eft pas ainfi des animaux : ces derniers ont une vie plus errante & plus active; mais quoiqu'ils foient fur la terre libres & détachés du fol, ils n'en font pas moins obligés de tirer de cette terre qu'ils habitent, ou des produits qu'elle nous donne, leur nourriture & leur fubfiftance ; & quoiqu'il y en ait dans le nombre qui ne vivent qu'aux dépens des autres, cela n'empêche pas qu'on ne doive encore regarder la terre comme la fource d'où font provenus, & les principes qui ont fervi à leur formation, & ceux qui fervent journellement à les entretenir dans l'état de vie qui leur eft.

donné. En effet, fans les végétaux dont les principes conftitutifs vont s'animalifant dans ces êtres paifibles auxquels ces fubftances fervent de pâture, ces derniers ne pourro*ent, car ils n'exifteroient pas, fournir aux animaux carnaffiers l'aliment qu'ils requièrent à leur tour. Ainfi, nos élémens fe trouvent, au moyen des élaborations différentes qu'ils éprouvent, portés comme par cafcades, des fucs de la terre d'où ils fe tirent originairement, dans les fubftances végétales; des fubftances végétales, dans les animaux herbivores, & de ceux-ci dans les animaux carnaffiers, d'où, étant reportés dans la terre, dans ce dépôt commun de la nature, ils vont fervant de nouveau à fes productions diverfes, reprenant, ou à-peu-près, les mêmes formes, parcourant les mêmes états, & paffant fucceffivement d'une fubftance dans une autre. Il eft dès-lors comme démontré qu'il ne peut y avoir entre les végétaux & les animaux, quoique très-différens par leurs formes & leur organifation, aucune différence quant aux principes qui les conftituent, à moins qu'elle ne vienne de ce que quelques-uns de ces principes feroient plus abondans dans les uns, & plus rares dans les autres, auquel cas elle ne tomberoit que fur la quantité, & non fur la qualité de ces matières élémentaires. La phyfique, à cet égard, n'en reconnoît point d'autre (1); par-tout elle voit les

____

(1) Cependant, quoique les principes contenus dans les

mêmes principes ; mais quoique les mêmes, ces principes ne font pas par-tout ni dans le même

---

fubftances animales foient exactement les mêmes que ceux dont fe forment les végétaux , nous n'en devons pas moins refpecter la diftinction religieufe que l'Eglife a établie entre elles relativement au gras & au maigre. Il fuffit à cet égard qu'elle ait trouvé les unes , en proportion des maffes , plus nutritives , plus fubftantielles & plus irritantes , pour qu'elle ait pu fonder cette diftinction , & faire en même temps aux fidèles qu'elle retient dans fon fein , une loi de fe priver de ces fubftances trop nourricières dans des temps indiqués , & un mérite de cette privation , n'ayant d'ailleurs en cela , comme dans tout ce qu'elle fait , que des vues de fanctification. Elle n'a pu pour les engager à l'obfervance de cette loi , employer vis-à-vis d'eux que des motifs propres à les conduire à ce but. A fon exemple , le gouvernement a cru devoir diftinguer de la même manière les fubftances dont nous parlons ; & comme elle , il nous prefcrit l'abftinence des unes aux mêmes jours de l'année ; mais quoiqu'en cela d'abord il ait cherché à correfpondre aux intentions de l'Eglife , nul doute à fon égard qu'en faifant cette défenfe , il n'ait eu pour objet encore de ménager les efpèces d'animaux qui fervent le plus à la nourriture de l'homme , & de favorifer la confommation des denrées qui fe tirent de la terre & des eaux ; & d'après les vues refpectives de ces deux puiffances , ne feroit-il pas à fouhaiter qu'elles ne fe fuffent jamais relâchées fur un article auffi important que celui de l'abftinence des viandes (a)?

(a) Mais , dira-t-on , ne faut-il pas en tous temps de la viande pour les malades ? Et comment empêcher ceux qui ne le font pas de profiter , fous de faux prétextes , de la permiffion accordée à ceux-ci ? Comment ! en réduifant à très-peu de chofe le débit du

état, ni dans les mêmes proportions : il n'est
besoin, au surplus, que de faire attention à la

Mais aussi ne pourroit-on pas desirer que les jours qu'elles ont
marqués pour cela, s'ils doivent, comme en carême, avoir
une certaine suite, n'arrivassent que dans une saison plus
avancée, qu'au temps où le prix des denrées maigres seroit,
à raison de leur abondance, en rapport avec celui des viandes ;
qu'au moment enfin où tout le monde se trouveroit en
moyens pour satisfaire à la loi, & sans excuses pour s'en
défendre (a) ? Et si ce n'est assez, vis-à-vis de ces hommes

gras. D'ailleurs j'ai peine à croire que des malades, auxquels il ne
faut le plus souvent que l'aliment le plus léger donné avec ménagement, puissent s'accommoder d'une nourriture aussi substantielle que
la chair des animaux ; & je doute qu'un bouillon gras leur soit plus
avantageux qu'un bouillon aux herbes, Le malade en convalescence
est le seul qui, à raison de son état & des forces qu'il a à récu-
pérer, pourroit requérir une nourriture plus forte ; & quant à cela,
je doute encore que les végétaux ne puissent suffire à ses besoins.
Il faut au reste nous en rapporter sur cette question à l'avis des médecins, qui, d'après leur expérience, doivent être nos juges dans
cette affaire.

(a) Et, s'il m'est permis de le dire, un de nos vœux encore,
seroit que les deux puissances qui nous gouvernent voulussent se
prêter l'une & l'autre à la suppression du carême, qu'on observe si
mal, & qu'il est, par bien des raisons, difficile d'observer aujourd'hui ;
sauf après, pour y suppléer, & ne rien perdre des jours consacrés
aux mortifications, à répartir ces quarante jours d'abstinence continue sur toute l'année ; ce qui se pourroit en augmentant d'un jour
seulement les deux jours d'abstinence hebdomadaire auxquels nous
sommes déja assujettis ; & l'on nous obligeroit en outre, soit en com-
mémoration du carême, ou pour nous disposer à la célébration de
nos saints mystères, à ne faire, comme à présent, qu'un repas gras
ou maigre par jour, pendant les six semaines qui s'écouleroient immédiatement avant Pâques. Le carême ainsi divisé, nul doute
qu'après il ne fût, en tous temps comme en tous lieux, plus aisé

manière d'être habituelle des végétaux & des
animaux, pour fentir que les premiers doivent

---

fenfuels qui n'ont que le préfent en vue, des motifs ci-deffus
employés pour les amener à l'obéiffance, à mon tour alors
j'oferai, comme phyficien, leur en faire une nouvelle obligation ; & peut-être affoiblirai-je en eux l'efpèce d'averfion
qu'ils ont pour l'abftinence, en leur montrant de plus près
les dons qu'en obtiennent tous ceux qui la pratiquent. Les
jouiffances continues ôtent tout à l'homme, en lui ôtant
& le goût des chofes, & le pouvoir d'en ufer ; les privations,
au contraire, femblent lui donner tout, en lui laiffant, avec
le goût des chofes, la faculté d'en jouir. Quelque déplaifante
donc que lui paroiffe l'abftinence, je la lui préfenterai comme
un moyen d'augmenter fes jouiffances & fes pouvoirs ;
comme une efpèce de panacée non moins utile au genre

d'y fatisfaire. Quoique adoucie, la loi n'en feroit pas moins la même,
& fon objet n'en feroit que mieux rempli. L'Eglife, d'une part,
auroit à fe réjouir de voir les ouailles qu'elle conduit, plus exactes à
lui obéir fur ce point, & par fuite, moins occupés, peut-être, de
ces plaifirs fous auxquels elles s'abandonnent avant d'entrer en
carême, & qui ne ceffent de l'affliger. Le gouvernement, de fon côté,
ne feroit pas moins intéreffé à ce que les individus qui lui font foumis, fuiviffent exactement le régime à peu près moitié gras & moitié
maigre, auquel ils feroient aftreins, d'après l'arrangement dont nous
parlons. A l'avantage d'être plus falutaire en lui-même, ce régime
en réuniroit beaucoup d'autres : il fe feroit alors, en comparaifon de
celle qui fe fait aujourd'hui, une bien plus grande confommation de
végétaux, confommation qui, fans parler des encouragemens qu'elle
pourroit donner à l'agriculture, rendroit celle qui fe fait des animaux
bien moins confidérable ; & ceux de ces animaux qui, à la faveur
de ce régime, fe trouveroient épargnés au bout de l'année, pourroient,
reftant dans nos campagnes, dont il font l'ornement & la richeffe,
nous aider encore à tirer de la terre les végétaux qu'il faudroit en
plus pour y fatisfaire.

contenir, comme étant immobiles & fixés dans leurs places, beaucoup plus de terre & d'eau que

---

humain, que celle dont s'occupent les difciples d'*Hermès* ; comme un préfervatif fûr contre les maladies qui nous viennent, je ne dirai pas de nos intempérances, mais de l'ufage habituel des viandes, dont les fucs trop rapprochés, trop actifs & trop âcres, font, dès qu'ils abondent, capables d'altérer notre conftitution ; en un mot, comme une recette à laquelle l'homme qui veut fe maintenir en fanté devroit fouvent recourir de lui-même, quand il n'y feroit pas obligé par une loi particulière. Ainfi notre intérêt même, ce grand mobile du monde, nous fait à tous un devoir de nous conformer à cette loi. Eh! qui de nous a plus befoin de jeûner & de s'abftenir des viandes, que celui en confomme le plus ?

Si l'aliment dont l'homme fe nourrit dès qu'il a vie, ne le fait pas, feul, tout ce qu'il eft, nul doute au moins qu'il n'influe confidérablement, tant au moral qu'au phyfique, fur la manière d'être de chaque individu. Suivant fa nature il le rend ou plus fort ou plus foible, il calme ou irrite fes paffions ; & fi j'avois à dire d'où viennent les vices & les déportemens des hommes, je croirois devoir les attribuer, au moins en grande partie, à l'ufage habituel & immodéré qu'ils font des alimens gras, alimens qui, à raifon des principes actifs & vivifians dont ils abondent, & qu'ils reverfent en eux, font, en fouettant leur fang & en exaltant leurs efprits, capables de les porter à toutes fortes d'excès. Il femble que l'Eglife elle-même ait fenti cela ; & fi elle nous défend d'ufer des viandes dans de certains temps, l'on peut croire qu'elle le fait moins pour nous impofer une pénitence, que pour nous amender & nous amener à des mœurs plus douces, plus pures & plus honnêtes.

les autres, & beaucoup moins d'acide & de phlogiftique ; & quant à ces derniers, l'on fent pa-

---

Quoi qu'il en foit, fi l'on compare les mœurs de ces animaux
pacifiques, que nous voyons l'un à côté de l'autre paiffant
tranquillement l'herbe de nos champs, avec celles de ces bêtes
féroces & indomptables, qui ne vivent que de chair &
de fang, l'on fe convaincra fans peine de la vérité de ce que
j'avance. Eh ! à quoi pourroit-on attribuer l'oppofition étonnante qui fe trouve dans le caractère & les inclinations de ces
animaux, fi ce n'eft à la qualité des fubftances dont ils font
leur nourriture ? il n'eft pas qu'en faveur de cette hypothèfe l'on ne puiffe encore tirer quelques inductions des com-
paraifons qui feroient à faire, foit entre les peuples qui fe
nourriffent habituellement de la chair des animaux, & ceux
qui fuivent, comme on en voit dans l'Inde, un régime tout
végétal ; foit entre les hommes riches & avides qui fe tiennent dans nos cités, & l'habitant frugal de nos villages.
J'obferverai même que les différences que peuvent offrir
dans leur tenue des êtres de même efpèce, font faites pour
rendre ce qui précède beaucoup plus probable encore ; or,
fans parler ici de ce que les hommes peuvent devoir, foit
au climat, foit à l'éducation, &c. il eft, outre cela, des
différences entre eux, qui ne fe doivent, comme celles que
nous avons remarquées dans les animaux, qu'aux alimens
particuliers dont il font ufage, & par lefquels ils fe trouvent
diverfement modifiés. Ainfi l'homme frugivore, comparé à
l'homme carnaffier, nous paroîtra, généralement parlant,
plus honnête dans fes mœurs, moins ardent dans fes defirs,
moins emporté dans fes paffions ; & fi nous en venons à
l'homme des champs, je le juge, tout ruftre qu'il eft, moins
dur, plus moral, & moins méchant au fond, que l'homme
intempérant des villes, lequel ayant plus de befoins à fatif-

reillement qu'ils doivent être, vu leur extrême
mobilité, & plus abondamment pourvus de ces

---

faire, a nécessairement plus d'objets d'intérêts, & par conséquent plus de sujets d'en vouloir, soit aux places, soit
aux biens, soit à la vie de ses semblables : enfin, je suis
à tel point persuadé que l'usage des viandes, s'il est habituel, peut altérer le caractère de l'homme, & préjudicier
à ses mœurs, que si quelqu'un aujourd'hui vouloit, à l'imitation de l'abbé de Saint-Pierre, nous amener à une con-
corde générale, je crois qu'il faudroit, pour y réussir, qu'il
nous assujettît avant tout à l'usage des végétaux.

Loin donc de murmurer contre la loi du jeûne & de l'abstinence, rendons graces à l'autorité sacrée qui, pour notre
bien, pour entretenir l'ordre & la paix parmi les hommes,
prévenir nos passions & arrêter le mal dans sa source,
nous soumit à cette loi salutaire. Pour remplir son objet,
elle ne pouvoit, comme on voit, mieux choisir ses moyens:
je dis plus, elle ne pouvoit, voulant nous mettre un frein,
le rendre moins gênant & plus doux. Quels qu'ils soient
au surplus, bénissons nos liens, & songeons que s'ils nous
assujettissent, ils servent à nous défendre; songeons qu'il
n'est rien qu'on ne doive employer, qu'il n'est rien même
d'assez fort pour asservir un être qui, de tous les animaux,
nous présente le plus vorace, le plus destructeur, & je
dirois volontiers, le plus féroce; un être qui, se créant des
besoins de toute espèce, fait le mal pour satisfaire sa vanité,
son ambition, ses fantaisies, autant & plus que pour as-
souvir sa faim, & se montre cruel jusques dans ses plaisirs;
un être qui, sur le soupçon d'une infidélité ou l'apparence
d'une insulte, ne craint point de plonger sa main sanglante
dans le sein de sa maîtresse ou de son ami ; un être que
les lois, les prisons, les gibets dans ce monde, & l'ap-

principes actifs, de ces principes de feu dont il vient d'être parlé, & en même temps moins

---

perçu des peines les plus affreufes dans l'autre, ont peine à contenir; un être enfin qui, dans fon ivreffe, fe dit le roi des animaux, & n'eft envers eux comme envers fes pareils, dès qu'il eft en pouvoir, qu'un tyran redoutable.

A préfent, fi nous en venons aux effets que les alimens peuvent produire fur nous quant au phyfique, leur influence ici devient bien plus fenfible encore. Eh ! à quoi pourrions nous attribuer les paralyfies, les apoplexies, les irritations de nerfs, les affections goutteufes, & beaucoup d'autres maladies qui ne frappent toutes que fur les gens du monde, & font à peine connues parmi ceux de la campagne, fi ce n'eft encore à l'ufage immodéré que les premiers font des viandes, fi ce n'eft à l'âcreté des fucs & à la quantité des principes fubftantiels que ces alimens contiennent? Non, ne cherchons point ailleurs la caufe de ces maladies; ce font vraiment ces principes fuperflus, principes qu'on fait nuifibles & quand ils abondent & quand ils fe trouvent non combinés, qui, fe répandant dans nos fluides, les épaiffiffent, les déneutralifent, dérangent leur équilibre, forment ce qu'on appelle des humeurs, & caufent, foit en rompant les vaiffeaux qui les renferment, foit en fe portant brufquement fur quelques parties du corps, ou en s'attachant à nos nerfs, tous les accidens dont nous parlons.

Cependant l'on ne peut nier que les alimens gras ne foient faits, fi l'on en ufe de bonne heure, pour nous former plus vîte, & nous mener d'un pas plus rapide de l'enfance à la puberté, & de la puberté à notre entier accroiffement; il eft cenfé, d'après ce que nous en avons dit, qu'ils doivent fournir plus d'efprits animaux, & donner aux enfans qui

chargés de terre & d'eau , principes qui , d'abondans qu'ils étoient dans les végétaux , fe trouvent

---

en font nourris , une force & une activité beaucoup plus
grandes que celles qu'ils auroient à la même époque, s'ils
n'euffent vécu que de végétaux ; nul doute même qu'ils ne
frappent davantage fur nos facultés intelle.uelles , & qu'ils
ne puiffent, à raifon des principes actifs dont ils abondent,
les dégager plus tôt des entraves matérielles qui les tiennent
captives durant notre enfance. Quoique étrangers à la penfée,
ces principes néanmoins peuvent lui donner une forte d'impulfion, & faciliter fon élan ; ils aident aux développemens
de nos idées, de même que la chaleur dont les fleurs font
frappées aide aux développemens de leurs parfums & de
leurs couleurs. Mais tout en parlant de ces effets, l on doit
fentir que fi l'ufage des viandes nous porte plus vite à toute
notre croiffance , il peut empêcher en même temps que la
crue de l'adulte ne foit auffi complette qu'elle l'auroit été
fi les chofes euffent été moins précipitées , & faire qu'il
n'ait, devenu homme, ni la grandeur ni la force dont il
étoit fufceptible ; d'ailleurs s'il nous forme plus vite, il
avance d'autant l'heure de notre dépériffement ; & l'on conçoit qu'en abrégeant un temps fur lequel on a calculé celui
que nous avons à vivre , cet ufage doit néceffairement, &
fuivant l'ordre des chofes, abréger en même temps le
cours de nos jouiffances & de nos jours : & d'ici nous
voyons à quoi fe doivent les pertes que l'homme femble
avoir faites, foit quant à fa grandeur & à fa force foit
quant à fa durée. Sans m'arrêter donc aux avantages que
les enfans pourroient retirer dans les premiers momens de
l'ufage des viandes, j'eftime qu'il doit leur être interdit
auffi long-temps qu'il fe peut, non à raifon des torts actuels
qu'il peut leur faire , mais à caufe de ceux qu'il leur fait

en moins ici, comme ayant été, lorsque ces substances nourricières se dissolvent dans le corps

---

pour la suite; & s'il convient de défendre les viandes aux
enfans, nul doute que l'homme mûr, que l'homme qui
touche à son déclin, ne doive de son côté se les interdire encore
plus, vu qu'ici les préjudices ne se trouvent balancés par
aucune espèce d'avantages. Aux individus qui cessent d'acquérir & de dissiper il ne faut désormais que des alimens
simples, que des alimens qui s'accordent avec les besoins
qui leur restent; & l'on sent que pour un être dont les
mouvemens sont ralentis, dont les fibres & les muscles sont
moins souples & les transpirations moins abondantes, des
alimens trop substantiels, tels que les viandes, ne seroient,
loin de convenir à son état, propres qu'à l'empirer. On
sent que les sucs & les principes que ces alimens versent
avec profusion dans nos corps, ne peuvent servir alors, faute
d'être employés aux fonctions qu'ils avoient ci-devant, qu'à
former des embarras par-tout, qu'à causer des maladies de
toute espèce, & qu'à nous mener plus vîte au tombeau.
Ainsi, je regarde les viandes comme étant, & dans la
vieillesse & dans l'enfance, également funestes à l'homme;
& s'il est entre ces deux époques des temps où il soit moins
dangereux pour lui d'en user, encore doit-il croire qu'il
n'en est aucun où l'usage qu'il en peut faire ne doive être
très-modéré.

Dans un Mémoire lu à l'Académie des Sciences le 12
novembre 1785, M. Broussonet a fait voir que le vivre
habituel de l'homme, vivre qu'il peut prendre, à raison
des formes différentes de ses dents, & dans le règne végétal,
& dans le règne animal, doit, pour être en rapport avec
le nombre de ses dents tant incisives que mâchelières, se
composer de vingt parties de substances végétales contre

de l'animal, féparés des matières qui fe conver-
tiffent en fa propre fubftance, & rejetés en grande

---

douze de fubftances animales ; & il m'eft doux de me
trouver ici d'accord en quelque chofe avec cet académicien.
Cependant je ne crois pas que l'on puiffe déterminer d'après
la forme de nos dents, quels font les alimens qui nous conviennent ; je ne crois pas que les dents incifives dont la
nature nous a pourvus, n'aient pour objet que de s'exercer
fur des fubftances animales, & qu'elles puiffent indiquer
par leur nombre ce que l'homme doit en confommer ; &
je trouve que des dents ainfi conformées ne font pas moins
néceffaires aux animaux herbivores qu'aux autres, ne duffent-
elles fervir à ces animaux que pour couper l'herbe des champs,
que pour rompre les fruits qu'ils appètent, & divifer les objets
avant de les foumettre à la trituration. Auffi n'en eft-il guères
qui n'en foient plus ou moins pourvus, fans qu'ils vivent pour
cela d'autres chofes que de fubftances végétales. Il en eft de nos
dents comme d'un inftrument quelconque ; en les voyant, l'on
peut dire en général à quelles fins elles furent faites, mais
non fur quels objets précifément elles doivent s'exercer, &
encore moins quels font, d'après leurs formes, les alimens qui nous conviennent mieux. Pour nous régler fur
ce point, il y auroit, ce me femble, des inductions bien
plus fûres à tirer de la manière même dont les chofes fe
digèrent ; & chacun de nous ici pourroit avoir fa balance.
Il n'eft rien, de quelque nature qu'il foit, qui ne devienne, s'il fe digère, un aliment pour nous : or, fi dans
le nombre de nos comeftibles il en eft qui fe digèrent mieux
& plus vîte que d'autres, nul doute que ceux là ne doivent
être adoptés ; & fi, avec les avantages qu. nous leur avons
ci-deffus attribués, les végétaux ont encore celui de paffer plus
vîte & de fe digérer plus facilement, nul doute que l'ufage

partie

partie dans les matières excrémentitielles. Ainsi l'on pourroit regarder tous les corps animalisés comme des agrégats dérivés des végétaux & formés aux dépens de leurs principes les plus substan-tiels, les plus actifs & les plus vivifians; & quant à ceux qui n'ont été nourris que de chair animale, nous les regarderons à leur tour comme d'autres extraits de ces extraits. Avant que d'en venir à

de ces substances ne soit en tout préférable à celui des substances animales; & quant à cela, j'en demeure convaincu.

Mais loin de persuader personne, je n'aurai peut-être réussi qu'à soulever bien du monde contre moi : il est mille & mille gens qui me diront que le régime que je leur prêche leur est pernicieux ; qu'ils ne pourroient, voulussent-ils l'adopter, le soutenir plus d'un jour ; qu'ils ne font jamais, après avoir fait maigre, sans éprouver des pesanteurs, du gonflement, des flatuosités : & je le crois ; je ne suis point étonné que des estomacs habitués à s'exercer sur des mets plus succulens & moins volumineux, se trouv entmomen-tanément surchargés du poids des nourritures maigres qu'on leur donne de temps à autre à digérer : il suffit que nos alimens soient autres qu'ils ne font ordinairement, pour que le travail de la digestion se fasse sentir en quelque chose ; mais comme il n'y a rien à quoi l'on ne s'accoutume, il n'est per-sonne, je crois, qui, en luttant un peu contre une habitude antérieure, ne se fasse très-aisément au régime dont nous par-lons ; & je prédis à ceux qui pourroient en douter, qu'ils ne tarderont pas à s'en trouver infiniment mieux que de celui auquel ils semblent exclusivement attachés; peut-être même finiront-ils par le trouver plus agréable & plus flatteur que ce dernier.

T t

former les animaux, la nature sans doute a dû se disposer à cela par des travaux antécédens; elle n'a pu, tirant ses principes de la terre, les employer tout de suite à cette œuvre sublime; il a fallu qu'elle soumette ces principes à des élaborations préalables; il a fallu qu'elle les fasse passer avant dans d'autres substances, & qu'elle commence par faire des corps vivans tenans à la terre, avant que de former des corps vivans libres & isolés; ce n'est enfin qu'après avoir employé ces principes à la formation des végétaux, qu'elle a pu, les trouvant alors dans l'état qu'il convient, les faire servir, en les épurant encore, & en les rapprochant de plus en plus, à l'institution des animaux. D'ailleurs, avant que de former ces êtres actifs & vivans, elle a dû pourvoir à leur subsistance & à leur conservation, & elle ne le pouvoit également, qu'en les faisant précéder par les végétaux.

Il est dit plus haut que la végétation ne peut s'établir qu'à l'aide de la chaleur & de l'humidité: mais quoiqu'on doive regarder ces deux véhicules différens comme étant également nécessaires à la chose, il n'est pas à croire pour cela qu'ils y servent l'un autant que l'autre, & je vois que l'humidité fait ici beaucoup plus que la chaleur; il sembleroit même que cette dernière n'est que pour donner à l'eau qui concourt avec elle à l'œuvre dont nous parlons, les moyens dont elle a besoin, que pour tempérer le froid qui lui est propre, & faciliter son ascension dans les plantes; aussi cette

chaleur doit-elle être en tout temps douce &
peu fenfible ; il faut qu'elle fe mefure fur la conftitution foible & délicate des végétaux, ainfi que
fur le peu de vie, de mouvement & d'action
qu'ils ont fur la terre ; s'il en étoit autrement,
elle blefferoit ces fubftances, elle detruiroit leur
tiffu, elle nuiroit enfin à la végétation ; & l'eau,
plus elle abonde, plus elle la favorife.

Mais s'il faut, quant aux végétaux, que l'humidité domine, il n'en eft pas de même quant
aux animaux ; ici c'eft la chaleur, & non l'humidité qui doit être en plus ; il eft même douteux
que l'eau, que nous jugeons fi néceffaire dans
l'œuvre de la végétation, foit pour autre chofe
ici que pour fervir de bafe aux liquides qui circulent dans les êtres dont il s'agit ; mais auffi
n'eft-il qu'elle, entre tous les élémens, qui puiffe
remplir en eux cet important office ; & cela, elle
le doit à la propriété qu'elle a de fe liquéfier au
moindre degré de chaleur, & de refter liquéfiée
tant que cette chaleur fubfifte. Quand donc on
la jugeroit réduite à cet emploi fubalterne, encore doit-on voir en elle, non l'agent principal
de la vivification, mais la matière première &
fondamentale des liquides dont nous parlons ;
non le principe le plus énergique de ces liquides, mais le diffolvant propre, & le véhicule
néceffaire des principes actifs qui s'y raffem-
blent & qui de-là vont portant, conduits par elle,
leur action vivifiante dans toutes les parties du

corps animal (1). Mais c'en eſt aſſez ſur l'eau ;
revenons à la chaleur, qui, dans l'œuvre dont il

___

(1) En vous parlant des attributs de l'eau, je dois vous
faire obſerver une choſe qui m'a frappé ; c'eſt que ce liquide
qui dans les êtres animés forme, comme nous venons de le
voir, & la baſe néceſſaire de leurs fluides, & le diſſolvant
propre des matières qui ſervent à les nourrir, qui joint à ces
premiers avantages celui d'être par-tout & en tout temps
pour eux la boiſſon la plus naturelle & la plus ſalutaire,
qui ſert, en les abreuvant, à tempérer l'action & le feu des
principes contenus dans leurs alimens , qui, ſous tous ces
aſpects enfin, nous offre en lui une ſubſtance, ſinon toujours néceſſaire, au moins toujours utile & favorable aux
animaux, ceſſe d'être ſans aucun avantage, & devient même
nuiſible, quand, au lieu de paſſer par les voies de la nutrition, il ſe porte avec l'air, auquel il s'attache lorſqu'il eſt en
vapeurs , dans les organes de la reſpiration. Et la raiſon en
eſt aſſez ſenſible : deux choſes ſervent concurremment à
maintenir dans les animaux le ſouffle vital qui les anime ; &
ces deux choſes ſont la nutrition d'une part, & la reſpiration de l'autre ; la nature, en inſtituant ces agrégats, les a
pourvus des organes propres à ces deux objets, & cela forme
dans leur mécaniſme deux jeux tout différens. Or, en
ce qui regarde celui de la nutrition, toute ſubſtance qui ſe
digère peut ſervir, comme on voit, à conſerver dans les animaux la vie qu'ils ont reçue ; & l'on ſait à cet égard à quel
point l'eau eſt favorable à la choſe. Mais quant au jeu de la reſpiration, comme l'air eſt dans cette partie le ſeul agent commis
par la nature pour donner le premier branle à la machine,
& entretenir en elle, au moyen des aſpirations & expirations
continues qui ſe font de ce fluide, l'impulſion vitale qui lui
eſt donnée, il faut, pour qu'il rempliſſe ſon objet, que cet
air ſoit pur, qu'il jouiſſe de tout ſon reſſort, qu'il ſoit le
moins poſſible chargé de matières étrangères, & qu'il ſoit

s'agit, nous a paru jouer un rôle bien plus important : aussi faut-il, comme nous l'avons ob-

---

parfaitement neutralisé ; autrement les principes, soit méphitiques, soit inflammables, qui pourroient excéder dans ce fluide, ou dont il se trouveroit accidentellement surchargé, seroient capables, faute d'être combinés, & comme jouissant alors de toutes leurs propriétés, de causer dans les organes de la respiration les altérations les plus conséquentes (a) ; & quoiqu'il n'y ait pas autant à craindre de l'eau, vu qu'elle n'a pas la même énergie, encore est-il à croire que ce liquide, dont l'air seroit habituellement chargé, peut, en le rendant plus pesant, gêner son action, affoiblir son ressort, & causer, comme matière étrangère & au moins inutile, quelque embarras dans les mouvemens de la respiration ; & si cette eau n'étoit expirée aussitôt qu'aspirée, nul doute qu'en séjournant dans nos poumons elle ne puisse elle-même occasionner des espèces d'altérations dans ce viscère. Aussi voit-on que les pays humides, marécageux & trop arrosés d'eau, sont généralement mal sains, & chaque année ceux qui les habitent éprouvent des maladies dont les habitans des montagnes sont, comme respirant un air plus pur & plus déflegmé, communément exempts. A peine est-on arrivé sur les hauteurs de la Suisse ou des Alpes, disent tous ceux qui ont voyagé dans ces contrées, qu'on se trouve, à raison de l'air pur & subtil qu'on y respire, dans une situation toute différente ; les forces renaissent, le courage & la paix succèdent à l'inquiétude, & le sentiment des fatigues les plus extrêmes s'évanouit dans un instant ; on sent plus de facilité dans la respiration, plus de légèreté dans le corps, plus de sérénité dans l'esprit, &c. (b), & cela vient non-seulement de ce que la colonne d'air qui

(a) Tous les animaux que l'on expose sous des récipiens à des airs méphitiques ou inflammables, périssent très-promptement.

(b) Voyez les Lettres de M. Coxe sur la Suisse, tome II, p. 137.

fervé, qu'elle foit ici plus confidérable & plus forte que dans l'œuvre de la végétation. Et cela fe conçoit fans peine : l'on fent parfaitement que pour des êtres actifs, & contraints, comme détachés du fol, d'être fans ceffe en quête de leur fubfiftance, il faut, tant pour les former & les mettre en activité, que pour les entretenir & les conferver leur vie durant dans cette activité néceffaire, beaucoup plus de chaleur qu'il n'en faut pour les végétaux ; l'on fent même que cette chaleur doit être proportionnée au volume & à la fphère d'activité que les animaux doivent avoir : d'où il réfulte qu'elle doit être pour un grand animal beaucoup plus confidérable que pour un animalcule. Ils vivent ainfi, grands & petits, à l'aide de cette chaleur, tant qu'elle fubfifte au degré qui leur convient ; mais dès qu'elle diminue, dès qu'elle n'éft plus dans les proportions requifes, ou qu'elle fe trouve combattue par un froid prédominant, alors l'activité ceffe, & l'animal refte fans mouvement & fans vie (1).

---

pèfe fur nous fe trouve fur ces hauteurs confidérablement diminuée, mais encore, & fur-tout, de ce que l'air vif & fubtil qui entre dans nos poumons, donne un tout autre élan, une toute autre impulfion à la machine. Il en eft à-peu-près de nous alors comme d'un ballon qui, s'il n'eft rempli que d'air atmofphérique, refte gravitant fur la terre, & tend à s'élever dès qu'à cet air pefant on fubftitue un gas plus fubtil & plus léger.

(1) N'y auroit-il pas d'après cela , & en fuivant les

Et quant à cette chaleur, à cette puissance invisible qui met & tient les animaux en mou-

---

idées de MM. de Mairan, de Buffon & Bailly sur l'état
primitif du globe, c'est-à-dire, sur son embrasement, & par
suite sur son refroidissement progressif, n'y auroit-il pas,
dis-je, lieu de croire que quelques-uns des grands animaux
qui l'habitoient ont déja pu disparoître, faute de trouver
à sa surface la chaleur qui leur étoit nécessaire pour y subsister, ou que s'ils n'ont pas disparu tout-à-fait, ils ont
au moins quitté des pays devenus trop froids, pour se porter dans des climats dont la température fût plus en rapport avec la chaleur intérieure qui les anime ? Et ce qui donne
quelque probabilité à cette conjecture, c'est que les pays
chauds sont exactement ceux où résident assez généralement
les plus grands animaux de la terre, & qu'ailleurs ils ont
peine à subsister. En partant de-là, n'est-il pas à croire encore qu'à mesure que le globe ira en se refroidissant, les
animaux divers qui l'habitent avec nous disparoîtront tous
les uns après les autres, à commencer par ceux qui, pour
exister, ont besoin d'un fonds de chaleur plus considérable, c'est-à-dire par les plus grands ? Et quoique nous
puissions nous supposer fort loin encore de ce moment fatal, il suffit peut-être, pour que cette annonce s'ac-
complisse dans la nature, que la terre, que l'on fait avoir
conservé une chaleur de 10 degrés, soit constamment &
par-tout au terme de la congélation, ou peu au dessous.
L'homme étant au rang des grands animaux, doit s'attendre sans doute, comme un des plus délicats & des plus
sensibles au froid, à être rayé un des premiers du nombre
de ceux qui se trouvent à présent sur la terre ; j'imagine
pourtant qu'à raison de son industrie & des moyens divers
qu'elle lui procure pour se défendre du froid, il pourra résister plus long-temps à ses impressions, & prolonger son
existence au-delà du terme qui seroit marqué pour lui ; & il

vement & en action, s'il faut dire d'où elle procède, j'en découvre deux causes : d'abord on

doit s'en flatter, à moins que l'aliment, ce premier soutien de la vie, ne lui manque avant le temps.

D'un autre côté, si c'est la chaleur qui nous fait vivre, & si nous périssons dès qu'elle manque, n'est-il pas étonnant qu'il n'y ait, malgré cela, presque personne, soit en maladie, soit en santé, qui ne soit comme effrayé de tout ce qui porte le caractère de ce principe vivifiant, personne qui ne se tienne en garde contre ses effets, & qui ne cherche, loin d'user des choses faites pour alimenter la chaleur qui l'anime, à éloigner de ses nourritures & de ses remèdes tout ce qu'il juge propre à l'échauffer ? Il y a dans cette conduite une inconséquence qui révolte ; & je croirois avoir bien mérité des hommes, si je pouvois les ramener sur ce point à des idées plus saines, si je pouvois détruire le préjugé qui les égare, & dissiper leurs craintes. D'abord je pose en fait qu'il est bien peu de personnes parmi nous qui sachent exactement ce qui doit nous échauffer ou non ; la plupart n'en jugent qu'au hasard, & je me crois en droit de parler ainsi, quand je vois des gens qui me disent que l'eau, qui n'a nulle vertu, & qui seroit, s'il en existoit un, le principe du froid, peut nous échauffer, & que l'acide, qui nous représente la matière même de la chaleur, peut nous rafraîchir. Au surplus quand, d'après des études suivies, quelques-uns de nous auroient reconnu ce que c'est que la matière de la chaleur, & en quelle quantité elle peut être dans chaque substance, ils auroient, malgré ces données, bien de la peine encore à nous dire si les substances qui en sont le plus chargées sont, ou non, quand elles passent dans nos corps, capables de les échauffer ; car, quoique ce soit-là l'effet propre du principe qu'elles contiennent, cet effet n'a pas toujours lieu : il varie suivant les circonstances & l'état dans lequel nous nous trouvons ; de sorte que le même principe

peut croire qu'elle tient en quelque chose, soit
à cette chaleur générale dont la terre reste pé-

---

peut, selon que nous sommes disposés, nous faire éprouver des effets tout différens. Ainsi, que l'on nous donne de
l'acide dans des cas d'alkalescence, & de l'alkali dans des
cas d'aigreurs, ces deux principes nous guériront ; mais ,
quoique très-chauds par eux-mêmes, ils ne nous échaufferont
pas ; & cela, parce qu'ils trouvent en nous matière à se combiner, & qu'en se combinant l'un avec l'autre ils perdent
réciproquement le pouvoir qu'ils avoient d'échauffer. Il en
est de même de l'alkali que l'on feroit prendre à quelqu'un
qui auroit avalé du sublimé corrosif ; ce principe, dans ce
cas encore, ne l'échaufferoit point ; & son effet se borneroit
à détruire celui du poison cruel dont nous parlons : pour
se joindre à l'alkali qui lui est offert, & avec lequel il a
plus d'affinité , l'acide contenu dans ce mixte quitte le mercure qui lui étoit uni , & par-là le sublimé se trouve détruit, & remplacé par une espèce de sel marin à base d'alkali
fixe. Enfin , quelque échauffant que puisse être le principe
qu'on nous présente, ce principe, je le répète, fût-il celui
du feu, ne nous échauffera point, & ne pourra nous nuire
tant qu'il trouvera, comme il vient d'être dit , matière à
se combiner , & qu'il pourra se neutraliser en nous avec
d'autres principes, parce que dans ce cas là, toujours il perd
les propriétés qu'il pouvoit avoir. Dans le fait, il n'est donné
à ce principe, comme à tout autre , de produire l'effet qui
lui est propre, que dans le cas où il nous seroit administré à
contre-temps, c'est-à-dire, dans un moment où il seroit déja
trop abondant en nous ; qu'autant en un mot qu'il seroit en
excès, & qu'il ne pourroit se combiner & se neutraliser avec
d'autres principes : & dans ce cas sans doute il nous échaufferoit, parce qu'au lieu de perdre les propriétés qu'il peut
avoir, il les conserve & les exerce tant qu'il reste sans être
neutralisé. Ainsi, pour qu'on puisse dire si telle ou telle subs-

nétrée, foit à celle qui nous vient de l'aftre brûlant de la lumière; & du refte, elle fe doit

---

tance eft, ou non, capable de nous échauffer, ce n'eft pas affez d'avoir la connoiffance des principes qu'elle renferme; il faut en outre connoître les rapports que ces mêmes principes peuvent avoir avec ceux qui font en nous (*a*).

Il feroit dangereux fans doute, alors que nos fluides, ou que les principes de nos fluides font exaltés, de leur donner par des échauffans nouveaux une impulfion plus forte; il n'eft perfonne, pour peu qu'il réfléchiffe à l'expanfibilité de ces principes, qui ne preffente d'ici les accidens qui en

(*a*) Quand je penfe au peu de rapport qu'il y a entre le principe inflammable & l'eau, & que je me repréfente l'averfion extrême qu'ont machinalement pour ce liquide tous les animaux attaqués de la rage, je ne puis m'empêcher alors de regarder cette maladie à laquelle font exclufivement fujets les animaux carnivores, & particulièrement ceux qui ne fuent point, tels que le chien & le loup, comme un effet propre du principe inflammable qui fe trouve dans leurs fluides, & qui, mis en expanfion & hors de combinaifon par une chaleur extraordinaire, fe porte, comme pour y trouver une iffue, & faute de pouvoir s'exhaler par d'autres voies, dans la tête de l'animal, où il caufe le plus grand défordre. Voilà, à ce qu'il me femble, à quoi l'on doit attribuer la maladie cruelle dont nous parlons, maladie qui, brouillant les fouvenirs de l'animal, change en un inftant fon efprit, fon caractère, fes mœurs, fes goûts, fes appétits, rend fon regard farouche & fa marche incertaine, force fes mâchoires d'agir contre fon gré, & fait de l'être le plus doux & le plus aimant, un être féroce & redoutable; & ma preuve eft dans l'horreur invincible qu'elle lui donne en même temps pour toute boiffon, & notamment pour l'eau. Et quant à la rage qui nous eft communiquée par la morfure des animaux malades, l'on doit, je crois, la regarder également comme un effet du même principe, lequel étant admis dans nos fluides, dérange & altère leur combinaifon, ou comme furabondant, ou comme étant dans un état particulier d'effervefcence; & parce qu'alors il tend, à raifon de fon affinité, à déneutralifer & à mettre en équilibre avec lui les matières de ces fluides qui lui font congénères, ce qui donne lieu aux mêmes accidens. A préfent fi nous en venons aux moyens qu'il convient d'employer pour

à la préfence des principes actifs, des principes
de feu que ces êtres admettent en très-grande

pourroient réfulter. Mais fi dans ce cas, & dans quelques
autres encore, il convient de s'abftenir de toute fubftance
capable de nous échauffer, il en eft d'ailleurs mille & mille
où l'ufage de ces fubftances nous feroit, je crois, plus avantageux que nuifible. Il n'eft, à un certain âge fur-tout,
que des gens qui, fans avoir des maladies graves & décidées,
ne font prefque jamais fans quelque incommodité qui les
tourmente, les confume, & finit quelquefois par les conduire
au tombeau. Or, ces incommodités dont ils fe plaignent &

guérir cette maladie, nous jugeons, d'après ce qui précède, que ces
moyens doivent, fe dirigeant tous fur le principe qui la caufe,
avoir pour objet & pour but d'appaifer fon effervefcence & de le
remettre en combinaifon en le neutralifant avec d'autres principes ;
& à cet égard je ne vois guère que les acides & les alkalis, n'importe où ils fe prennent, qui puiffent y fervir. Toutefois, en tra-
vaillant fur le principe inflammable, l'on ne doit pas oublier qu'en
s'exaltant ce principe a pu laiffer à nu l'acide avec lequel il étoit
combiné dans nos fluides ; & cela étant, l'on fent qu'il n'eft pas moins
néceffaire, pour prévenir d'autres accidens, de rétablir cet acide
lui-même dans fon premier état de combinaifon. J'imagine au furplus
qu'on ne feroit pas mal, pour appaifer l'effervefcence du principe
inflammable, de recourir, lorfqu'il y a lieu, au principe qui lui eft
le plus oppofé, c'eft-à-dire à l'eau, pour laquelle les enragés ont la
plus grande averfion, & qu'on pourroit, au cas que la rage ne fût
pas décidée, & même quand elle le feroit, la prévenir ou la combattre avec fuccès, par des douches froides dirigées fur la tête, ou
des immerfions fréquentes, en bandant les yeux du malade, & en
le plongeant la tête la première, n'importe où, dans une rivière,
dans un étang, dans un foffé, dans une cuve ; je ne crois pas à
cet égard que l'eau de la mer ait plus de vertu qu'une autre. En donnant place ici à ces obfervations, je n'ai vifé à autre chofe qu'à fournir des idées à ceux qui pourroient s'occuper des caufes de la rage &
des moyens de la guérir. Tel eft le motif qui m'a guidé, & ce motif
fera mon excufe, au cas qu'on les trouve déplacées & peu liées au fujet que nous traitons.

quantité dans leur compofition , & qui , à raifon
de la chaleur qu'ils font capables de produire,

---

par où commence leur dépériffement, ne fe doivent communément qu'à des amas d'humeurs qui fe forment, foit
dans une partie , foit dans une autre, qu'à des engorge-
mens particuliers qui gênent & dérangent le mouvement
de la machine ; & fuppofé qu'il faille , pour chaffer ces
humeurs & détruire ces embarras , un effort de la
nature , peut-on efpérer que cette crife s'opère dans des
fujets foibles & languiffans , à moins d'un véhicule capable de la favorifer ? Non fans doute : à l'âge dont nous parlons , l'homme a déja perdu une partie de fa chaleur & de
fes forces ; & le plus petit mal qui lui vient alors, fuffit, au
moins tant qu'il dure , pour annuller , ou peu s'en faut, ce
qui lui refte de ces dons de la nature. Dans ces circonftances donc qu'arrivera-t-il , fi , au lieu des remèdes faits pour
attaquer l'humeur qui nous affecte & la chaffer au dehors,
on n'emploie pour nous guérir que des rafraîchiffans ? Il eft
clair que cette humeur , fur-tout fi elle fe trouve placée
hors des premières voies, doit, loin de céder à des moyens fi
foibles, refter fixe & ftagnante au lieu qu'elle occupe ; elle
pourra même ; faute d'être autrement combattue, s'y amaf-
fer de plus en plus ; & plus elle fera en quantité , plus les
embarras s'augmenteront en nous , plus le défordre s'établira dans la machine , & moins il fera facile d'y remédier.
Tel eft à-peu-près l'effet que l'on doit attendre des remèdes
ou plutôt des palliatifs dont nous parlons. Il n'en eft pas de
même de ceux qu'on regarde comme échauffans : ceux-ci ont
une autre vertu ; & quoiqu'ils foient , à raifon de l'action
qu'ils peuvent avoir, capables de nous nuire dans quelques
cas , comme dans une inflammation ou dans une fièvre vio-
lente, ils peuvent d'autres fois , & par la même raifon,
nous être avantageux & falutaires ; enfin je ne vois qu'eux

& du degré d'expanfion qu'ils peuvent avoir ou acquérir, vont les excitant au mouvement & les

---

dans les circonftances dont il s'agit, qui puiffent nous aider à furmonter les maux qui nous affectent ; eux feuls peuvent vaincre & détruire les embarras intérieurs qui les caufent; eux feuls peuvent réfoudre & diffiper les humeurs opiniâtres qui nous tourmentent, & cela, en donnant, ce que ne peuvent les réfrigératifs, plus d'expanfion aux principes mêmes de ces humeurs, & en facilitant leur émiffion par la tranfpiration & les fueurs. L'on diroit prefque que ces fubftances font faites, foit pour nous reftituer de la chaleur à mefure que la nôtre fe diffipe, foit pour nous prêter des forces, au défaut de celles que nous avons perdues, foit enfin pour fecourir la nature dans fes défaillances, & fuppléer à fes moyens.

Ce qui me fatisfait ici & m'affermit en même temps dans mes idées, c'eft de voir qu'elles s'accordent affez avec la conduite que tiennent plufieurs de nos médecins, qui, regardant la fièvre, ainfi que nous regardons les échauffans, comme un moyen propre à détruire les humeurs qui la caufent, cherchent fouvent, quand nous l'avons, à la faire durer plutôt qu'à l'arrêter. Et la chofe me paroît bien vue ; car la fièvre, ce mouvement extraordinaire & défordonné qui s'établit dans nos fluides, n'eft point la maladie ; elle n'eft que l'effet ou la fuite de la maladie. Qui empêche même qu'on ne l'envifage comme une crife fpontanée dont la nature s'aide pour fe débarraffer elle-même, par la tranfpiration & les fueurs, des humeurs qui la gênent dans fes fonctions ? Ainfi ce n'eft point la fièvre, mais le mal qui l'occafionne, qu'il faut combattre ; & l'art du médecin, dont le but eft d'aider la nature fans la contrarier, confifte, quand nous avons la fièvre, à diriger fon action, à la foutenir quand il convient, à l'augmenter fi le cas l'exige, & à l'arrêter quand il faut. Si le mal réfifte aux attaques réitérées de la fièvre, le cas, ce me femble, eft dangereux

pouffant à l'action ; & fans cette chaleur interne qui les anime, & qui prend fa fource dans l'énergie même des principes dont nous parlons, il eft à préfumer que ces êtres, de quelque chaleur qu'ils euffent été frappés d'ailleurs, n'au-

pour le malade ; & quand la fièvre fe maintient long-temps dans un fujet, l'on peut en inférer également, ou que les humeurs qu'elle combat font en grande abondance, ou que l'action qu'elle exerce eft infuffifante pour les expulfer, auquel cas il feroit à propos, je crois, fur-tout s'il y a de la force dans le malade, d'augmenter fa fièvre pour accélérer fa guérifon. Je connois un homme qui, lorfqu'il eft furpris par la fièvre dans les voyages qu'il fait, a coutume pour s'en débarraffer, vu qu'alors il n'a pas le temps d'être malade, de fe faire un thé dans lequel il verfe une cuillerée ou deux d'eau de méliffe ; il donne de la forte plus d'action à fa fièvre, ce qui lui procure par les fueurs une purgation extraordinaire, & vingt-quatre heures après, il eft quitte de tout. Je ne donne point ce fait comme un exemple à fuivre : je crois pourtant qu'un pareil remède adminiftré avec précaution vaudroit fouvent mieux que les diètes, les lavages, les médecines & les faignées qui nous épuifent, éloignent notre guérifon, & nous ôtent les forces dont nous aurions befoin, tant pour fupporter le mal qui nous affecte, que pour le combattre. Au refte ce que j'en dis, ce n'eft point que je veuille ici faire le médecin, ni blâmer aucune des méthodes adoptées par la Faculté. Si je me fuis permis d'expofer mes idées fur ce fujet, ce n'eft que pour les foumettre elles-mêmes à la cenfure de nos médecins, qui feuls peuvent me juger. Tout cela n'eft enfin que pour faire fentir aux perfonnes, attentives à s'abftenir de toutes chofes capables d'échauffer, à quel point il eft ridicule de craindre moins le froid qui tue, que la chaleur qui vivifie.

roient jamais eu ni mouvement, ni vie. Cependant, comme, après avoir déployé leurs forces, ces principes font, en fe condenfant & en fe fixant, fujets à perdre leur chaleur & leur activité, il faut, pour que le mouvement fe conferve dans les animaux, qu'ils foient habituellement fecondés & foutenus par d'autres principes du même genre; & c'eft des fubftances mêmes dont ces êtres fe nourriffent que fe tirent ces principes auxiliaires. Peu fixés dans ces fubftances, ils reprennent aifément, en paffant dans les corps des animaux & à l'aide de la chaleur dont ces corps reftent pénétrés, l'activité dont ils font fufceptibles; à leur tour ainfi ils vont foutenant dans ces maffes organiques l'impulfion qui leur eft donnée; & par celle qu'ils y répandent d'eux-mêmes, ils nourriffent, entretiennent & augmentent la chaleur foncière & primitive qui les vivifie.

Quoiqu'on doive regarder les agrégats de la matière comme étant tous également foumis à la loi de la gravitation, il me femble pourtant qu'il peut y avoir, felon l'état & la pofition des maffes, quelque différence dans la tendance qu'elles ont toutes vers leur centre. Et pour concevoir la chofe, il n'eft befoin que d'obferver les attitudes différentes des corps morts & vivans, & de les comparer enfemble. Quand je vois les végétaux pouffer, dès qu'ils fe débourrent, leur tige vers le ciel, & les animaux bondir fur la terre, tant qu'ils ont vie, il m'eft impoffible de ne pas croire que les uns & les autres gravitent beaucoup moins alors qu'ils font debout & vivans, que lorfqu'ils font étendus morts fur le fol : je dis plus, j'en demeure convaincu ; & pour faire fentir au lecteur la raifon des différences qui peuvent être dans la gravitation de ces fubftances, felon ces deux états, il fuffira, je penfe, de le ramener un moment fur ce que nous avons dit plus haut, & de lui rappeler que les matières de la lumière & de la chaleur, matières qui entrent néceffairement, & pour beaucoup, dans la compofition des animaux & des plantes, tendent toujours à s'élever dès qu'elles font en expanfion, & ne gravitent que lorfqu'elles font fixées. Cela pofé, l'on conçoit auffitôt comment il fe peut que les mêmes fubftances gravitent moins dans un temps que dans un autre, & l'on voit que ce n'eft qu'à la forte d'expanfion que peuvent avoir les principes conftitutifs des fubftances végétales & animales, ou quelques parties feulement de ces principes, pendant que ces fubftances vivent, que celles-ci doivent, les unes de s'élever vers le ciel, les autres de fe mouvoir à leur gré, & toutes de graviter moins leur vie durant qu'après leur mort (1). Ainfi, à la

---

(1) Un arbre, tant qu'il vit, ne ceffe de s'étendre & de r'élever, quoiqu'en cela toujours il ait à combattre & la réfiftance de la colonne aérienne qui pèfe fur lui, & la gravité propre de fes matières intégrantes. Eft-il mort ? tout eft changé : il ne tend plus qu'à rentrer dans la terre d'où il eft forti. Une force toute centripète a pris en lui

vue

vue feule des animaux & des plantes , & d'après leur manière d'être habituelle , l'on peut dire , fans recourir à l'analyfe , & de quelle nature font les principes dont ces fubftances fe compofent , & dans quelles proportions ces principes fe trouvent en elles , & même à quel degré d'ex-panfion ils peuvent être portés. Et, d'après tout cela , ne pourroit-on pas regarder les animaux en particulier, comme des efpèces d'aéroftats trottans

---

la place de cette force expanfive & centrifuge, à laquelle feule il dut, fa vie durant, le pouvoir de s'élever, de s'étendre, & de pouffer au dehors les feuilles, fleurs & fruits dont il avoit tous les ans coutume de fe revêtir. Il refte ainfi, après avoir perdu cette force expanfive, fans qu'il puiffe déformais furmonter les obftacles qui s'oppofent à des accroiffemens ultérieurs , fans qu'il puiffe même leur réfifter : il ne peut plus fe défendre, ni contre la gravité de fes matières intégrantes, ni contre les im-preffions de l'air ; la mort enfin ne lui a laiffé que la gra-vitation, à laquelle il obéit exclufivement, jufqu'à ce que, vicié dans toutes fes parties, il tombe & difparoiffe. Telle eft en deux mots la différence qui s'obferve dans l'état d'un végétal mort ou vivant ; & l'on en peut dire autant des animaux. Pour s'affurer de la gravité différente de ces maffes, dans l'état de vie & de mort, il conviendroit de les pefer au même inftant dans ces deux états. Il n'eft pas pourtant qu'on ne puiffe, fans en venir là, juger des dif-férences qui pourroient être dans leurs poids. L'on conçoit parfaitement qu'un homme, au col duquel on auroit attaché un ballon plein d'air inflammable, doit pefer beaucoup moins avec ce ballon, quoiqu'il y ait augmentation de matière, qu'avant qu'il en fût chargé ; & cela à caufe de

Y v

fur la terre, ou voltigeans dans les airs ; aéroftats qui, poffédant tous le moyen de fe diriger, vont, viennent & s'arrêtent au gré de leurs defirs, & auxquels il ne manque, pour avoir plus d'élan, & moins de gravité, que de contenir, ou plus de matières qui foient en expanfion, ou des matières qui foient portées à un plus haut degré d'expanfion ?

Après avoir confidéré les agrégats fluides de la nature, puis les agrégats vivans & animés, qui meublent la furface terreftre, & font entre les fluides & les corps durs, comme des demi-folides

---

la tendance inverfe, & de la force centrifuge du principe qui fe trouve dans ce ballon. L'on ne peut même douter, d'après les faits qui fe font paffés fous nos yeux, que cet aéroftat ne l'enlève tout-à-fait, dans le cas où il feroit d'un volume propre à contenir une plus grande quantité de gaz. Or, pour peu qu'on y faffe attention, l'on doit voir que l'effet des principes qui font en nous dans une forte d'expanfion, eft, à raifon de la quantité du fluide, & du degré d'expanfion qu'il peut avoir, totalement en rapport avec celui du gaz qui eft contenu dans ce ballon ; & l'on fent que, fi ces principes font, à raifon de leur état actuel, capables de mettre les maffes animales en mouvement & en action, ils doivent par la même raifon, & tant qu'ils feront dans cet état, diminuer d'autant leur gravité. C'en eft affez pour nous convaincre que les corps ne peuvent, pendant leur vie, & tant qu'ils font animés, graviter autant que quand ils font morts, que quand ils font, faute de chaleur, fans mouvement, fans fluides ayant cours, & fans principes en expanfion.

dont la confiftance & l'activité fe doivent, l'une aux parties de leurs principes conftituans qui ont en eux acquis quelque fixité, & l'autre aux parties de ces mêmes principes qui font reftées fluides, & circulent dans leurs veines, il nous faut maintenant jeter un coup d'œil fur ces maffes froides, infenfibles, & abfolument concrètes, dont le globe eft rempli ; & l'on voit que c'eft des pierres & des métaux dont nous voulons parler : cependant, comme je ne puis ni ne veux entrer ici dans de grands détails, cet examen fera court ; & quant aux pierres, je me bornerai à celui des pierres calcaires, & des pierres qu'on dit vitrifiables, & qu'à plus jufte titre on pourroit dire vitrifiées.

L'on comprend fous la dénomination commune de pierre calcaire toutes les concrétions qui font fufceptibles de perdre au feu l'eau qu'elles renferment, & de fe convertir en chaux. Ces pierres fe reconnoiffent à différentes marques, notamment aux formes qu'elles adoptent dans leur criftallifation, & à la propriété qu'elles ont de faire effervefcence avec les acides. Il y a à leur égard trois chofes à confidérer : la matière dont elles font compofées, le moyen qui a fervi à les former, & le temps où elles ont été formées. Il feroit d'abord, d'après ce que ces pierres nous préfentent, difficile de les croire d'ancienne inftitution ; cela ne s'accorde ni avec leur dureté, ni avec leur pefanteur : il fuffit même de les voir toutes affifes prefque à la furface du globe, & au deſſus des autres minéraux qu'il renferme, pour juger leur formation plus récente ; & tout ce qu'on peut faire à cet égard, c'eſt d'en placer l'époque au temps des révolutions que le globe a éprouvé dans ſa ſurface, à l'occaſion des eaux qui en ont ſucceſſivement baigné & bouleverſé toutes les parties. Du reſte, on regarde, & avec raiſon, ces ſortes de pierres comme étant formées par l'eau, & elles ſont cenſées n'avoir pour ma-tières intégrantes que des ſubſtances végétales & animales, qui ont paſſé à cet état abſolu de con-crétion, à la faveur du froid, & par la voie que nous diſons : & ſuppoſé qu'on en veuille la preuve, elle ſe préſente dans les formes & empreintes que ces pierres ont conſervées, & qui ſont en elles des témoins irrécuſables de la tranſlation des ſubſtances ci-deſſus énoncées, du règne où elles étoient placées, dans celui dont nous par-lons. Ainſi, l'on pourroit regarder la pétrification calcaire comme le dernier paſſage, comme le der-nier état, en un mot comme le dernier poſte de nos principes élémentaires, leſquels s'étant portés, à l'aide de la chaleur, de la terre dans les plantes, & des plantes dans les animaux, finiſſent après cela, quand les circonſtances le permettent, c'eſt-à-dire, quand les ſubſtances où ils ſe trouvent, ſont, ou abandonnées dans des eaux vives, ou profondément enfouies dans la terre, & à l'abri de toute chaleur, par embraſſer cet état de con-crétion, état dans lequel ils ſemblent s'anéantir, état où, en prenant la plus grande fixité, ils perdent jufques à l'apparence des propriétés qui les diftinguoient, état enfin qu'ils doivent garder à jamais, à moins que par des moyens extraordinaires ils n'en foient retirés, & reportés au point d'où ils étoient partis : & ce que je dis de ces principes ne tombe pas feulement, comme on le pourroit croire, fur un ou deux d'entre eux ; non, je les juge tous, quels qu'ils foient, également fufceptibles de paffer à l'état pierreux dont il s'agit ; & il n'y a pas moyen d'en douter, quand on voit des fubftances compofées de tous ces principes réunis fubir en entier cette étonnante métamorphofe. Ainfi, ces fubftances fe trouvent avoir changé de règne, de nature & d'état, fans avoir changé de principes : ceux, il eft vrai, qui fervoient à les vivifier, font, après cette converfion, à tel point mafqués dans les nouveaux folides qui en réfultent, qu'on a peine même à les y foupçonner ; cependant il n'eft pas que, dans la retraite où ils fe tiennent, & fous le voile même qui les couvre, on ne puiffe encore les faifir & les juger ; & dans le fait on peut les reconnoître dans ces pétrifications, foit à l'effervefcence qu'elles font avec les acides, foit aux vertus & propriétés qu'elles démontrent alors qu'elles font calcinées & portées à l'état de chaux, foit enfin aux formes qu'elles prennent dans leurs criftallifations ; & c'eft de ces formes dont nous pouvons tirer le plus d'inductions. Dans les pierres, comme dans les

V v iij

métaux & les fels, les configurations régulières des maffes ont généralement leurs racines & leurs types dans les configurations mêmes des principes qui les compofent ; & comme celles des criftaux pierreux dont nous parlons font toutes calquées fur celles de nos criftaux falins, il eft cenfé, dès qu'elles fe reffemblent, qu'il doit y avoir dans les pierres les mêmes principes que dans les fels ; ce qui nous montre que les concrétions pierreufes ne font pas auffi diftantes qu'on le pourroit croire des concrétions falines : il fe peut même que ces deux efpèces de concrétions ne diffèrent entre elles, qu'en ce que leurs principes, que nous fuppofons de même nature, font dans les premières plus rapprochés, plus condenfés, plus fixés que dans les dernières, d'où vient la dureté des unes, & la déliquefcence des autres. Au refte, je ne fuis pas le feul qui ait cette opinion : avant moi, M. Sage a dit & publié que les pierres étoient des mixtes falins ; & en cela il a dit & publié une grande vérité : mais cette vérité n'a point été fentie ; & il lui faudra peut-être, pour qu'elle s'accrédite, bien du temps encore, & d'autres fecours que les miens.

En parlant des fubftances végétales & animales, nous avons remarqué que ces fubftances requièrent, tant les unes que les autres, pour leur formation, le concours de nos quatre élémens ; & nous en pouvons dire autant des pierres calcaires. Ce qui précède nous fait affez voir

que ces pierres , qu'on dit iſſues des ſubſtances
ci-deſſus énoncées, & formées par la voie humide, doivent contenir, ſans exception, tous les
principes qui étoient dans ces premiers agrégats :
il y a même lieu de croire que ces principes y
ſont, ou à peu de choſe près, dans les mêmes
proportions (1) ; & c'eſt encore ici, comme dans
les ſubſtances végétales & animales , à la multiplicité des données que ſe doivent les variétés
multipliées qui ſe préſentent dans cette claſſe de
pierres. Une choſe d'ailleurs à remarquer à l'égard
de ces pierres , c'eſt que l'eau, qui eſt au rang de
leurs élémens, ſert à leur établiſſement, non-ſeulement, comme nos autres principes, en qualité
de matière intégrante , mais encore en qualité de
matière inſtitutrice ; & c'eſt peut-être l'unique
opération où il lui ſoit donné de remplir ſeule
& ſans aide, un rôle auſſi diſtingué : c'eſt elle
qui a ſervi à tranſporter les matières dont ſe ſont
formées ces couches immenſes de pierres calcaires
qu'on trouve établies non loin de la ſurface du

---

(1) Ceci regarde non-ſeulement les concrétions calcaires
qui ſe trouvent en maſſes énormes & par couches dans
le ſein du globe, mais celles encore qui ſont, comme par
fragmens, diſſéminées dans les terres ; concrétions qui ont
pu ſe former à part, & en tout temps, des débris rapprochés des ſubſtances végétales & animales décompoſées ,
& auroient pu ſe produire également par l'agrégation fortuite des mêmes principes que ces ſubſtances exigent pour
leur formation.

V v iv

globe : c'eſt elle qui, à l'égard de ces pierres iſo-
lées qui ſont répandues dans les terres, a ſervi de
même à réunir les différens principes qui ſont
requis pour leur formation : c'eſt elle enfin qui,
en ſe congelant, enlace tous ces principes enſemble, & forme le gluten qui les retient en
aſſociation ; & quant à ce gluten, j'obſerve que
c'eſt à ſa mauvaiſe qualité, au peu de force qu'il
a, & à la facilité avec laquelle il cède à l'action
du feu, que les pierres dont il s'agit doivent d'être
tendres, friables, caſſantes, & ſuſceptibles de ſe
convertir en chaux. A l'inſtar cependant de
beaucoup d'autres choſes qui, lorſqu'elles ſont
par l'entière fixité de leurs principes à l'abri de
toute fermentation, ſe durciſſent d'autant plus
qu'elles vieilliſſent, ce gluten, tout aqueux qu'il
eſt, peut, avec le temps, acquérir de la force & de
la ténacité ; & les marbres nous en fourniſſent un
exemple (1).

---

(1) L'on pourroit bien m'accuſer ici de n'être pas
d'accord avec moi-même : j'ai dit, il eſt vrai, en parlant
du principe de la cohéſion, que l'eau ne peut être le repréſentant de ce principe ; & je l'avouerai, quand je l'ai dit,
je n'y avois pas aſſez réfléchi. Au ſurplus, quoique je diſe
à préſent que ce liquide peut ſervir pour tenir en union
les parties intégrantes des pierres calcaires, ce n'eſt pas que
je le regarde comme ſervant ſeul à la choſe : cela n'empêche
pas que je n'admette un autre principe de liaiſon, ſervant
avec lui, ou ſans lui, à tous les aſſemblages de la matière ;
& cette cauſe-mère de toute agrégation, nous l'avons dit

Il n'en est pas de même des pierres vitrifiables ou quartzeuses : instituées par une autre voie que les précédentes, celles-ci sont censées ne rien devoir à l'eau ; on pourroit même les regarder

---

dépendante de l'affinité qui est entre tous les élémens dont les corps se composent. Vénus, l'amour, l'affinité, voilà ce qui rapproche tout, ce qui lie tout dans la nature, les cœurs & les esprits, comme les principes de la matière.

Il se peut donc qu'il y ait, pour les pierres calcaires en particulier, deux moyens servant concurremment à retenir ensemble leurs parties constitutives ; & cela ne rend pas leur adhérence plus forte : il semble même que le premier de ces glutens ne serve, étant réuni à celui qui provient de l'affinité des principes, qu'à affoiblir la force de ce dernier, qu'à diminuer son effet, & qu'à rendre plus cassans les agrégats où il se trouve avec lui. En général, plus les corps admettent de matières différentes dans leur composition, plus ces corps sont tendres & frangibles, moins il y a de force dans le principe de cohésion qui en lie les parties ; & la raison en est toute simple : l'affinité qui représente ce principe, a nécessairement moins d'effet, quand elle s'exerce entre trois ou quatre élémens, que lorsqu'elle agit exclusivement entre deux ; & quelque forte qu'on la suppose dans ce dernier cas, l'on sent qu'elle doit s'affoiblir considérablement, alors qu'elle est combattue par les affinités d'un troisième & quatrième élément, qui, se joignant aux deux premiers, troublent leur union, ou en se posant entre eux, ou en les attirant en sens contraire. Ainsi l'amour qui se partage entre trois ou quatre personnes n'est jamais aussi fort que celui qui n'en a qu'une pour objet. Ainsi l'attraction qui s'exerce entre deux globes n'a pas sur eux l'effet qu'elle pourroit avoir à cause des autres

comme ayant été formées, dans l'abfence de ce liquide, aux dépens de nos autres principes qu'elles admettent exclufivement dans leur compofition : & comme par-là il fe trouve en elles un principe de moins que dans les pierres calcaires, il eft à préfumer qu'il doit y avoir, à raifon de cette réduction, un peu moins de variétés dans cette claffe de pierres que dans l'autre. L'on fent auffi qu'étant exclue de ces agrégats, l'eau ne peut, comme ci-devant, contribuer en rien à la liaifon de leurs parties : au moyen de quoi, l'affinité qui eft entre les trois principes dont

---

globes environnans qui, les attirant de leur côté, les retiennent par-là dans l'orbe qu'ils décrivent, & les empêchent de répondre à la tendance mutuelle qui les porte l'un vers l'autre. Tout enfin nous démontre que moins les corps font compofés, plus il y a de force & de ténacité dans le principe qui en lie les parties : auffi les métaux, que nous regardons comme les mixtes les plus fimples de la nature, font-ils de tous les corps connus, je ne dirai pas les plus durs, mais ceux dont les parties font le plus fortement attachées, & le plus étroitement liées les unes aux autres. Les pierres quartzeufes mêmes ne peuvent leur difputer cet avantage ; quoique auffi dures, & peut-être plus, elles n'ont pas le même nerf ; elles fe rompent plus aifément fous le mart au, & n'y prennent aucune extenfion ; & cela, elles le doivent, non à l'eau que nous croyons exclue de leur compofition, mais à la terre, qui, fe trouvant dans ces agrégats unie aux matières de la lumière & de la chaleur, fans avoir beaucoup de rapports avec elles, affoiblit par fa préfence l'effet de leur affinité propre, & la force de leur agrégation.

ils font compofés, doit former feule, & fans con-
currence, le lien ou le gluten qui retient ces
principes en affociation ; & ce gluten n'en eft que
plus fort & plus tenace. Pour en revenir à la formation de ces pierres, l'on conçoit qu'au moment
où le globe, après fon incendie, a commencé à
fe refroidir, les parties des matières de la lumière
& de la chaleur, qui ne s'étoient point exhalées,
& dont il reftoit intérieurement embrafé, ont dû,
perdant leur chaleur & leur activité, fe replier fur
elles-mêmes, s'attacher les unes aux autres, &
faifir dans leurs embraffemens l'élément fixe de
la terre, lequel pour lors fe trouvoit feul mêlé
& confondu avec elles ; & de-là ces maffes de
pierres vitrifiables ou vitrifiées qui forment le
noyau du globe, & percent jufques dans nos
montagnes (1).

---

(1) Mais, quoiqu'ici nous regardions toutes les pierres
vitrifiables en général comme ayant été inftituées de cette
manière, cela ne fait pas que quelques-unes des concrétions
qui font comprifes dans cette claffe n'aient pu fe former
par une autre voie des débris même de celles qui fe trou-
voient inftituées, lefquelles, ayant été depuis leur formation, & lors des grandes commotions que la terre a éprouvées, ou calcinées & diffoutes par le feu des volcans, ou
mifes en poudre par la collifion des maffes qui font tombées
deffus, ont pu fervir en cet état, comme fufceptibles alors
d'être détrempées & voiturées par les eaux, à quelques
agrégations du même genre que les précédentes. Eh !
pourquoi ne fe trouveroit-il pas dans cette claffe d'agrégats
des quartz ainfi formés, de même qu'il eft dans celle des

Ces pierres se distinguent des précédentes ; 1°. par leur dureté & leur pesanteur ; 2°. par la

---

subsances métalliques des minérais de cuivre & de fer, tels que les malachites & les hématites, qui ne se doivent qu'à des amas de parties cuivreuses & martiales, anciennement formées, mais postérieurement chariées & déposées par les eaux ? Et attendu que les grès sont la plupart sujets à se réduire en poudre sous le marteau, je les croirois volontiers formés de cette manière. Ce que nous avons dit n'empêche pas non plus que différens morceaux de quartz n'aient pu se former, ainsi que nous l'avons observé au sujet des pierres calcaires, par l'agrégation fortuite des principes qui sont requis pour leur formation : ainsi de même qu'il se rencontre dans les cendres de certains végétaux des parcelles d'or, & du fer dans le sang des animaux, il se trouve dans le terreau nouvellement formé des semences de quartz qui paroissent, comme les parties d'or & de fer dont il vient d'être parlé, avoir été produites de la manière que nous disons. Rien n'empêche même que des substances tenant à d'autres règnes, quoique plus sujettes à se convertir en pierre calcaire, n'aient pu, & ne puissent encore, suivant les données, passer, en se pétrifiant, à l'état quartzeux : & cela posé, l'on conçoit que, dans les pierres de cette nature, qui n'ont pas été formées par le feu, l'eau peut, ou non, s'y rencontrer ; & au cas qu'elle s'y trouve, on doit penser qu'elle n'y est que par accident, & non comme matière intégrante & nécessaire : aussi peut-on l'exclure des mines où elle se trouve également, sans que la substance métallique contenue dans ces mines en soit aucunement altérée. Je dirai plus : c'est que se trouvât-il quelque peu d'eau dans des quartz que l'on présumeroit formés par le feu, & dont par cette raison on juge que cet élément doit être exclus, l'on

forme particulière de leurs criftaux ; 3°. parce qu'elles ne font aucunement fufceptibles de fe

---

ne pourroit, dans ce cas même, fuppofer autre chofe, finon que ce liquide s'y eft introduit après coup, comme il auroit pu fe faire, alors que les eaux qui avoient quitté la terre y font revenues, fi ces eaux ont touché à ces pierres avant que celles-ci aient acquis tout leur retrait ; & fi l'on ne veut pas que ce liquide y ait été admis de cette manière, au moins peut-on croire que la nature, dont les procédés nous font la plupart peu connus, n'a pas été fans moyens pour l'y placer ; & je défie tout naturalifte de me contefter cette propofition.

Au refte, fi l'eau eft cenfée ne pouvoir fe trouver dans les fubftances pierreufes & métalliques qu'on fuppofe formées par le feu, ce n'eft, comme on fait, qu'à caufe de la propriété qu'elle a de s'évaporer à un certain degré de chaleur, & parce qu'elle eft, dès qu'elle s'échauffe, capable de forcer les barrières qui la retiennent, fi elle eft en captivité ; & nos idées fur cela font affez conféquentes : cependant, fi l'on fait attention que dans ces agrégats même où l'eau ne peut être admife à caufe de fon expanfibilité, il fe trouve, & l'on n'en fauroit douter, des principes, tels que les matières de la lumière & de la chaleur, qui font infiniment plus expanfibles, plus condenfables, & plus fujets à faire explofion que ce liquide, l'on fera moins étonné peut-être de l'y voir renfermé quelquefois avec ces mêmes principes : & fi l'on fe rappelle que ce liquide n'a par lui-même aucune expanfibilité ; que celle dont il jouit n'eft due qu'aux matières mêmes de la lumière & de la chaleur qui le pénètrent, fe mêlent avec lui, & vont, dès qu'on l'expofe au feu, le pouffant à l'évaporation ; qu'il eft, quand on le verfe fur une pelle rougie, ou ur des matières vitreufes fondues, plus lent à s'exhaler que

convertir en chaux, & qu'elles ne font point effervefcence avec les acides ; 4°. enfin, en ce

---

ne le comporte l'expanfibilité qu'on lui prête ; & enfin que s'il touche, étant réduit en vapeurs, à des fubftances fortement échauffées, il peut, au cas que la matière de la chaleur, qui s'en montre toujours avide, foit en quantité dans ces fubftances, être abforbé par elles ; l'on fentira que la préfence de l'eau dans les agrégats dont il s'agit n'eft point un phénomène auffi étrange qu'on pourroit l'imaginer, & que cet accident n'eft aucunement fait pour nous faire rejeter l'hypothéfe de ceux qui croient ces agrégats formés par le feu.

Mais, dira-t-on, comment fe fait-il que des principes auffi volatils & auffi expanfibles que ceux de la lumière & de la chaleur aient pu réfifter, dans un globe tout en feu, à l'impulfion qui leur étoit donnée ; & qu'au lieu de s'exhaler, ils foient devenus les matières intégrantes des agrégats dont nous parlons ? Cette fuppofition n'eft-elle pas contradictoire avec leur expanfibilité ? & dès lors ne feroit-il pas plus fenfé de croire ces agrégats formés par une autre voie que par le feu ? Non : je ne puis à cet égard changer d'opinion : toutefois je ne dirai point comment tout cela s'eft fait dans les premiers temps du monde ; mais je vois tous les jours que, malgré le feu violent que nous faifons éprouver à ces principes dans nos creufets, nous pouvons les retenir, les coërcer, former avec eux des vitrifications, régénérer des métaux, &c. &c. Et cela me fuffit, fans doute, pour croire que la nature a pu, pour arriver aux mêmes fins, fe fervir des mêmes voies. J'obferve, au furplus, que, quoiqu'en feu, la terre n'a pas ceffé pour cela de faire, à l'inftar de l'aftre qui nous luit, maffe dans l'univers ; & que fi pour lors il s'en eft exhalé une grande quantité de ces principes, de ceux fur-tout qui étoient à fa furface, &

qu'elles font feu, étant battues par le briquet,
ou frottées l'une contre l'autre : & c'est à ces

aux dépens desquels s'est formée, selon toute apparence,
l'atmosphère qui l'entoure aujourd'hui, ceux de ces principes en même temps qui, plus reculés vers le centre de
la planète en feu, n'ont pu, quoiqu'en expansion, percer
la couche épaisse des matières fondues qui les surmontoient,
ont dû, quand le globe s'est éteint & refroidi, se rapprocher,
se condenser, & former, en se fixant, les agrégats dont est
question. Et comme souvent nous ne pouvons, quelque feu
qu'on y emploie, vaincre la résistance de ces principes, ni
les tirer des corps où ils se trouvent engagés, n'est-il pas
possible encore que le feu qui a jadis embrasé la terre ait
surpris de même une grande quantité de ces principes dans
un tel état de fixité, qu'il n'ait pu, quelque violent qu'on
le suppose, produire autre chose sur eux que de les mettre,
non en expansion absolue, mais simplement en fusion,
ainsi que nous le faisons dans nos creusets ? Tout est calculé, tout est mesuré dans la nature ; les forces s'y balancent avec les résistances ; & nous voyons dans la fixité
même des principes le contrepoids de leur expansibilité.
Lors donc que ces principes se trouvent peu fixés dans les
corps, & conséquemment peu distans de leur état élémentaire, il suffit alors du moindre levier pour les y ramener,
& les mettre en expansion ; & si, au contraire, ils se trouvent
dans ces corps absolument fixés, il faut alors multiplier les
forces & les moyens pour les en tirer, & souvent ces
moyens nous manquent. Ainsi, tandis qu'il n'est besoin que
du plus petit adminicule de feu pour mettre en expansion
absolue les matières de la lumière & de la chaleur contenues généralement dans tous nos combustibles, il faut,
alors qu'on veut les extraire de l'or, du fer, &c. &c.,
recourir au plus grand feu, encore ne parvient-on par là

différences, tant pofitives que négatives, que l'on peut les reconnoître. Mais dès qu'il s'en trouve

---

qu'à les mettre en fufion. Ainfi, tandis encore que ces mêmes principes vont, à l'aide de la plus foible chaleur, ou à l'approche d'une étincelle, fe tirant avec explofion des poudres, foit fulminante, foit à canon, où ils fe trouvent contenus, ils ne peuvent, avec les mêmes données, en faire autant dans les pierres (a) & les métaux, où ils exiftent également ; & cela, parce qu'au lieu d'une chaleur d'un ou de deux degrés qu'il fuffit d'employer dans le premier cas pour vaincre une fixité pareille d'un ou de deux degrés, il faudroit, dans le fecond, pour combattre une fixité fuppofée de mille degrés, l'application fubite d'une chaleur égale de mille degrés ; & la force requife pour balancer ici la réfiftance donnée, n'eft pas, à ce qu'il paroìt, dans les moyens de l'homme. Or, s'il en eft ainfi, quant aux matières tant expanfibles de la lumière & de la chaleur, n'eft-il pas à croire, d'après les variations qui fe remarquent dans les effets refpectifs de ces deux principes, qu'il en peut être de même à l'égard de l'eau, qui, loin d'être auffi expanfible, eft cenfée n'avoir même qu'une expanfibilité d'emprunt ; & dût-elle pour l'ordinaire s'évaporer, quand elle eft liquide, à une chaleur de 80 degrés, il ne s'enfuit pas qu'elle doive ainfi s'enfuir toujours au même terme ; de même qu'elle ne fera pas toujours explofion quand elle eft renfermée, parce qu'il lui arrive quelquefois de forcer les barrières qui la retiennent : auffi voyons-nous qu'il faut, pour la chaffer des pierres & des mines où elle fe trouve une chaleur bien fupérieure à celle de l'eau bouillante, &

(a) Cependant l'on a vu quelquefois des pierres à repaffer fauter en eclats d'après l'expanfion fubite que prennent en elles quelques partics de ces principes, à l'occafon du mouvement que l'on donne à ces pierres, ou du frottement qu'elles éprouvent.

d

de pareilles & dans la confiftance & dans les propriétés refpectives de ces pierres, comme il

---

qu'elle y eft, malgré les obftacles qui empêchent fa fuite, fans faire aucune explofion. Enfin, l'on peut croire que, fi l'on préfentoit au feu une congélation formée il y a quatre ou cinq mille ans, il faudroit, pour la mettre en liquéfaction, une chaleur bien au-deffus de celle qui eft néceffaire pour mettre de l'eau liquéfiée en évaporation. Ainfi les mêmes principes font, felon les circonftances, tantôt en état, tantôt hors d'état de produire tel ou tel effet : & parmi ceux qu'ils nous donnent, il en eft par fois qui femblent contradictoires, non-feulement avec ceux qu'ils ont produits en d'autres temps, mais encore avec les propriétés mêmes qui les dif-tinguent. Ce font ces variations, ces contraftes, & ces dif-cordances affez fréquentes dans les faits de la nature, qui la rendent fi difficile à expliquer : il faut, pour la faifir, & l'obferver, & la méditer fans ceffe ; il faut étudier avec foin le caractère propre de chacun de fes principes, & ces principes, il faut les fuivre & dans tous les états par où ils peu-vent paffer, & dans toutes les combinaifons où ils peuvent fe trouver engagés ; car ce qu'ils produifent dans tel ou tel état, ou dans telle ou telle combinaifon, n'eft point du tout ce qu'ils produifent dans un autre état, ni dans une autre combinaifon : de forte que, fi on fe contentoit de les con-fidérer fous un feul point de vue, les jugemens qu'on por-teroit fur eux feroient néceffairement incertains & fautifs. Auffi regardons-nous tous les faits ifolés qui fe préfentent comme n'étant propres qu'à nous égarer, à moins qu'on n'ait le bon efprit de les laiffer momentanément à l'écart, fans en tirer aucune conféquence, ou qu'on ne fache les rap-porter aux principes qu'il convient, pris dans tel ou tel état, ou dans telle ou telle combinaifon. Ce n'eft enfin qu'en rap-prochant toutes les obfervations que l'on peut avoir faites fur

X x

n'eſt rien qui n'ait une cauſe, il faut bien qu'il
y ait, ou dans la manière dont elles ont été formées, ou dans leur compoſition, quelque choſe
qui y donne lieu; & ce quelque choſe nous eſt
indiqué par la nature même de ces différences;
au moyen de quoi, ſi nous avons attribué les
qualités & propriétés qui diſtinguent les pierres
calcaires, ſoit à leur nouveauté, ſoit au moyen
qui a ſervi à les former, ſoit à l'eau qu'elles renferment, il faut, nous réglant ſur les données, attribuer celles que nous avons remarquées dans les
pierres vitrifiables, ſuivant leur genre, 1°. à l'ancienneté de ces pierres; 2°. au rapprochement
extrême de leurs parties & à la grande fixité de
leurs principes; 3°. à la voie particulière que la
nature a priſe pour les inſtituer, voie que nous
ſuppoſons toute différente de celle qui a ſervi
pour la formation des pierres calcaires; 4°. enfin au moindre nombre de leurs principes; &,
quant à cela, l'on doit voir, pour peu qu'on
y réfléchiſſe, que la propriété ſeule qu'ont ces
pierres de faire feu étant frappées par le briquet,
ou frottées l'une contre l'autre, prouve l'excluſion de ce liquide, alors même qu'elle annonce
en elles la préſence des matières de la lumière
& de la chaleur. Tout, en effet, nous porte à

---

ces principes, pris, comme il eſt dit, dans tous les états
& toutes les combinaiſons poſſibles, qu'on peut avoir, ſur
ce qui les regarde, des réſultats ſûrs & fidèles.

croire que, fi l'eau fe trouvoit ici comprife avec ces matières, elle empêcheroit l'effet dont nous parlons, de même qu'elle l'empêche dans les pierres calcaires, qui, quoiqu'elles renferment ces mêmes principes, n'annoncent en rien leur préfence, à moins qu'elles n'aient préalablement paffé par le feu.

Dans le nombre des concrétions pierreufes qui ont été formées par le feu, ou au fortir du feu, à la manière des matières fondues qu'on retire de nos creufets, nous comprendrons le diamant, le rubis, l'émeraude & généralement toutes les pierres précieufes qui, quoique diftinguées des précédentes par leur pureté, leur tranfparence & leur éclat, s'en rapprochent en ce point. Et fi l'on regarde ces dernières comme étant formées par le même moyen, l'on doit, comme par fuite, les regarder encore comme étant formées des mêmes principes, excepté pourtant que la terre, qui fe trouve en abondance dans les autres, doit être dans celles-ci en bien moindre quantité & peut-être point du tout, de forte qu'on pourroit croire leurs matières intégrantes réduites, ou peu s'en faut, aux feules matières de la lumière & de la chaleur; & c'eft à l'abfence, ou du moins à la rareté des parties terreufes dans ces pierres, qu'eft due, comme nous l'avons obfervé quelque part, la pefanteur dont elles font douées, à quoi l'on peut joindre la fineffe du grain & la tranfparence qui les diftingue; l'on n'en doit pas moins regarder la pefanteur de ces pierres comme un effet de leur denfité, & c'eft à cette même denfité, c'eft au rapprochement extraordinaire des parties conftitutives de ces concrétions, que nous croyons devoir attribuer encore le feu qu'elles rendent alors qu'elles font polies & brillantées. Moins, en effet, il y a de vide entre les parties dont les corps fe compofent, moins alors ces corps font pénétrables aux rayons de la lumière, & plus il s'en refléchit; d'un autre côté, je ne comprends pas trop comment ces corps peuvent être auffi compactes fans être opaques; la tranfparence qu'ils confervent ne s'accorde guère avec la quantité de matières qu'ils renferment, ou pour mieux dire, nous ne voyons pas comment cela peut s'accorder; & quoiqu'à l'imitation de la nature, nous puiffions former dans nos creufets des corps tranfparens, nous n'en fommes pas plus en état d'expliquer le phénomène (1). Quant aux couleurs que nous offrent la plupart de ces pierres, nous n'irons pas chercher dans les fubftances métalliques que nous fuppofons de même date, ni ailleurs, la matière qui les conftitue; nous la

____

(1) Newton attribue la tranfparence des corps à la denfité égale de leurs parties intégrantes; mais, à moins de fuppofer ces parties homogènes & de les regarder comme appartenantes à un feul principe, ce qu'il eft difficile d'admettre, on ne peut les croire égales en denfité : il me femble d'ailleurs que la réunion d'une très-grande quantité de parties, fuffent-elles également denfes, devroit faire des corps opaques, & non des corps tranfparens.

voyons dans les principes mêmes dont ces agrégats font formés, c'eft-à-dire, dans les matières de la lumière & de la chaleur, que nous regardons, à caufe de la couleur particulière qui leur eft affectée & qui fait un des modes qui les diftinguent, comme les deux fources primitives d'où proviennent tant les couleurs dont les corps quelconques fe trouvent revêtus, que celles que l'on peut en extraire. Pris féparément, ces deux principes porte-couleurs ne peuvent imprimer dans les fubftances que celle qui leur eft propre ; mais dès qu'ils font mariés & confondus enfemble, ils nous donnent alors des réfultats qui font bien différens & qui varient felon les proportions dans lefquelles ils fe trouvent mélangés, & de-là les couleurs compofées qui, outre les deux premières dont nous parlons, fe préfentent dans la nature. Il en eft des couleurs de ces principes comme de leurs autres vertus & qualités, lefquelles fe perdent, fe dénaturent & changent de caractère alors qu'ils font unis & mêlés l'un avec l'autre (1).

---

(1) Je m'étois propofé, en commençant cet ouvrage, de le terminer par une lettre fur les couleurs ; mais les matières que j'y ai traitées fe font à tel point étendues fous ma plume, que, loin de chercher à y faire des additions, j'ofe à peine me permettre d'expofer dans cette note les idées qui me font venues fur celle qui fe préfente : toutefois je ne puis m'y refufer, le fujet m'y invite, & je lui dois un coup d'œil.

Je ne répéterai point ce que j'ai dit ailleurs fur la dureté & la pefanteur du diamant ; j'ob-

---

Tout dans ce monde eft fujet à des révolutions : autrefois, & tant qu'Ariftote a régné, on regardoit les couleurs comme une qualité réfidante dans les corps ; à préfent ce n'eft plus cela, & depuis Newton, on ne les envifage plus, à ce qu'il me femble, que comme des propriétés de la lumière ou des différentes parties de la lumière, que comme des effets réfultans de la réfraction, de l'inflexion & de la réflexion de fes rayons : ce font là, difent les oracles du jour, les trois moyens dont la nature fe fert pour les produire, d'où l'on juge que les différences qui exiftent entre elles ne peuvent venir que de la différente réfrangibilité de ces rayons, ou de la manière différente dont ils font réfléchis, &c. &c. Je ne m'étendrai pas davantage fur cela, d'autant que je n'ai pour but ici, ni de combattre cette doctrine, ni de m'élever contre l'auteur immortel qui l'a fondée. D'ailleurs je ne puis nier que les couleurs ne foient, je ne dis pas en tout, mais en quelques points vraiment dépendantes de la lumière. Je n'ignore pas que c'eft à elle feule que nous devons l'avantage ineftimable de voir & de diftinguer les objets, & que, fans le jour qui les éclaire, comme fans l'organe qui nous eft donné pour les appercevoir, les couleurs feroient abfolument nulles pour nous. Mais quoiqu'on puiffe, relativement à nous, les dire nulles, ou faute de lumière ou faute de l'organe néceffaire pour les voir, peut-on dire pour cela qu'elles n'exiftent point ? Quant à moi, je ne le penfe pas, & rien au monde ne peut me faire croire que l'habit que j'ai vu rouge tant que le jour a duré, & que je verrai rouge également durant celui qui doit lui fuccéder, n'a pas cette couleur encore pendant la nuit qui les fépare, quoique dans cet intervalle je ne l'apperçoive plus de même. Il en eft, ce me femble, de la couleur appliquée fur un corps comme de

ferve feulement que , quoiqu'il foit le plus dur
des agrégats dont nous parlons, & celui fur lequel

---

ce corps lui-même qui, dans les ténèbres où il git invifible ;
ne ceffe d'être ce qu'il étoit avant qu'il y fût. Et dût-on,
pour me démontrer que la couleur qui fe trouve appliquée
fur mon habit, & que je crois inhérente à l'étoffe, eft au
contraire tout-à-fait dépendante de la lumière & uniquement
ment due à la direction particulière & conftante de l'un de
fes rayons fur lui, dût-on, dis-je , pour me prouver cela ,
répéter devant moi les expériences par lefquelles on peut
& dépouiller cet habit de la couleur qu'il porte , & lui donner , à l'aide de tel ou tel rayon que l'on dirigera fur lui,
telle autre couleur que l'on voudra , je ne le regarderois pas
moins comme ayant toujours celle qu'il montroit avant ; &
cette couleur que j'ai vu un moment éclipfée & remplacée
par une autre, je ne la juge ni chaffée ni détruite : je la crois
feulement recouverte par la couleur particulière du rayon
que l'on a fait tomber fur elle ; & j'affimile cet effet à celui
d'un verre jaune, rouge ou vert , qui , mis devant mes
yeux , me fait voir les objets fur lefquels ils fe dirigent
teints de la couleur du verre dont je me fuis fervi , quoiqu'ils foient autrement colorés. Les chofes, comme on
voit, ne font pas toujours ce qu'elles paroiffent ; & de ce
qu'elles ne s'apperçoivent point, il ne faut pas toujours
en conclure qu'elles n'exiftent pas. J'ajoute, en pofant cette
efpèce d'apothegme, qu'il feroit, dans plus d'un cas, bon
& néceffaire de fe le rappeler.

Cependant , fi les couleurs qu'on eftime nulles dans l'abfence de la lumière peuvent être regardées comme ayant,
& fans le fecours de cette lumière , & fans qu'elles foient vifibles pour nous, une forte d'exiftence, ce qu'on ne tardera
peut-être pas à m'accorder, ne pourrions-nous pas ici les
confidérer à part, & voir ce qu'elles font en elles-mêmes.

X x iv

l'acier a le moins de prife, il eft, quand on l'expofe au feu, fujet à s'y décompofer, & il fuffit

---

abftraction faite & de l'effet que la lumière produit fur elles, & de celui qu'à la faveur de cet intermède, elles produifent à leur tour fur notre organe vifuel? Chaque objet a différentes faces fous lefquelles on peut l'envifager, & pour bien connoître ce qu'il eft, il faut fous chacune d'elles tour à tour le foumettre à l'examen. Ainfi, tandis que d'autres vont, & d'après l'autorité de Newton, & d'après les expériences qui femblent le confirmer, regardant les couleurs comme des effets réfultans uniquement & de la réfraction, & de l'inflexion & de la réflexion des rayons de la lumière, pour rendre de notre côté ce que nous avons apperçu, nous les préfenterons ici, non comme un mode particulier de la lumière, mais comme un mode général de la matière; mode fans lequel on ne peut la concevoir, fi ce n'eft pa abftraction; mode que nous jugeons auffi ancien qu'elle, & créé avec elle; mode, en un mot, qu'il nous faut croire immuable, inaltérable & indeftructible comme elle.

Mais, comme la matière n'eft une & homogène qu'autant qu'on la confidère comme étendue, & qu'à caufe de beaucoup d'autres propriétés qu'elle a, lefquelles ne font point, ainfi que la précédente, communes à toutes les parties dont elle fe compofe, il nous faut reconnoître en elle différens élémens fervans tous à la conftituer, & ayant chacun à part, l'une ou l'autre des propriétés dont nous parlons. Nous croyons, quant à la couleur, quant à ce mode inféparable de la fubftance étendue, nous croyons, dis-je, devoir affigner à chacun des élémens qui la conftituent, comme ayant droit de participer au mode général dont elle eft affectée, une couleur particulière & diftinguée repréfentant fon mode. De-là les différences qui fe remar-

en quelque forte de fe rappeler tout ce qui fe
paffe dans cette occafion pour fe convaincre des

---

quent dans les couleurs ; & attendu que nous avons admis
& reconnu quatre élémens dans la matière, il femble néceffaire d'admettre également quatre couleurs primitives
attachées à ces élémens divers, & donnant lieu par leur
mélange à toutes les couleurs compofées que nous connoiffons.

Mais, comme de ces quatre élémens il en eft deux qui
font actifs & deux qui font paffifs, ces derniers dont l'emploi, comme on fait, eft à peu près borné à fervir de bafe
dans les agrégats de la nature, tandis que les autres ont, à
raifon de leur reffort & de leurs vertus, celui de les ani-
mer & de les vivifier ; ces derniers, dis-je, femblent manifefter leur inénergie jufques dans la couleur qui conftitue
leur mode, jufque dans la blancheur qu'ils nous offrent
également alors qu'ils fe trouvent dépouillés des autres principes qui pouvoient leur être unis. Telle eft, en effet, & la
couleur de la terre calcinée, & celle de l'eau pure & congelée. Or, fi ces élémens paffifs n'ont qu'une couleur à eux
deux, l'on fent qu'alors il ne doit plus y avoir, au lieu de
quatre, que trois couleurs primitives, & cela, au cas encore que l'on reconnoiffe le blanc pour une couleur ; car
fi on s'y refufe, & que l'on veuille qu'il ne foit au contraire dans les corps qui en font revêtus qu'une privation,
qu'une nudité, qu'une difpofition à recevoir les couleurs
qui peuvent leur être appliquées, il nous faudroit dans
ce cas réduire le nombre de ces couleurs primitives à deux :
favoir, au jaune & au rouge, deux couleurs qui, par leur
éclat, leur vivacité & leur ton décidé, annoncent d'elles-
mêmes quels peuvent être les principes auxquels elles f
trouvent attachées. Ainfi le jaune, cette couleur brillan
que portent les rayons du foleil, l'éclair, la flamme des cor

chofes mêmes que nous venons d'avancer au fujet de ces concrétions en général. En effet la défla-

en combuftion, le foufre, le phofphore, l'or, les étamines des fleurs & généralement tous les corps où le phlogiftique fe trouve en quantité, nous montre celle que la nature a difpenfée à la matière de la lumière ; & le rouge, cette couleur non moins brillante, mais plus énergique encore que nous offre & le foleil dans fon difque, & le charbon embrafé, & ce liquide vivifiant qui circule dans les veines des êtres animés, &c. &c. nous repréfente à fon tour celle dont la matière de la chaleur fe trouve dotée, & qu'elle prend toujours alors qu'elle eft en activité. Voilà, fi l'on exclud le blanc du rang des couleurs, les deux feules que nous puiffions regarder comme primitives, & defquelles viennent généralement toutes les couleurs compofées qui s'offrent dans la nature ; & l'on fent, vu le nombre des données, qu'il ne peut y avoir, je ne dirai pas beaucoup de nuances, mais beaucoup d'efpèces différentes dans ces couleurs. Auffi le plus que l'on ait pu faire jufqu'ici a été de les porter à fept.

Mais c'eft trop peu, dira-t-on, de deux couleurs primitives: il n'eft guéres poffible que la nature puiffe avec elles former les fept efpèces même que nous venons d'annoncer ; l'on conçoit que du jaune & du rouge peuvent fortir quelques couleurs relatives à celles-là & peu diftantes de leur ton ; mais l'on ne voit pas comment de-là il peut venir des couleurs auffi divergentes que le bleu & le vert ; & fi, pour aller à la fource de ces dernières, il nous faut admettre, ainfi qu'on le fait aujourd'hui, une troifième couleur primitive, il ne nous refte dans la nature aucun principe auquel on puiffe l'attacher. L'objection eft preffante, & pour y fatisfaire, je vais, m'arrêtant d'abord fur le bleu, qui lui-même eft regardé comme une couleur primitive, &

gration de ce folide , l'auréole lumineufe dont
il s'entoure en brûlant, les vapeurs âcres qu'il

---

dont par cette raifon il nous importe davantage de connoître l'origine; je vais, dis-je, fans fortir de mon hypothèfe, tâcher de démontrer d'où il procède

J'ignore fi jufqu'ici quelqu'un eft parvenu à former du
bleu avec du jaune & du rouge; je ne fais même comment fait la nature pour opérer ce miracle; mais je fais
& je vois qu'avec les principes les plus oppofés elle forme
tous les jours des mixtes, foit fluides, foit concrets, dont
les vertus & qualités ne reffemblent en rien aux vertus &
qualités que poffédoient les principes qui ont fervi à les
inftituer, & qu'ils femblent avoir perdu en fe confondant
enfemble. Or, ce que la nature fait par rapport à ces mixtes,
je penfe qu'elle peut le faire également par rapport aux couleurs, & tel eft, je crois, le moyen dont elle fe fert pour
produire le bleu; ainfi, quoique nous ne puiffions avec
du jaune & du rouge former du bleu, ce qui n'eft peut-
être que parce que nous ignorons & dans quel état il faut
prendre les deux principes qui doivent par leur mélange engendrer cette couleur, & dans quelles proportions il faut
les réunir, nous n'en regarderons pas moins le bleu dont
il s'agit comme une couleur véritablement compofée de
celles-là même que nous venons d'énoncer, comme un mixte
abfolu dans lequel ces deux couleurs ont dû perdre en le
formant leur caractère & leur ton diftinctif, comme une
couleur enfin qui, en qualité de neutre, ne doit participer
en rien aux qualités de fes couleurs inftitutrices. Il en eft
d'elle comme du tartre vitriolé qui n'eft ni acide ni alkalin,
quoiqu'il ne foit compofé que d'acide & d'alkali; il en eft
d'elle encore comme du fluide neutre que nous refpirons,
lequel n'eft, à moins qu'il ne fe décompofe, ni acide ni inflammable, quoique de fon côté il ne foit de même com-

répand alors, & la diffipation totale de fes matières intégrantes, nous font affez voir que cette

---

pofé que des matières de la lumière & de la chaleur réunies enfemble. Et ce qui n'a l'air ici que d'une conjecture
deviendra peut-être une certitude, fi nous prouvons que
le bleu n'eft décidément qu'une couleur compofée; & nous
nous flattons d'y parvenir.

M. Marat nous en a, fans le favoir, fourni les moyens:
dans les belles expériences qu'il a faites fur la lumière, il
nous a fait voir que le bleu, en fe décompofant, produit
le jaune & le rouge; & de ce qu'il donne naiffance à ces
deux couleurs, il a cru qu'il devoit être regardé comme
une couleur primitive; mais en cela il s'eft trompé, & de
ce que le bleu produit le jaune & le rouge, nous en con-
clurons au contraire qu'il n'eft & ne peut être qu'une couleur compofée. Il ne faut qu'un peu de réflexion pour fentir
qu'une couleur fimple, qu'une couleur vierge ne peut donner, de quelque manière qu'on s'y prenne, que la couleur
qui lui eft propre, & jamais il n'y aura de variations à cet
égard, à moins que cette couleur ne foit mariée avec une
autre & fécondée par elle. C'eft ainfi, je le répète, que
tout fe fait dans la nature; il n'eft par conféquent que des
couleurs mixtes, que des couleurs compofées qui puiffent
nous donner des produits qui foient différens d'elles, & fi
les produits du bleu font dans ce cas, il eft clair qu'il eft
compofé, & fi les couleurs qu'il nous donne en fe décompofant, font le jaune & le rouge, il eft clair encore
que c'eft du jaune & du rouge dont il eft compofé; il
s'enfuit même de tout cela que les matières qui portent
cette couleur, ou qui, fans la porter, la produifent, comme
le foufre, dans leur déflagration, doivent être pareillement
compofées des deux matières qui portent le jaune & le
rouge.

pierre vraiment phosphorique doit être, ainsi
que toutes celles de son espèce, entièrement com-

Il n'est personne qui, pour peu qu'il fasse attention aux
choses qui se passent tous les jours sous ses yeux, ne puisse
s'assurer par lui-même de celles qui nous ont été démon-
trées à part dans la chambre obscure de M. Marat. En approchant doucement d'une chandelle allumée la mèche d'une
chandelle éteinte, l'on voit que la flamme qui se dégage
de cette mèche foiblement échauffée, commence toujours,
avant que d'être jaune & rouge, par être bleue; & si l'on
continue d'observer cette chandelle pendant qu'elle brûle,
l'on voit en outre que la flamme qu'elle produit, lorsqu'elle est en pleine combustion, a constamment pour base
un cercle du plus beau bleu qui, partant de la partie inférieure de la mèche, donne, en se développant, & la couleur jaunâtre que prend la flamme de la chandelle, & la
couleur rouge qui s'attache au corps brûlant de ce lu-
minaire, & qui, quoique masquée dans la flamme qui
s'en dégage par le jaune qui y domine, ne laisse pas encore
que d'y être répandue. Mais ce qui ne s'apperçoit guères
dans la déflagration d'une chandelle, se démontre bien clairement dans celle de nos autres combustibles: assez communément on voit la flamme qui s'en dégage chargée de
teintes rouges, violettes & lilas mêlées avec le jaune qui
y domine; & c'est du bleu pareillement que partent toutes
ces couleurs; à cet égard il n'est personne encore qui du
coin de son feu n'ait pu le reconnoître : ici, comme dans
l'exemple de la chandelle, l'on voit que la flamme qui sort
du bois commence par être bleue, & que cette couleur,
qui va par fois se mêlant avec celles que prend la flamme
qui succède à la première, & par fois se présentant seule
dans celle qui s'élève, quand le feu se ralentit, au-dessus
de nos tisons embrasés, est toujours comme attachée au

poſée, ou peu s'en faut, des matières volatiles de
la lumière & de la chaleur, & formées, non par

corps du combuſtible & ſervant de baſe aux couleurs jaune
& rouge qu'elle produit elle-même en ſe développant; mais,
pour que cela ſoit bien ſenſible, il ne faut pas que le feu
ait trop d'action ; l'on conçoit que s'il eſt plus animé, les
matières de la lumière & de la chaleur qui réſident dans
le bois & le rendent elles-mêmes combuſtible, doivent,
comme plus preſſées de s'en dégager, ſe ſéparer plus promptement l'une de l'autre, & quitter en ſe ſéparant la couleur bleue qu'elles affectent étant réunies, pour prendre
celle qui leur eſt propre étant ſeules ; & cela fait que la
première de ces couleurs ne peut ſe manifeſter autant. Au
reſte, ſi le bleu eſt, ainſi que nous venons de le voir, &
comme M. Marat l'a reconnu de ſon côté, la couleur que
prend la flamme des combuſtibles & quand elle commence
& quand elle finit, ſi de lui proviennent les couleurs jaune
& rouge que cette même flamme prend enſuite alors qu'elle
s'étend; ſi cette couleur enfin eſt toujours, comme pour ſervir de baſe aux deux couleurs précédentes, à la racine même
de la flamme qui ſe dégage des combuſtibles, il nous eſt
par-là ſuffiſamment prouvé que cette couleur n'eſt point
une couleur ſimple & primitive, mais bien une couleur
compoſée, & que ſes couleurs intégrantes ne ſont autres
que celles qu'elle donne elle-même en ſe développant; en
elle enfin nous voyons la couleur mixte que prennent, en
ſe confondant enſemble, les matières de la lumière & de
la chaleur, & le produit réſultant du mélange des deux
couleurs qui leur ſont propres (*a*), & c'eſt probablement

(*a*) En préſentant au jour un flacon rempli d'une teinture bleue,
on n'y apperçoit, je l'avoue, aucun indice de la couleur jaune qui
a ſervi à former la couleur mixte de cette teinture, & dans laquelle
elle ſe trouve confondue ; mais, en revanche, le rouge, cette autre

l'eau, mais par le feu. Et s'il nous reſtoit des
doutes ſur cela , il n'eſt beſoin encore, pour les

à cauſe qu'il eſt compoſé, c'eſt parce qu'il eſt une couleur
abſolument neutre , & qu'il réſulte du mélange de deux
principes ayant non-ſeulement entre eux beaucoup d'affinité,
mais étant encore ici au point de ſaturation qu'il convient,
que le bleu a l'avantage d'être une couleur ſolide, durable
& peu ſujette aux altérations qu'éprouvent & les couleurs
qui ne ſont pas auſſi parfaitement neutraliſées, & celles

couleur intégrante du bleu, s'y démontre bien ſenſiblement ; & ſi
après on expoſe, ou ſur une fenêtre, ou dans le coin d'une che-
minée, d'autres flacons de cette même teinture à la chaleur du
ſoleil ou du feu, ainſi que je l'ai pratiqué, ce rouge, qui déjà ſe
laiſſoit appercevoir dans cette liqueur, ne tardera pas à s'y rendre
plus ſenſible, & peu à peu il s'y établira au point d'y dominer
& de faire diſparoître la couleur bleue qu'elle affectoit ; ce qui ſe
fait au moyen d'une doſe de rouge qui a été verſée en plus dans
cette liqueur, par la matière même de la chaleur dont elle a été
pénétrée. Et comme la même choſe arrive alors qu'on verſe dans
cette teinture quelques gouttes d'acide, il s'enſuit de cette conformité d'effets que la matière de la chaleur & l'acide ne ſont,
comme nous l'avons dit mille fois, qu'une ſeule & même choſe.

Il nous faut dire un mot d'un autre fait qui n'eſt pas moins important & qui tient également à notre ſujet : en verſant de l'eau
à différentes repriſes ſur de l'acide nitreux rutilant, on le dé-
pouille de la ſorte & du phlogiſtique dont il ſe trouve extraordinairement chargé, & de la couleur jaune que ce principe en excès lui avoit donnée. Et ce qu'il y a d'étonnant dans cette opération, quand on la fait avec ménagement, c'eſt qu'il eſt un moment
où, en perdant ſa couleur jaune & avant de paſſer au blanc, cet
acide prend la plus belle couleur bleue : or ce phénomène ne nous
montre-t-il pas qu'au moment où il ſe produit, l'acide & le phlogiſtique ſont exactement l'un & l'autre dans les proportions où il
faut qu'ils ſoient pour donner naiſſance à cette couleur bleue, couleur qui ne peut s'établir ni ſubſiſter dans l'acide dont eſt queſtion,
& quand le phlogiſtique y eſt en plus, & dès qu'il s'y trouve en
moins.

diſſiper , que de jeter les yeux ſur les pierres égale-
lement tranſparentes que nous formons à l'imita-

---

même que nous diſons ſimples & primitives, leſquelles,
expoſées à l'air , au ſoleil & aux émanations méphitiques
& alkalines des corps, vont, tandis que le bleu ne fait
qu'acquérir plus d'intenſité , s'affoibliſſant, ſe dégradant &
quelquefois même s'effaçant tout-à-fait, au moyen des combinaiſons ultérieures que contractent & les principes mal
combinés des premières, & les principes iſolés & non combinés des dernières avec tous ceux qui ſe préſentent. Et ſi,
d'après ce que nous venons de dire ſur le bleu , nous nous
rappelons que telle eſt la couleur de l'air vu dans ſon intenſité , nous ne pourrons dès-lors nous défendre de regarder ce fluide lui-même comme un mixte, & en même
temps comme un mixte formé aux dépens ſeuls des matières de la lumière & de la chaleur : ainſi nous trouvons
dans la couleur même de l'air une des meilleures preuves
peut-être que l'on puiſſe donner de la compoſition de ce
fluide.

J'aurois bien quelque choſe à dire ici ſur le bleu dit
de Pruſſe qui ſe fait dans nos laboratoires, & que je crois,
comme tout autre bleu, formé par le mélange du rouge &
du jaune, couleurs qui ſont fournies , l'une, par la matière de
la chaleur contenue dans le fer que l'on précipite de ſa diſſolution, & l'autre par la leſſive alkaline phlogiſtiquée qui
ſert à le précipiter; mais je ne puis, ni ſur cette eſpèce de bleu,
ni ſur aucune autre , me permettre d'arrêter plus long-temps
l'attention du lecteur; j'ai pourtant, avant que de perdre
cette couleur tout-à-fait de vue, j'ai, dis-je, une choſe encore à lui faire obſerver: c'eſt que tous les corps qui ſont
expoſés au feu commencent toujours, avant que de brûler,
par ſe noircir, & c'eſt & de ce noir dont ils ſe revêtent que
part la flamme bleue qu'ils nous donnent d'abord, & à ce

tion

tion de la nature, & d'après les types qu'elle nous fournit, lefquelles fe tirant toutes de nos creufets,

---

noir que cette flamme refte attachée tant qu'ils brûlent : or ce noir qui précède & accompagne la combuftion, ce noir qui tout-à-coup & de lui-même s'établit à la furface du corps qui va brûler, ce noir qui, chaffé des parties de ce corps déjà brûlées, fe tient au-deffous d'elles encore comme pour préparer la combuftion de celles qui doivent brûler enfuite, ce noir enfin qui, lorfque le feu fe ralentit, vient, s'étendant comme un voile fur le corps embrafé, reprendre la place qu'il y avoit occupée, jufqu'à ce que de nouveau il la cède au rouge qui doit, fi le feu fe renouvelle, l'en chaffer encore (*a*); n'y auroit-il pas lieu de le regarder comme le premier produit de nos principes ignés mis en activité & pouffés à la déflagration, comme le premier effet de leur développement? Et comme de ce noir plus dilaté provient le bleu (*b*), ne con-

(*a*) Les métamorphofes du charbon qui, fuivant qu'il est échauffé ou refroidi, paffe alternativement du noir au rouge, & du rouge au noir, me rappellent celles d'une pierre affez curieufe que l'on nomme *oculus mundi*, laquelle de blanche ou jaune & d'opaque qu'elle fe montre, devient, étant trempée dans l'eau, tranfparente & chatoyante, & va, peu après qu'elle en eft fortie, reprenant fa blancheur & fon opacité. Ici l'eau fait à-peu-près fur cette pierre ce que le feu fait fur le charbon. Je ne puis d'ailleurs, quant à ce dernier, fonger aux couleurs qu'il porte, quitte & reprend tour-à-tour, fans croire qu'il eft entre ces couleurs, tout oppofées qu'elles font, quelque rapport originel.

(*b*) Pour peu que l'on faffe attention à ce qui fe paffe dans nos foyers, l'on doit voir que c'eft du noir dont fe couvrent nos combuftibles, & non d'ailleurs, que part la flamme bleue dont nous avons parlé, & à ce noir qu'elle refte attachée; & dût cette flamme fe montrer quelquefois, & fans apparence de noir, à la furface des parties embrafées du bois, ou fe faire en fens contraire une percée à travers fon écorce, ce n'eft pas, comme on peut s'en convaincre, du rouge que nous offrent ces parties embrafées, mais du noir qui eft au-deffous d'elles, que part cette flamme; & c'eft de là qu'elle s'élance, ou à travers les charbons ardens, ou à travers l'écorce du combuftible.

Y y

nous indiquent par là , d'une manière bien poſi-
tive , quelle doit être la voie que la nature a priſe

viendroit-il pas , loin de le conſidérer , ainſi qu'on a toujours
fait , comme une privation , comme une nullité abſolue , ne
conviendroit-il pas , dis-je , d'accorder à ce noir générateur
du bleu une place parmi les couleurs ? Et ſans en créer une
pour lui , ſans augmenter à cet égard le nombre de nos
couleurs données , qui nous empêche de le confondre avec
celle-là même qu'il engendre ? Qui nous empêche de le regarder comme l'extrême du bleu , comme le bleu pris & vu
dans toute ſon intenſité , lequel nous donne , alors qu'il ſe
développe , l'indigo d'abord , puis un bleu plus clair , &
après , lorſqu'il ſe décompoſe , le jaune & le rouge qui ſe
démontrent , arrivant la ſéparation des matières qui les portent & forment le bleu , étant réunies ? L'on pourroit donc
enviſager le noir , tout obſcur qu'il eſt , comme renfermant
toutes les couleurs en lui ; & ſi , comme nous venons de
l'obſerver , ce noir ne ſe doit qu'au rapprochement du bleu
& des couleurs intégrantes du bleu , ne pourrions-nous pas ,
d'après cela , regarder toutes les ſubſtances qui en ſont re-
vêtues comme des extraits très-rapprochés des matières de la
lumière & de la chaleur , ou du moins comme des ſubſtances
où ces matières abondent , ainſi qu'on en peut juger & par
le charbon de nos combuſtibles , & par le charbon de terre
principalement , en qui ces matières de la lumière & de la
chaleur , & celle-ci ſur-tout , ſe trouvent en très-grande quantité ? Et c'eſt à cela , ſans doute , c'eſt à la préſence & à l'abondance de ces matières actives que nos étoffes noires doivent
d'être en général peu durables , & d'un mauvais uſage : de
là vient pareillement qu'elles ſont , étant expoſées aux rayons
du ſoleil , ſi promptes à s'échauffer ; & ſi , dans chaque eſpèce , les animaux à poils noirs l'emportent ſur les autres en
force , en courage & en activité , il n'en faut pas , je crois ,

pour former les autres. Je ne dirai rien des ingrédiens divers dont on se sert pour établir ces pierres

___

chercher la cause ailleurs ; il sembleroit, d'après cela , que les alchimistes n'ont pas eu tout-à-fait tort de regarder le noir comme une chose aussi importante dans l'œuvre philosophique , & de fonder sur lui leurs espérances ; sous cette couleur en effet, couleur qui par-tout est devenue le symbole de la nuit & de la mort , gisent & reposent & les principes de l'or, & les principes les plus vivifians de la nature ; mais dussent se trouver là, & la matière propre du métal dont nous parlons , & la matière d'un remède prétendu universel , de quoi cela peut-il nous servir, si nous ignorons & la manière de les extraire, & celle de les combiner, ainsi que les proportions dans lesquelles il faut , pour chaque objet, les réunir ensemble ; & tout cela est encore dans les secrets de la nature.

Quant au vert , j'ai cru quelque temps que cette couleur pouvoit être attachée à quelqu'un de nos principes élémentaires ; & comme c'est la couleur de l'eau vue dans son intensité , je me figurois qu'elle pouvoit lui appartenir. Mais depuis j'ai reconnu que l'eau n'a, ainsi que la terre, aucune couleur à elle, qu'elle est comme elle réduite au blanc, & que le vert, que je prenois pour une couleur primitive, n'est autre chose que du bleu surchargé d'un peu de jaune, d'où l'on voit que, pour avoir du vert, il ne faut qu'ajouter dans le mélange des matières propres à former du bleu un peu de phlogistique ; & l'on sait en même temps par là pourquoi les teintures vertes sont sujettes à bleuir ; il s'ensuit aussi que si l'eau, qui est sans couleur, a, quand elle est vue dans son intensité , une couleur verdâtre, elle ne peut devoir cette couleur qui lui est étrangère qu'à des corps également étrangers : & c'est tant à l'air dont elle est pénétrée, & qui porte avec lui la couleur bleue , qu'à la matière de la lu-

factices ; il n'y a, à cet égard, qu'une chose à vous faire remarquer ; c'est que dès que ces pierres font

mière qui la pénètre également, & qui porte avec elle la couleur jaune, qu'elle paroît devoir la couleur verte qu'elle nous offre. Mais si l'eau n'a point cette couleur en propre, au moins faut-il la regarder comme en étant, à cause des principes qui la pénètrent, constamment imprégnée, & par conséquent comme le véhicule ou le medium le plus propre pour la faire passer dans les corps : aussi est-ce d'elle dont la nature se sert habituellement pour en revêtir la surface terrestre. Oui, c'est cette eau déjà si favorable à la végétation, qui, portant au retour du soleil dans les plantes naissantes, comme dans celles qui subsistent déjà, les sucs dont elles ont besoin, y voiture en même temps la couleur dont elle se trouve chargée, & l'applique à mesure sur les parties molles & nouvelles de ces plantes (*a*) ; & ce qui prouve que c'est, comme nous disons, par l'intermède de l'eau que cette couleur s'imprime sur les plantes, c'est que dès que celles-ci refusent de nouveaux sucs, comme il arrive alors qu'elles sont en maturité, ou dès que l'eau est par la sécheresse ou par le froid empêchée d'y monter, & que celle qui s'y étoit portée se trouve, sans être remplacée, absorbée par l'ardeur du soleil ; on voit, à mesure que cette eau se dissipe, disparoître la couleur fugitive qu'elle avoit apposée sur ces plantes ; & au vert, qui faisoit leur parure durant leur vie, & le charme de nos yeux, succède, ou le jaune, ou un certain rouge-brun qu'elles prennent étant mortes ; & ces couleurs nouvelles qu'adoptent alors & les pailles de nos plantes annuelles, & les feuilles desséchées de nos arbres, sont par leur ton assez propres à nous faire connoître quels peuvent être les principes qui dominent dans ces substances ; au moins voit-on que ces substances sont, après avoir perdu

(*a*) L'on voit des terres, & même des pierres, qui, lorsqu'elles sont trop humectées, prennent également une teinte verdâtre.

formées par le feu (& en cela nous ne pouvons rien que par cette voie), il n'eſt guère poſ-

---

& leur eau & leur vert, bien plus combuſtibles & bien plus inflammables.

Telle eſt, ſur la matière qui nous occupe, la théorie que j'ai cru devoir embraſſer : & cette théorie, nul doute qu'au premier coup d'œil elle ne paroiſſe toute oppoſée au ſyſtême de Newton ; toutefois, en y réfléchiſſant, l'on doit voir que les principes qui me ſervent d'appui, ſont exactement ceux ſur leſquels ce grand maître a lui‑même fondé ſa doctrine. Comme lui, en effet, je regarde les couleurs, non comme des modifications accidentelles de la lumière, mais comme des propriétés réelles, ou comme des modes néceſ-ſaires que la nature a jugé devoir attacher, ſoit aux élémens de la matière, ſoit aux rayons de la lumière : comme lui, je crois ces couleurs immuables, indeſtructibles, & vraiment inſéparables des élémens ou des rayons auxquels elles ſe trouvent attachées. Comme lui j'eſtime que les couleurs de ces élémens ou de ces rayons, ne ſauroient s'altérer ni ſe détruire par aucune réfraction ou réflexion ; de ſorte que s'il n'y avoit qu'une ſeule matière dans les rayons de la lu-mière, & par conſéquent qu'une ſeule couleur attachée à ces rayons, cette couleur ſeroit, de quelque manière quelle fût réfractée ou réfléchie, conſtamment & invariablement la même. Comme lui, je penſe encore que les rayons de la lu-mière, qu'il eſt à propos de diſtinguer de la matière de la lumière, laquelle eſt une & homogène, ſont, quant à eux, vraiment compoſés de parties eſſentiellement différentes, d'où viennent les différentes couleurs qu'ils nous donnent ; & d'après cela, l'on doit voir que ſi je me ſuis écarté de ſa doctrine, ce n'eſt guère qu'en ce que j'admets moins de couleurs primitives que lui, & en ce que j'attache aux élé-mens de la matière, ce qu'il juge excluſivement attaché aux

fible que l'eau foit admife dans leur compofition ;
& je juge, d'après leur tranfparence, que la terre

---

rayons de la lumière. Mais que font en eux-mêmes ces
rayons de la lumière, finon des particules de matière dépendantes d'un ou de plufieurs principes réunis & confondus
dans un même fluide ? Et ces particules de matière, à quels
principes peuvent-elles appartenir, fi ce n'eft d'une part à
la matière même de la lumière, laquelle ayant été mife en
expanfion, fe trouve ici par une fuite de cette expanfion,
non dans toute fon activité, ni dans tout fon éclat, ainfi
qu'elle peut être au fortir de l'aftre radieux du jour, mais
dans toute fa ténuité, & pour ainfi dire dans fon état élémentaire, & de l'autre à la matière de la chaleur, laquelle
ayant fervi, & elle en a feule le pouvoir, à mettre la précédente en expanfion, va, tant à raifon de l'impulfion qu'elle
peut avoir elle-même, que comme entraînée par l'autre,
fuivant & accompagnant celle-ci dans l'efpace où elles fe
répandent l'une & l'autre, & où elles forment, en fe refroidiffant, & le fluide des rayons dont il s'agit, & le fluide
de l'air que nous refpirons. Or qui ne voit que ces matières, font précifément celles que nous difons chargées &
pourvues des couleurs que Newton juge affectées aux rayons
de la lumière ? Et quant à cela, j'ofe croire qu'il convient
de les attacher aux principes de la chofe, de préférence à la
chofe même, d'autant que par là l'on voit un peu mieux
quelle eft la bafe à laquelle ces couleurs fe trouvent attachées & que s'il eft befoin pour expliquer les couleurs différentes que nous donnent les rayons de la lumière, d'admettre dans ces rayons des matières différentes, l'on fait
tout d'un temps quelles font les matières dont ces couleurs
dépendent. Toutefois l'on doit voir qu'il n'y a pas fur ce point
une très-grande différence entre Newton & moi ; & l'on
conçoit en même temps que s'il juge les couleurs infépa-
rables des rayons de la lumière auxquels il les attache, je

de son côté ne doit y entrer que pour très-peu de chose , supposé même qu'elle n'en soit pas, comme

---

puis de mon côté , & avec autant de raison , les dire inséparables des élémens dont nous parlons ; j'estime, qui plus est , que ces couleurs que nous disons l'un & l'autre inséparables , ou des rayons de la lumière , ou des élémens ci-dessus énoncés, doivent leur rester invariablement attachées, soit que ces rayons où ces élémens soient en agrégation fluide, soit qu'ils soient en agrégation concrète.

Quant aux couleurs qu'il nous faut regarder comme primitives, je me trouve, en les réduisant à deux , bien plus éloigné que ci-dessus du sentiment de Newton ; & rien à cet égard ne peut m'en rapprocher. Qui ne sent en effet que pour porter à sept, comme il a fait, le nombre de ces couleurs primitives, il me faudroit, d'après ses principes même , pour rendre raison de ces sept couleurs différentes, & donner une base à chacune d'elles , supposer dans les rayons qui les produisent autant de matières différentes : or , je le demande, quelles pourroient être ces matières, & d'où se tireroient-elles ? Est-il même dans la nature assez de matières différentes pour répondre à la multiplicité de ces couleurs ? Et parmi celles qui s'y trouvent , y en a-t-il beaucoup qui soient , par leur légèreté , leur ténuité , & leur expansibilité , assez rapprochées de la matière de la lumière , pour qu'elles puissent la suivre, l'accompagner & se confondre avec elle dans un même fluide ? Quant à moi , je le déclare , je n'en connois qu'une; & cette matière unique est celle de la chaleur ; encore est-elle moins légère & moins ténue que la précédente ; toutefois elle peut la suivre dans l'espace, & devenir, en s'attachant à elle, une des matières intégrantes du fluide de la lumière ; il n'est ainsi que ces deux matières que nous puissions croire existantes dans ce fluide ; & s'il faut que d'elles seules il se compose , il est par là comme démontré que dans le nombre des couleurs qui émanent de ce même fluide, il n'en est que

l'eau , totalement exclue ; au moyen de quoi les ingrédiens dont nous parlons ne font pour autre

deux auffi , favoir , celles qui fe trouvent attachées à chacune de ces matières , que nous puiffions regarder comme fimples & primitives. Au refte , il fuffit , comme on l'a vu , de ces deux couleurs , pour expliquer toutes celles qui fe manifeftent , foit dans l'arc-en-ciel , foit à travers le prifme , lefquelles ne font la plupart que des couleurs composées , produites par le mélange de ces deux-là même que nous avons entre toutes jugé fimples & primitives. Le plus important ici , comme le plus difficile , étoit , fans doute , de trouver l'origine du bleu , couleur qui fert effentiellement à la formation de plufieurs autres , & femble en même temps ne dépendre d'aucune , couleur pourtant que dans notre hypothèfe il faut exclure du rang des couleurs primitives , à caufe qu'il n'eft dans la nature aucune matière , outre celles que nous avons nommées , qui puiffe lui fervir de bafe. Mais fi le bleu , qui s'annonce comme une couleur primitive , & que l'on a jufqu'ici regardé comme telle , n'eft , comme il eft probable , qu'une couleur neutre réfultante du mélange du jaune & du rouge , il ne refte , fi on me l'accorde , aucune difficulté fur la queftion , & l'on voit alors qu'il n'y a nul befoin d'admettre d'autres couleurs primitives que les deux ci-deffus , puifqu'en joignant à ces deux couleurs , qui font le jaune & le rouge , la couleur neutre qu'elles produifent enfemble , qui eft le bleu , l'on peut , comme on fait , former non - feulement toutes les couleurs de l'arc-en-ciel , mais encore toutes celles qui font intermédiaires entre ces couleurs. Et fuppofé que l'on ait peine à m'accorder que le bleu procède du jaune & du rouge , encore n'y auroit-il dans ce cas , au lieu de deux , que trois couleurs primitives , & non fept , qu'il nous faudroit admettre , puifqu'il fuffit de ces trois couleurs , & d'un peu de blanc , pour produire toutes les autres.

Ce qui a porté Newton à étendre fans néceffité jufqu'à

chofe ici, fous quelque nom qu'ils fe préfentent,
que pour fournir les autres principes fervant à

---

fept le nombre des couleurs primitives, c'eft fans doute la
vue des couleurs qui fe préfentent tout naturellement en pareil nombre, & fans variation, foit dans l'arc-en-ciel, foit
dans le prifme, ce font les expériences fuivies qu'il a faites par
le moyen du prifme, & fur la lumière & fur les couleurs.
Mais ni les couleurs de l'arc-en-ciel, ni celles du prime, ni
les expériences qu'il a faites fur elles à l'aide du prifme, ainfi
que celles que l'on pourroit faire encore, quels qu'en foient
les réfultats, ne peuvent nous donner, ni fur le nombre des
couleurs primitives, ni fur le nombre & la nature des matières auxquelles elles peuvent être attachées, des notions
sûres & fuffifantes. Par-tout là nous ne voyons que des
exemples répétés des manières les plus marquées dont,
en rompant les rayons de la lumière, les deux matières qui
s'y trouvent, ainfi que les couleurs qu'elles portent, peuvent fe mêler & fe combiner enfemble. Ainfi, en prenant
à part chacune des fept couleurs qui fe préfentent dans l'arc-
en-ciel & le prifme, nous regardons d'abord la bande jaune
qui s'y trouve comme étant exclufivement compofée des
rayons de la matière de la lumière, féparés par la réfraction
des rayons de la matière de la chaleur, & la bande rouge
qui s'y démontre enfuite, comme étant à fon tour compofée des rayons de la matière de la chaleur, féparés de
même par la réfraction des rayons de la matière de la lumière; puis venant à celles qui fe colorent en bleu & en
vert, nous envifageons l'une comme fe devant aux rayons
des deux matières ci-deffus réunies dans des proportions
convenables, & l'autre comme ne différant de la précédente
qu'en ce qu'aux rayons qui fervent à former celle-ci, il
s'eft joint quelques rayons en plus de la matière de la lumière;
& d'après cela, l'on conçoit aifément de quoi fe forment les

l'inſtitution de ces agrégats , & ces principes ſe réduiſent à l'acide & au phlogiſtique , c'eſt-à-dire,

zones qui s'enſuivent. Une choſe d'ailleurs à remarquer ici , c'eſt que ce ſont préciſément , & les deux couleurs que nous regardons comme primitives , & celle qui leur tient de plus près, qui eſt le bleu, qui , indépendamment des zones qu'elles forment d'elles-mêmes & ſans mélange , ſervent encore à former les autres; ce qui ne laiſſe aucun doute ſur les mélanges de rayons & de matières dont il vient d'être parlé. Enfin , n'eſt-il pas à croire que le fluide de la lumière ſur lequel Newton s'eſt exercé , & d'où ſe tirent toutes les couleurs ci-deſſus énoncées , n'eſt autre , quand il eſt refroidi , que le fluide même de l'air éclairé par l'aſtre du jour, & que , ſi ce dernier a en la qualité de fluide neutre , ainſi que nous l'avons obſervé , la couleur bleue en partage, c'eſt cette couleur également neutre dont il ſe montre revêtu , qui , étant rompue ou décompoſée par la réfraction où la réflexion, nous donne dans l'arc-en-ciel ou le priſme, le jaune & le rouge dont elle étoit formée , & en même temps toutes les couleurs réſultantes des différens mélanges de ces deux premières? Quoi qu'il en ſoit , l'on doit voir par ce qui précède que ni les couleurs de l'arc-en-ciel , ni celles du prime , ni toutes les expériences que l'on peut faire avec ſur le fluide de l'air ou de la lumière , ne ſont aucunement propres à nous éclairer & ſur le nombre des couleurs qu'il nous faut regarder comme primitives, & ſur le nombre & la nature des matières qui les portent. Ce n'eſt point par des expériences & des études faites ſur un fluide actuellement froid & ſans action, que l'on peut là-deſſus ſe procurer des aperçus : non , c'eſt dans le feu , c'eſt , ſi nous ne pouvons remonter à l'origine des choſes , pendant leur deſtruction, c'eſt dans la déflagration des corps & la diſperſion de leurs élémens, qu'il nous faut ſur cela chercher des inſtructions : ce n'eſt, on le ſent , qu'au moment où nos principes ſont par l'action du feu dans tout leur développe-

aux matières de la lumière & de la chaleur que renferment ces ingrédiens, & que nous regardons

---

ment & dans l'exercice de leurs propriétés, qu'au moment où ils fe montrent à découvert & parés de tous leurs modes, que l'on peut, en les obfervant, prendre quelque connoiffance de leurs attributs refpectifs, & des couleurs qui leur font propres.

Je crois avoir affez difcuté la queftion ; je l'avouerai pourtant, tout n'eft pas expliqué ; & quoique dans l'hypothèfe que je viens d'expofer, l'on voie affez clairement, & d'où viennent les couleurs, & comment elles fe multiplient, & combien il en eft de primitives, & à quelles matières elles fe trouvent attachées, il eft des ombres encore répandues fur tout cela, & des chofes par conféquent qui, faute d'être aperçues, ne font point faciles à expliquer. Nous avons, par exemple, quelque peine à comprendre pourquoi les couleurs des corps font rarement en rapport avec les couleurs des principes dont nous les croyons compofés, & notamment pourquoi l'argent, le plomb, l'étain, & d'autres corps colorés en blanc portent, quoiqu'ils n'admettent que peu ou point de terre & d'eau dans leur compofition, la couleur précife de ces élémens, au lieu de porter celles des principes dont ils foht vraiment compofés ; comme auffi pourquoi l'acide qui, felon notre hypothèfe, devroit fe colorer en rouge, fe montre blanc quand il eft pur, &c. &c. Mais, quoique de ces faits, & de quelques autres peut-être encore, nous ayons peine à rendre raifon, faut-il pour cela rejeter une hypothèfe qui femble d'ailleurs s'accorder affez avec le fyftême de la nature ? Non ; parce que fouvent il arrive que ce qu'on n'a pas aperçu dans un temps, on le découvre dans un autre ; parce que, fi les difficultés qui fe préfentent ici ne font pas encore réfolues, il ne faut s'en prendre qu'à notre inintelligence ; parce qu'enfin il n'eft guère de théories,

finon comme les feules , au moins comme les principales matières intégrantes des pierres-gemmes

---

fût-ce même celle de Newton, qui répondent & fatisfaffent
à tout. Qui de nous d'ailleurs peut , en fuivant la nature ,
fe flatter de ne pas la perdre de vue ? & faut-il s'étonner que
dans l'obfcurité où elle fe tient , elle échappe à nos recherches, & qu'il foit des fecrets que nous n'ayons pu lui dérober ? Au refte, vous remarquerez que , fi les corps avoient
les couleurs des principes divers dont ils font compofés ,
vous remarquerez , dis-je , que, hors ceux qui n'admettroient
qu'un feul de ces principes , ils n'offriroient tous que des furfaces bigarrées & piquées, comme des marbres, de différentes
couleurs; & en y réfléchiffant, ne diroit-on pas qu'en les
formant la nature s'eft cru obligée , foit pour rendre fes ouvrages moins difformes ou plus agréables à la vue , foit pour
nous ôter la connoiffance des principes qu'elle peut y avoir
employés, de jeter un voile fur chacun de ces touts , & de
les enduire, pour les habiller d'une manière plus égale , d'une
couleur particulière, couleur qui , felon les cas, eft, ou étrangère à celles des principes dont ils font formés, ou empruntés
de l'une d'elles; ainfi elle a caché fous un voile blanc ou
fjaunâtre les couleurs chatoyantes de l'*oculus mundi* ; ainfi elle
couvre de noir le charbon qui s'éteint; ainfi elle teint d'un
vert doux & agréable à l'œil les plantes qui naiffent ; & par
elle l'or fut également enduit d'un jaune éclatant, &c. &c.
Et comme ces couleurs légères & fuperficielles ne fervent qu'à
mafquer, & à envelopper les autres, il eft, pour les écarter &
faire revivre ces dernieres, différens moyens, & l'on y parvient,
foit en trempant dans l'eau les corps qui en font revêtus,
ou en les expofant au feu, foit en les defféchant, ou en les
foumettant à l'électricité , &c. &c. Et ce qui prouve l'exiftence de ces couleurs foncières, renfermées fous enveloppe
dans les corps, c'eft que fi on mêle enfemble plufieurs fubftances diverfement colorées, l'on voit , & non fans étonne-

tant naturelles que factices. Dans le nombre de
ces pierres de compofition, il en eft qui ne font

ment, que les réfultats de ces mélanges prennent affez fouvent des couleurs qui, loin de fe conformer aux teintes apparentes de ces fubftances, ne correfpondent au contraire
qu'aux couleurs des principes dont elles font compofées, couleurs qui jamais ne varient & ne diffèrent dans leurs apparences, qu'en ce qu'elles fe voilent ou fe développent felon
l'état que prennent les principes qui les portent. Ainfi l'acide
que l'on verfe dans une diffolution bleue, donne, quoique
blanc, une teinte rouge à cette diffolution; & d'après cela
même, l'on peut croire que le blanc dont il paroît habituellement revêtu, n'eft qu'une couleur étrangère due à l'eau
qui lui eft accidentellement unie; ainfi, quoique l'or & le
cuivre foient jaunes l'un & l'autre, nous tirons le pourpre
de l'un, & le vert de l'autre; & il en eft de même de beaucoup d'autres fubftances; d'où l'on voit que pour faire revivre
les couleurs propres des principes dont elles fe compofent,
& faire difparoître celles qui les enveloppent, il n'eft befoin
que de donner, n'importe par quel moyen, une forte d'activité aux principes qui les conftituent.

Ici je me profterne & demande grace au lecteur, pour
avoir ofé lui préfenter fur un fujet traité par Newton une
théorie différente en quelque chofe de la fienne; je fuis au
refte, quoi qu'on penfe des idées que je viens d'expofer fur
cette matière, je fuis, dis-je, fort éloigné de croire que
cela puiffe porter la moindre atteinte à la gloire de ce phi-
lofophe. Elle doit, fi on les rejette, en recevoir un nouvel
éclat : & quand on daigneroit les acceuillir, il eft fi grand!
il a tant de droits à notre admiration!....Enfin s'il en eft
qui blâment mon audace, il en eft peut-être auffi qui me
fauront gré d'avoir ofé lutter contre une autorité qui, lorf-

formées qu'avec des os calcinés & réduits en poudre, & celles-ci nous indiquent d'une manière bien plus précise encore que les autres quels peuvent être les principes servant à leur inftitution, vu qu'il n'eft befoin que de chauffer un peu plus les matières dont elles proviennent, pour en obtenir le phofphore ; & c'eft pour cela qu'on leur a donné le nom de diamans phofphoriques.

Il n'eft rien peut-être en quoi l'art fe foit autant rapproché de la nature que dans la contrefaction de ces pierres précieufes ; d'où l'on peut inférer que les moyens & les procédés de l'un ne s'éloignent guère des moyens & des procédés de l'autre; & que fi l'art fait autant, ou à-peu-près, en tirant fes moyens du feu, c'eft de là auffi que la nature a tiré les fiens pour former les pierres qu'en ce genre elle nous a données pour modèles. Et voilà, au moins jufqu'à ce qu'on nous préfente des pièces de comparaifon produites par une autre voie, ce qu'il nous faut croire fur cela. Perfonne ne s'eft plus occupé que M. le marquis de Bullion à faire de ces pierres de compofition, & perfonne n'y a mieux réuffi : il n'eft, pour ainfi dire, aucune pierre-gemme qu'il n'ait imitée ; nous avons de lui des diamans de toutes couleurs, des rubis,

---

qu'elle fubjugue tous les efprits, devient, quelque fondée qu'elle foit , tant en favorifant la pareffe des uns , qu'en arrêtant l'effor des autres, un des plus grands empêchemens au progrès de nos connoiffances.

des émeraudes, des saphirs, des topazes; & ces pierres, il a su les rendre à tel point semblables à celles de la nature que l'œil a peine à les distinguer les unes des autres. Or, en voyant ces pierres également transparentes, également brillantes, & douées à l'extérieur de tous les avantages qu'ont les pierres fines, pourroit-on les regarder après comme étant, quant au fond, différentes de celles-ci? Non, & je l'ose dire, il n'y a à cet égard même aucune différence entre elles; en vain l'on voudroit s'en défendre, il faut, dès que ces pierres se ressemblent à l'extérieur, les croire également en rapport, & quant aux matières ou principes dont elles se composent, & quant à la manière dont elles ont été formées.

Je l'avouerai pourtant, ces pierres factices, quoique assimilées aux pierres fines, n'ont pas exactement toutes les qualités qui se rencontrent dans celles-ci; d'abord elles sont sujettes à suer & à se graisser, ce qui leur fait perdre par momens une partie de leur éclat; ce défaut toutefois ne doit se rapporter à aucune différence, ni dans leurs principes constitutifs, ni dans la manière dont elles peuvent avoir été formées; la chose n'arrive que parce que les principes actifs dont elles se composent, & qui se trouvent en elles nouvellement enchâssés, n'y sont pas, comme dans des pierres plus anciennement formées, dans un repos aussi parfait, ni au même degré de condenfation. Il s'en faut, en second lieu, que ces pierres aient la dureté qui diſtingue les autres, & cela ne vient encore que de ce que leurs principes n'y ſont ni auſſi rapprochés, ni auſſi condenſés que dans ces dernières ; & ſi on les trouve moins éclatantes, moins ſcintillantes, ce n'eſt qu'à cela pareillement qu'il faut l'attribuer. L'on voit par là que, ſi les pierres fines ont de l'avantage ſur celles dont nous parlons, elles ne le doivent qu'au grand rapprochement de leurs parties, qu'à la parfaite condenſation & à l'entière fixité de leurs principes ; mais comme ces principes n'arrivent pour l'ordinaire à ce point extrême de rapprochement, de condenſation & de fixité, que par ſucceſſion de temps, j'en conclus que la plus grande perfection de ces pierres n'eſt en elles qu'une choſe tout-à-fait relative à leur ancienneté, & que celles de M. de Bullion ne leur céderoient en rien, ſi elles pouvoient comme elles dater de quatre, cinq, cu ſix mille ans. Et ſi quelque choſe pouvoit empêcher celles-ci d'arriver à la même perfection, c'eſt qu'elles n'ont pas été formées avec cette lenteur que la na:ure met dans ſes ouvrages ; c'eſt qu'elles n'ont pas été aſſez long-temps à ſe refroidir ; c'eſt que, retirées trop tôt de nos creuſets, elles n'ont pas aſſez ſubſiſté dans cette chaleur moyenne qui auroit ſervi à les purger peu-à peu de ces matières graſſes qui les terniſſent & néceſſitent quelquefois de les repréſenter au

feu ;

feu (1) ; c'eſt qu'enfin elles n'auroient pas été, comme les pierres fines, attachées à leurs

---

(1) Si les pierres tirées de nos creuſets ſont, ainſi que tout corps échauffé ou animé, ſujettes à tranſpirer, nul doute que les maſſes vitrifiées qui ſe trouvent dans la terre n'aient eu le même ſort autrefois ; nul doute même que les exſudations de ces maſſes n'aient été, tant à raiſon de leur volume, qu'à raiſon du temps qu'elles ont été à ſe refroidir, & plus abondantes, & plus continues, & moins tôt interceptées ; & l'on ſent, pour peu qu'on y réfléchiſſe, que la matière de ces exſudations a dû ſe compoſer des parties les plus pures, les plus ténues & les plus volatiles de celles qui ſe trouvent dans ces maſſes. Cela poſé, qui nous empêcheroit, nous qui regardons déjà les ſubſtances métalliques comme étant formées des matières de la lumière & de la chaleur, portées par ſublimation dans les crevaſſes du globe, & accumulées dans ces crevasses, qui nous empêcheroit, dis-je, de regarder ici les pierres-gemmes comme des produits particuliers des exſudations dont il vient d'être parlé, & par ſuite, comme des concrétions également formées aux dépens des matières ci-deſſus énoncées, matières qui, par un reſte d'expanſion, par un reſte de cette tendance qu'elles ont à s'exhaler, ſe ſeroient peu-à-peu pouſſées hors des maſſes vitreuſes où elles étoient contenues, & à la ſurface deſquelles elles ſe ſeroient, n'ayant pas aſſez de chaſſe pour ſe porter plus loin, ſucceſſivement arrêtées, & appliquées par couches & par lames, ainſi qu'elles ſe trouvent arrangées dans le diamant. Nul doute même qu'en ſe réuniſſant là, elles n'y aient pu prendre, comme peu troublées dans leurs émiſſions, les formes régulières qu'affectent quelquefois les concrétions réſultantes de ces exſu-

matrices , & enfouies dans la terre pendant des temps immenses , ce qui auroit insensiblement

---

dations (*a*) ; ainsi , des mêmes matières seroient venues, par sublimation, les substances métalliques , & par exsudation , les pierres-gemmes. Et comme la nature peut, sans changer de principes , diversifier ses composés , qu'un rien lui suffit pour différencier leur conformation , & que les caractères distinctifs qu'elle leur donne, ne tiennent souvent qu'à la différente disposition de leurs matières intégrantes , il se peut que les différences qui se remarquent entre les agrégats dont nous parlons , c'est-à-dire , entre les substances métalliques & les pierres-gemmes , ne viennent d'autre chose que de ce que les unes auroient été formées par la voie de la sublimation , & les autres par celle de l'exsudation. Il est censé que , selon l'une ou l'autre de ces voies , les matières constituantes des agrégats ci-dessus , ont dû , fussent-elles de même nature , se lier, se mêler, & s'arranger tout différemment. Ici je les trouve parfaitement confondues , & liées , pour ainsi dire, dans tous les sens ; là , je les vois se posant avec mesure , & sans confusion , à la surface même des masses d'où elles se sont tirées, & s'appliquant successivement par couches & par lames les unes au-dessus des autres. Et de-là vient peut-être que les agrégats qui s'en sont ensuivis sont, les uns cassans & sans nerfs, & les autres

---

(*a*) Il est à croire qu'en se refroidissant les substances métalliques, formées dans les crevasses du globe , ont été pareillement sujettes à transpirer ; & leurs exsudations ont, ainsi que dans les pierres, pris & conservé le caractère propre des masses d'où elles sont provenues ; de-là les cristaux de toutes façons, les espèces de végétations , & généralement toutes les protubérances qui se trouvent à la surface de nos différens morceaux de mines.

amené les principes dont elles se composent au
point de condensation & de fixité où ils sont

malléables & ductiles ; de-là vient peut-être encore que
ceux-ci sont opaques, & les autres transparens.

Mais, dira-t-on, les cristaux métalliques ne sont pas
transparens ; ils semblent pourtant formés de la même manière que les agrégats dont vous parlez ; d'un autre côté,
les pierres qui se tirent de vos creusets, en sortent transparentes ; & l'on ne peut dire ici que les matières dont ces
pierres sont formées s'y trouvent non confondues & arrangées par couches & par lames ; ce n'est donc pas à cela
qu'il faut attribuer la transparence des corps dont il s'agit. Il
est, je l'avoue, difficile de répondre à cette objection ; mais
aussi, si les pierres ou verres qui se tirent de nos creusets
en sortent avec de la transparence, l'on ne peut dire que ces
corps doivent cette transparence à l'eau de leur cristallisation,
comme on le dit des cristaux salins, & par suite des cristaux
pierreux qui se trouvent dans la terre, vu que l'eau n'entre
pour rien dans leur composition ; & s'il est des corps qui
soient transparens sans le secours de l'eau, n'est-il pas à
croire que ce liquide, quoiqu'il ne puisse, comme transpa-
rent, nuire par sa présence à la transparence des corps, quoiqu'il serve même à rendre de la transparence à quelques-
uns d'eux, n'est-il pas à croire, dis-je, que ce liquide n'est
nulle part la vraie cause de la transparence, & que ce n'est
point à lui qu'est due celles des sels, & encore moins celle
des corps diaphanes qui se trouvent dans la terre. Quant
à moi, si l'on me refuse que la transparence des corps
vienne, ou de ce que ces corps seroient parfaitement pur-
gés de toutes parties terreuses, ou de ce que leurs matières
intégrantes seroient disposées par couches & par lames, je
l'avouerai, je ne vois plus d'où elle peut venir, & je demande
qu'on me le dise : la question mérite bien qu'on s'en occupe.

dans celles-ci. Remarquez, je vous prie, que les substances qui font vivantes, ou qui ont eu vie, & en qui les principes dont nous parlons se trouvent avoir, ou avoir eu une sorte d'activité, remarquez, dis-je, que ces substances se rapprochent d'autant plus de leur destruction, qu'elles s'éloignent du moment où elles ont été formées (1) ; tandis qu'au contraire celles qui, comme les pierres, ne font ni organisées, ni animées, & en qui les mêmes principes se trouvent sans activité, & comme voués au repos, vont, plus elles s'éloignent du moment de leur formation, se consolidant d'autant plus, & acquérant de la dureté à mesure que leurs principes augmentent en fixité. Il semble que le temps, cette espèce d'être invisible, qui suit la nature comme pour dévorer fait-à-fait tout ce qu'elle

---

(1) Remarquez, qui plus est, que les principes qui ont animé, qui ont vivifié ces substances, ont peine, même après leur mort, à s'y tenir en repos & à s'y fixer : ils semblent, quoiqu'arrêtés dans l'exercice de leur activité, en avoir encore quelques restes ; au moins font-ils, dès qu'ils en seront sollicités, tout prêts à s'échapper. Un rien, la moindre chaleur, la moindre variation dans la température de l'air, suffit pour faire impression sur eux, & les remettre en action ; de-là ce travail intestin & ces mouvemens fermentatifs qui, s'excitant dans ces substances, les changent, les altèrent, & les mènent souvent à une dissolution totale ; de là vient aussi qu'elles font, si elles se trouvent à l'humidité, autant sujettes à se corrompre, & si promptes à se consumer dès qu'on les expose au feu.

produit, il femble , dis-je, que le temps qui va pouffant fans relâche tous les êtres vivans & animés , & les réfidus même de ces êtres, à leur entière deftruction, n'ait , quant aux fubftances inanimées, aucune action fur elles , ou qu'il n'agiffe que pour les conferver , les défendre , les confolider , & les rendre , plus il va en avant, d'autant plus inaltérables & d'autant plus indeftructibles.

Après avoir confidéré les quartz , fi nous paffons à l'examen des fubftances metalliques , nous devons voir par le peu de variétés ou d'efpèces différentes qui fe préfentent dans cette nouvelle claffe d'agrégats , qu'il a été employé pour les former moins de principes encore que pour les précédens; car, en tout, les produits fuivent les données, & moins celles-ci font en nombre, moins il fe fait de combinaifons entre elles, & moins il y a par conféquent de variétés dans les réfultats; auffi regardons-nous les fubftances dont il s'agit, fubftances qu'on fait réduites à fix ou fept métaux , & autant, ou à-peu-près, de demi-métaux, comme étant exclufivement formées des matières de la lumière & de la chaleur , pouffées par l'action du feu dans les crevaffes du globe , & réunies dans ces crevaffes ; & c'eft à l'emploi exclufif de ces matières , à leur agrégation intime , & à leur extrême condenfation, que ces fubftances doivent leur dureté, leur pefanteur, leur ductilité , comme c'eft aux proportions diverfes dans lefquelles ces deux matières s'y trouvent mélangées, que se doivent toutes les différences qui les séparent, hors celles pourtant qui peuvent tenir à une formation plus ancienne ou plus récente, ou à quelques autres circonstances pareilles. Loin donc que nous reconnoissions dans ces substances une terre propre à chacune d'elles, nous croyons la terre en général, ainsi que l'eau, absolument exclue de leur composition; & dussent ces deux élémens se trouver dans les mines qu'on nous présente, mêlés & confondus avec les principes ci-dessus énoncés, nous ne les y voyons que comme des corps étrangers, qui n'entrent pour rien dans la composition des métaux, & ne sont là que par interposition. L'on peut dire la même chose du soufre, de l'arsenic, de l'acide marin, & de quelques autres matières qui se rencontrent également dans les mines, ou s'annoncent dans leur torréfaction, & qu'on regarde, à cause de cela, comme autant d'intermèdes servant à minéraliser les substances dont nous parlons; quoique ces matières soient, par leur nature ou celle de leurs principes, beaucoup plus en rapport avec les principes métalliques que la terre & l'eau, & par conséquent plus susceptibles de se minéraliser, nous ne les croyons pas pour cela plus nécessaires ici; & ces prétendus minéralisateurs, nous ne les voyons encore que comme des corps interposés, & tout au plus, comme des reliquats de matières qui n'ont point été minéralisées, & dont les principes, quoique analogues à ceux dont les métaux en général font compofés, ne font point ici dans les proportions requifes pour paffer à l'état métallique, ou du moins pour paffer à l'état du métal dans les mines duquel ces matières fe rencontrent ; il n'eft enfin, fuppofé qu'il faille admettre ici des minéralifateurs, il n'eft, dis-je, que les principes de la lumière & de la chaleur que nous regardons déja comme les matières intégrantes des fubftances métalliques, à qui ce titre puiffe convenir (1) ; & pour peu qu'on fe rappelle ce que nous avons dit plus haut fur les couleurs, on doit voir que de ces matières proviennent encore, & les couleurs dont les métaux fe trouvent revêtus, & celles que l'on peut en extraire.

Je ne m'étendrai pas davantage fur les métaux ; & j'ai dit ce que j'avois à dire touchant les agrégats de la nature. Souffrez pourtant, qu'après avoir fait paffer fous vos yeux les efpèces les plus remarquables de ces agrégats, je les y ramène toutes un moment pour vous faire fentir à quel point les matières de la lumière & de la chaleur fe trouvent répandues dans ces compofés, tant fluides que concrets, tant vivans qu'inanimés,

---

(1) Je l'avouerai, je ne fais trop ce qu'il faut entendre, quand on nous dit que tel ou tel métal fe trouve minéralifé par le foufre ou l'arfenic, &c. Il n'eft, je penfe, que des principes élémentaires qui puiffent dans la nature faire fonction de minéralifateurs.

& combien elles fervent l'une & l'autre à leur inſtitution. Vous remarquerez d'ailleurs que, ſi dans les uns, c'eſt-à-dire, dans ceux qui ſont placés à la ſurface du globe, ces matières ſe montrent, comme plus nouvellement employées, plus actives, plus puiſſantes, plus énergiques, elles ſont en revanche, & comme plus rapprochées, & comme plus condenſées, en plus grande quantité dans ceux qui ſe renferment dans ſon ſein ; d'où l'on voit à quoi les premiers doivent d'avoir, comme vivans & animés, une exiſtence plus diſtinguée, & combien les derniers peuvent ſervir à l'entretien des feux que vomiſſent nos volcans. Cela poſé, n'y auroit-il pas lieu de regarder ces agrégats quelconques, non ſeulement comme des combuſtibles ſuſceptibles de déflagration, mais encore comme des eſpèces de phoſphores, ou du moins, comme des mixtes qui, ſans être pour le préſent à l'état phoſphorique, pourroient dans leur déflagration nous donner le phoſphore ? & ſi cette matière brûlante & lumineuſe, cette ſubſtance toute de feu que nous nommons ainſi, n'a été juſqu'à préſent retirée que des ſubſtances animales, ce n'eſt pas, comme on voit, que les principes dont elle ſe forme, ne ſoient également contenus, & dans les végétaux, & dans les minéraux, & qu'on ne puiſſe, dès qu'ils y ſont, les en extraire de même. Mais vu qu'ici ces principes ſont, ou comme peu fixés, prompts à s'exhaler, & difficiles à coercer, ou comme entièrement fixés, difficiles à mettre en expansion, il se peut qu'on ait plus de peine à les tirer de ces substances, que des substances animales ; il semble enfin que ces principes soient dans ces dernières seulement au point de fixité qu'il convient pour rendre leur extraction plus facile ; & voulût-on les tirer d'ailleurs, l'on sent qu'il faudroit, ou pour modérer leur expansibilité, & les arrêter dans leur fuite, ou pour vaincre la résistance qu'ils opposent alors qu'ils sont en pleine fixité, d'autres moyens que ceux que nous employons pour les tirer des substances animales.

Mais quoique les matières de la lumière & de la chaleur soient, ainsi que nous venons de l'observer, répandues dans tous les corps, comme elles n'y sont guère sans être unies & combinées avec d'autres principes, il est rare qu'elles s'y laissent apercevoir sous les caractères qui leur sont propres ; le plus souvent même elles s'y trouvent masquées & enveloppées de manière qu'on ne peut les découvrir qu'en décomposant les masses où elles résident. Il semble qu'en finissant ses ouvrages, la nature ait jeté un voile sur chacun d'eux, tant afin de nous cacher son travail, que pour nous ôter la connoissance des matières qu'elle peut y avoir employées. Il nous reste cependant quelques moyens encore de les reconnoître ; & ces moyens, nous les trouvons dans ces modes indélébiles qui sont attachés aux élémens des corps, & qui étant faits pour distinguer ces élémens, vont les décelant, pour peu qu'ils foient dans les corps fans être parfaitement neutralifés : duffent ces principes donc s'y trouver mêlés & confondus, il eft, malgré cela, poffible de les juger , foit aux faveurs qu'affectent les mixtes qui les contiennent, foit aux odeurs qu'ils exhalent, ou aux couleurs dont ils fe revêtent ; foit enfin, & furtout, aux formes qu'ils prennent dans leurs criftallifations, formes qui tiennent à celles de leurs principes élémentaires, & en font néceffairement dérivées. Il n'eft pas qu'on ne puiffe même les juger quelquefois fous ces dehors empruntés , fous ces modes compofés qu'ils adoptent alors qu'ils font en combinaifon , & en affociation avec d'autres. Tels font enfin , quand ces principes font engagés dans les corps , les indices auxquels nous pouvons les reconnoître : tels font, fi je puis m'exprimer ainfi , les témoins que dans fa marche obfcure & fecrète la nature a laiffé derrière elle, comme pour guider dans leurs recherches ceux qui pourroient fe livrer à fa pourfuite. Ainfi , par-tout où fe trouvent les mêmes faveurs, les mêmes couleurs & les mêmes formes, là font néceffairement les mêmes principes , lefquels, malgré la différence de leur état & de leur pofition, vont, quelque part qu'ils foient engagés, démontrant de la forte leur homogénéité ; & voilà ce qui lie & met en concordance les trois règnes de la nature. Alors donc que nous voyons les fels , les pierres & les métaux prendre les mêmes formes, ou à-peu-près, dans leurs criftallifations, nous pouvons en conclure que ces fubftances, tout oppofées qu'elles paroiffent, font parfaitement en rapport quant aux principes dont elles fe compofent. Et fi l'or & le diamant criftallifent l'un & l'autre en octaèdres, cela feul doit, indépendamment de toute autre raifon, nous faire regarder ces deux fortes d'agrégats comme étant formés des mêmes matières (1). Et l'on fent, quant aux différences que nous remarquons entre eux, qu'elles ne peuvent fe rapporter qu'à la manière dont ils ont été formés ; & qu'en con-

---

(1) Je me plais à regarder les criftallifations diverfes qui fe préfentent parmi nos autres concrétions, comme des agrégations plus finies que la nature a faites après coup, & des mêmes matières, comme des extraits autrement ordonnés de fes premières productions. Elles fe doivent, comme on fait, au rapprochement fpontané d'une quantité de parties fimillaires appartenantes à différens principes ; & elles fe produifent de deux manières, par précipitation, ou par exfudation : par précipitation, quand les principes qui en font la matière font en diffolution dans un liquide quelconque, & par exfudation, quand ils fe trouvent dans des maffes déjà confolidées, dont ils cherchent à fe dégager ; & de cette manière, ils ne vont point au-delà de ces maffes ; ils ne s'en féparent point ; ils s'arrêtent & s'appliquent à leur furface, au lieu qu'en fe précipitant d'une diffolution quelconque, ils fe féparent abfolument de leur diffolvant : en s'en féparant, ils fe dépofent alors, & s'incruftent où ils peuvent ; de forte qu'il peut fe trouver fur une même maffe des criftaux faits par précipitation, avec des criftaux faits

féquence elles doivent tenir à peu de chofe ; toutefois nous ne faurions dire encore d'où elles proviennent.

par exfudation. Il faut , au refte, pour que les réfultats de ces précipitations ou de ces exfudations foient réguliers dans leurs formes , que l'opération fe faffe avec lenteur, & qu'elle n'éprouve aucun trouble. Enfin , vous remarquerez que , fi les criftallifations faites par précipitation annoncent dans les principes diffous dans un liquide une grande difpofition à fe rapprocher, celles faites par exfudation fuppofent de leur côté dans les principes engagés dans des maffes un refte de tendance à fe dégager & à s'éloigner de leur centre. Cela fe démontre même quelquefois dans des criftallifations faites par précipitation: que l'on mette , en effet , une diffolution faline en évaporation dans un vafe à moitié plein, l'on voit le fel , qui, en fe rapprochant , s'attache aux parois du vafe, s'élever peu-à-peu, & de lui-même, au-deffus du liquide , & fucceffivement jufques aux bords de l'évaporatoire, & fouvent même au-delà. J'aperçois d'ici des rapports affez marqués entre la criftallifation & la végétation ; & j'envifage l'un comme une efpèce de végétation , & l'autre comme une efpèce de criftallifation.

LETTRE VI et dernière.

Sur les Évaporations de la Terre, & la caufe de ces Évaporations.

JE n'examinerai point, Madame, quelle eft dans le fyftême du monde la caufe première de la chaleur & du mouvement, ni fi cette caufe eft interne ou externe : cette queftion eft étrangère à mon objet ; mais fi, au lieu d'embraffer l'univers dans nos vues, nous allons, fans nous occuper de la puiffance invifible qui le fait mouvoir, nous rabattant fur les maffes individuelles qui font partie de ce grand tout, nous verrons, & c'eft fur quoi j'ai voulu d'abord arrêter vos regards, nous verrons, dis-je, que la chaleur & le mouvement dont ces maffes font douées, ne font guère entre elles, quelle qu'en foit la caufe, que des accidens, que des modes acquis & non propres, que des impreffions paffagères, que l'effet enfin d'une force qui s'eft exercée fur ces maffes : effet qui, pour être en rapport avec fa caufe, doit fe mefurer, quant à fa durée, fur le degré d'action qui leur a été communiqué. Je regarde en conféquence le repos & le froid comme les termes néceffaires, l'un de tout mouvement communiqué, & l'autre de toute chaleur donnée ; vous concevez que

*Z z 12

plus un corps fera dans un état violent, moins il eft poffible, vu les changemens & les pertes continues qu'il éprouve, qu'il fe maintienne, je ne dis pas toujours, mais long-temps dans cet état ; & il en eft à cet égard des grandes maffes comme des petites : tout paffe, tout finit ; rien n'eft fait dans ce monde pour fubfifter toujours fous la même forme. Ainfi, quoique le foleil qui nous éclaire, & qui ne le fait que parce qu'il brûle, foit en feu depuis l'origine du monde, & qu'il puiffe, à raifon de l'immenfité de fon volume, continuer de brûler pendant des milliers de fiècles encore, il n'eft pas moins à croire que ce globe de lumière s'éteindra quelque jour, ainfi que l'ont fait d'autres corps céleftes qui ont brûlé comme lui ; & l'extinction de ces derniers nous fait voir qu'il eft poffible au moins que la chofe arrive, de même que l'embrafement actuel de cet aftre nous montre que d'autres ont pu brûler comme il fait. La terre que nous habitons, Madame, eft du nombre de ces aftres qui fe font éteints. Cette terre, vous pouvez le croire, a été embrafée autrefois, & vous la voyez dans le cours de fon refroidiffement. Ce font des vérités que MM. Leibnitz, de Mairan, le comte de Buffon, & Bailly, nous ont fucceffivement révélées ; & quand nous ne ferions pas foutenus dans notre croyance par le témoignage & l'autorité de ces profonds obfervateurs, il fuffiroit, pour nous convaincre de la chofe, de jeter les yeux fur l'état actuel du globe. L'atmofphère qui l'entoure, le fond de chaleur qui lui reste, le renflement des terres sous l'équateur (1), les volcans

(1) « Il résulte, dit M. Bailly, des découvertes faites par
» Newton, & sur-tout du gonflement de la terre à l'équa-
» teur, une vérité singulière qu'il n'a pas expressément dé-
» veloppée, mais qui suit nécessairement de ses principes &
» de ses suppositions ; c'est que la matière de la terre a été
» primitivement fluide. Il est assez étonnant de pouvoir dire
» comment notre demeure a existé dans un temps où
» nous n'existions pas ; mais cette vue est une conséquence
» des vérités mathématiques. Les procédés des sciences nous
» mènent du connu à l'inconnu, parce que tout est lié par
» des dépendances ; l'état ancien des choses est père de l'état
» actuel, & les faits passés ne sont que les causes dont les
» faits présens ne sont que les effets. Nous ne devons donc
» pas nous étonner de ces conclusions aussi vraies que har-
» dies ; nous retrouvons les principes dans les conséquences.
» Tant de grands hommes, & Newton plus que tous, ont
» découvert tant de causes ! Il faut seulement admirer le
» génie qui aperçoit ces rapports, & qui parcourt la na-
» ture dans le temps comme dans l'espace.

» Voici la chaîne des idées qui conduisent à cette con-
» clusion. Une masse solide est composée de parties serrées
» les unes contre les autres, & fortement enchaînées par
» l'attraction puissante qui résulte de leur proximité. On
» juge de la solidité d'un corps par la difficulté qu'on éprouve
» à désunir ses parties. Une masse fluide, au contraire, est
» composée de molécules qui, sans doute, ne se touchent
» que par peu de points, qui sont trop éloignées pour que
» leur attraction produise beaucoup d'adhérence ; ou bien
» elles sont séparées par un fluide primitif, tel que celui
» du feu, interposé pour les désunir, & pour s'opposer à
» leur attraction. Indépendamment de ces principes, on

qui font en éruption, les veftiges fubfiftans de
ceux qui fe font éteints, les métaux divers qui s'y

» reconnoît qu'elles ont peu d'adhérence par leur mobilité ;
» elles font toujours prêtes à rouler ; elles coulent au moin-
» dre mouvement. On conçoit donc facilement que les eaux
» de la mer obéiffent au pouvoir attractif du foleil & de
» la lune, & s'élèvent pour former les marées : l'attraction
» mutuelle des parties de l'eau, leur permet ce mouvement
» comme tant d'autres ; & l'attraction générale du globe qui
» les entraîne, ne s'oppofe pas à ces petits balancemens du
» flux & du reflux. On conçoit encore que dans la rétro-
» gradation des points équinoxiaux, l'action des mêmes
» aftres, dirigée à la protubérance de l'équateur, ne puiffe
» avoir d'effet fur cette maffe folide, fans que cette action
» fe partage à tout le globe, & ne puiffe entraîner la partie
» excédante, fans entraîner en même temps le globe entier.
» Le mouvement partagé deviendra plus lent ; mais tout
» obéira. Ces effets conçus ne font point du tout compren-
» dre comment la maffe totale du globe, & folide & fluide,
» s'eft élevée jadis fous l'équateur, pour donner à la terre
» la figure d'un fphéroïde aplati. Nous avons remarqué que
» fi les continens n'étoient pas montés avec les eaux fous
» l'équateur, cette zone torride auroit été fubmergée, & ne
» nous offriroit ni terre ni afyle. C'eft cependant l'ouvrage
» d'une force qui n'eft que la deux cent quatre - vingt-neu-
» vième partie de la pefanteur : la force, qui unit les par-
» ties d'un corps folide, non - feulement furpaffe celle de
» la pefanteur, puifque ces parties reftent liées, & ne tombent
» pas, mais elle eft infiniment plus grande, puifqu'il faut
» des poids énormes ajoutés au poids de ces parties, pour les
» défunir & réduire un corps en pouffière. Comment cette
» petite force centrifuge a-t-elle vaincu tant de ténacité &
» d'adhérence ? Si l'on répond que la petiteffe des effets a

trouvent

trouvent établis, la position même de ces subf-
tances qui, quoique les plus pefantes de celles

» été compenfée par la répétition & la durée des efforts,
» nous dirons que les effets n'en auroient pas moins dépendu
» des réfiftances. Si la tenacité des folides eût cédé, elle eût
» moins cédé que la mobilité des eaux plus dociles : les effets
» auroient été proportionnés à la facilité ; les eaux feroient
» montées plus haut, & auroient tout inondé avant que
» l'équilibre fût établi. Il faut donc convenir que les terres
» n'ont été confolidées, les bornes n'ont été prefcrites aux
» mers qu'après que le globe a eu pris fa forme. Cette
» forme a réfulté des actions combinées de la pefanteur &
» de la force centrifuge ; mais l'action de ces forces a opéré
» fur une maffe également obéiffante dans toutes fes parties,
» fur une maffe entièrement fluide, qui s'eft enfuite deffé-
» chée ou *raffermie* pour recevoir les habitans que Dieu a
» pofés fur elle. « *Hiftoire de l'Aftronomie Moderne*, tom. II,
pag. 535.

Je me fuis fait un plaifir de mettre en entier fous vos
yeux ce beau paffage de M. Bailly ; mais de crainte que le
terme de *deffëchée*, dont il fe fert à la fin pour exprimer la
ceffation de la fluidité du globe, n'induife bien des gens en
erreur, en déterminant d'une manière trop précife, & la
caufe de cette fluidité, & l'opinion de l'auteur fur ce point,
j'ai cru devoir y ajouter celui de *raffermie*, qui, pouvant
s'employer dans toutes les fuppofitions poffibles, laiffe,
à tous égards, les chofes plus indécifes ; & je me le fuis d'autant plus permis, que l'intention de M. Bailly paroît toute
différente de celle que l'on pourroit lui prêter ; & j'en juge
par fes lettres à M. de Voltaire fur l'origine des Sciences
& l'Atlantide.

L'on voit affez, par ce qui précède, que la terre que
nous habitons a dû être originairement fluide ; &, quant

qui s'y renferment, font comme jetées à fa furface & dans les fentes des rochers, la quantité enfin de

---

à cela , je n'ajouterai rien à la preuve triomphante que M. Bailly vient de nous en donner. Mais comment cette terre a-t-elle été fluide ? C'eft ce qui n'eft point expliqué, & ce qu'il eft à propos d'approfondir. Nous ne pouvons concevoir une maffe pareille en fluidité, qu'en la fuppofant ou diffoute par l'eau, ou fondue par le feu ; c'eft à quoi fe réduifent toutes les hypothèfes que l'on peut faire à cet égard : or, de ces deux fuppofitions, je juge la première inadmif-fible , & voici fur quoi je me fonde. J'ai d'abord , pour peu que je me repréfente la maffe énorme du globe, j'ai, dis-je, peine à croire que les eaux qui s'y trouvent , quelque abon-dantes qu'elles paroiffent , aient pu fuffire pour diffoudre ou détremper cette maffe en totalité ; & fi la fomme actuelle de ces eaux n'eft pas cenfée fuffifante pour ôpérer cette diffo-lution , d'où , je le demande , feroient venues celles qu'il eût fallu en plus pour cela ? & où , après , ces eaux fe fe-roient-elles retirées ? J'obferve en fecond lieu que, pour que l'eau puiffe diffoudre quelque chofe, il faut , avant tout , qu'elle foit fluide elle-même. Or , comment cette eau , qui eft naturellement folide , & qui , fans le fecours du feu, le feroit éternellement, comment, dis-je , cette eau au-roit-elle pu devenir fluide ? D'où feroit venue la cha-leur propre à la mettre en fluidité ? Et comment cette chaleur n'auroit-elle été qu'au degré qu'il convient pour la tenir en fluidité , fans la pouffer à l'évaporation ? Tout cela me paroît inexplicable : & fi l'on me dit que la cha-leur dont nous parlons préexiftoit dans la terre , je de-mande alors d'où cette terre auroit pu la tirer; il m'eft plus aifé de concevoir la terre brûlante , ou fe refroidiffant après fa combuftion , que de la concevoir douée d'un degré de chaleur , dont la caufe ne pourroit s'énoncer. 3°. Ou les

matières vitrifiées qui s'y recèlent , tout nous
prouve que la terre a brûlé, que la terre a été

---

subſtances que renferme la terre exiſtoient telles qu'elles ſe
préſentent, avant ſa diſſolution , ou elles n'ont été formées
qu'après : ſi elles exiſtoient avant, comment l'eau , qui n'a
aucune action ſur la plupart d'entre elles , a-t-elle pu les diſſoudre ou les détremper ? & ſi elles n'ont été formées qu'a-
près, à quoi dès-lors peuvent ſe rapporter toutes les différences qui ſe remarquent entre elles ? Toute la matière en
diſſolution n'a dû , ce me ſemble, former par-tout qu'un
même précipité ; & la différence ſeule qui eſt entre les
pierres & les métaux , ou même entre les pierres calcaires
& les pierres vitrifiables , doit nous convaincre que ces
ſubſtances n'ont pu ſe former de la manière que nous diſons.

Mais, dira-t-on, ne ſuffit-il pas, pour que la terre ait
pris du renflement à l'équateur , qu'elle ait été détrempée
dans ſa ſuperficie ? & pour qu'elle ait été ainſi détrempée,
n'eſt-ce pas aſſez qu'elle ait été couverte en entier par les
eaux qui s'y trouvent ? Non : l'aplatiſſement ſeul des
pôles nous démontre que le renflement dont il eſt queſtion
doit avoir dans la terre des racines autrement profondes,
& qu'il faut, pour que les pôles ſe ſoient affaiſſés, que le
centre ait cédé à la force centrifuge ; & que la terre, pour
que cela ſoit , ait été ramollie juſque là. Je ſerois en conſéquence aſſez porté à croire qu'un globe d'air ou d'eau
tournant ſur lui-même, ſuppoſé qu'il puiſſe en exiſter un
pareil, ne pourroit ſubſiſter , & cela parce qu'il ſeroit, à
cauſe de l'incohérence & de la mobilité de ſes matières ,
contraint de céder tant à la force centrifuge qu'à la preſſion de ſes pôles. J'obſerve, au ſurplus, que les eaux qui
coulent ou giſent ſur la terre, ne font pas une grande impreſſion ſur le ſol qui les ſupporte ; d'où je conclus que ,
quand elles auroient quelque temps couvert le globe en

liquéfiée, & qu'elle n'a pu l'être que par le feu.

S'il eſt donc quelque chaleur dans la terre,

----

totalité, elles n'auroient pas rendu les matières qu'elles auroient ſubmergées plus ceſſibles à la force centrifuge qu'elles
les rendent aujourd'hui.

Il n'y a point de milieu : ſi la terre n'a été, ni pu être
diſſoute & liquéfiée par l'eau, il faut, dès qu'elle a été
fluide, qu'elle ait été fondue par le feu. Eh! pourquoi
n'adopterions-nous pas cette dernière hypothèſe? Il eſt dans
le ciel des aſtres qui brûlent encore ; rien par conſéquent
n'empêche de croire que la terre a pu brûler comme eux,
& qu'elle eſt, après avoir brûlé, dans le période de ſon
refroidiſſement. Tout d'ailleurs ſemble découler & dépendre
de ce premier fait. Il eſt comme le père de tous les autres ;
& s'il en eſt le père, il en eſt auſſi la clef, & tout s'explique par ſon moyen. Ce ſeul point accordé, l'on voit
en effet, & à quoi la terre peut devoir l'atmoſphère qui
l'entoure, ainſi que la chaleur qui lui eſt propre, & comment elle a pu ſe couvrir de végétaux, & ſe peupler d'êtres
vivans; l'on voit comment l'eau a pu devenir fluide ; l'on
voit d'où proviennent les différences qui ſe remarquent entre
les ſubſtances dont le globe ſe compoſe; l'on voit comment
ſe ſont formées les pierres vitrifiables ainſi que les métaux,
& pourquoi ceux-ci ſe trouvent placés vers la ſurface de
la terre & dans les fentes des rochers; l'on voit d'où procèdent les volcans, & comment il eſt des maſſes de matières portées à des hauteurs où les eaux n'ont jamais pu
s'élever ; tout cela ſe comprend avec cette donnée, & tout
cela ſans elle devient inexplicable. D'un autre côté, je conçois que les eaux exilées de la terre pendant ſa combuſtion,
ont dû, en y retombant, ſe former de nouveaux lits; &
nul doute qu'alors ces eaux tour-à-tour chaſſées vers le
ciel & ramenées ſur le globe, n'aient, pour s'y placer,

s'il eſt une atmoſphère qui l'entoure , s'il eſt des végétaux qui la couvrent , & des animaux qui

ravagé ſa ſurface & contribué par leur action impulſive à changer au-dehors ſon état & ſon aſpect : ainſi la terre , ayant éprouvé l'action des eaux après celle du feu , n'offre, au lieu des marques d'un globe brûlé, que les apparences d'un globe inondé & lavé par les eaux. Toutefois l'effet de ces eaux s'eſt réduit à des déplacemens & des tranſports de matières ; du reſte , je ne vois pas qu'elles aient ſervi , les pierres calcaires exceptées , à la formation d'aucune de ces matières ; & ſi depuis elles ont ſervi à d'autres produc-tions , ce n'eſt qu'à l'aide même du feu , ce n'eſt qu'en obéiſ-ſant à ſon action, & en ſecondant ſeulement ſon effet, qu'elles y ont participé , d'où l'on voit que l'action du feu a dû précéder celle de l'eau ; autrement l'eau , comme non fluide , ſeroit reſtée ſans action, & tout ce que nous avons ci-deſſus énoncé , comme tout ce que la nature a produit , n'auroit jamais eu lieu.

Je prie enfin ceux qui veulent que tout ait été formé par l'eau, de conſidérer un moment quelle eſt la pauvreté & l'inſuffiſance de cet agent , & de nous expliquer après comment il eſt poſſible que l'eau ait ſervi en cette qualité à la formation de toutes choſes , elle qui n'a par elle-même ni vertu , ni reſſort , ni compreſſibilité , & n'eſt capable , encore faut il qu'elle ſoit fluide & en maſſe, que d'entraîner & de tranſporter les matières qui lui font obſtacle ; elle qui , à l'exception de quelques ſubſtances qu'elle peut délayer & diſſoudre , n'a exactement aucun pouvoir ſur toutes les autres ; elle qui, parmi les moyens employés par l'être qui a tout fait & tout arrangé , ne ſe préſente que comme un inſtrument ſecondaire, peu efficace , & entièrement ſubor-donné au feu. Eſt-il à croire que cet être ſouverainement intelligent l'ait adopté pour premier moyen ? Et comment

A a a iij

l'habitent , tout cela , n'en cherchez pas d'autre caufe , ne vient que de ce qu'elle a été primitivement embrafée ; ôtez de fon fein le peu de force expanfive qui lui refte, cette terre ne fera plus qu'une maffe froide & ftérile ; ôtez de même de l'univers celle qui en fait mouvoir toutes les parties, celles-ci dès-lors, n'obéiffant plus qu'à leur attraction mutuelle , fe réuniront pour ne former enfemble qu'un tout éternellement immobile , & gravitant fur fon centre.

Vous l'avez vu d'ailleurs : tout annonce dans le feu, comme dans le phofphore , la préfence d'un

---

à l'eau n'auroit-il pas préféré le feu, qu'on fait doué d'une toute autre énergie , & d'où provient toute la force expanfive qui eft dans la nature? Le feu qui, une fois mis en action, peut feul après fatisfaire à tout ; le feu par qui tous les corps, fans exception, peuvent être diffous & décompofés, & fans qui la lumière n'eût jamais paru dans le monde; le feu qui, s'il eft violent, peut ébranler la terre , renverfer nos demeures , élever des montagnes, chaffer les eaux du globe, & convertir en fluide toute la matière concrète (*a*) ; le feu enfin, qui, fe rendant après avoir fervi à fa deftruction, le bienfaiteur du monde, va, dès qu'il s'appaife, & tant qu'il eft doux & modéré, favorifant la végétation, fécondant la terre , & répandant par-tout la chaleur , le mouvement & la vie. Telle eft l'eau , tel eft le feu : voyez, pefez, & jugez.

(*a*) Et cette matière peut après, fi elle trouve un point d'appui contre lequel elle puiffe fe raffembler, revenir fous les mêmes formes ou d'autres à fon état de concrétion, & de-la les agrégations & les regénérations qui fe font faites dans la terre après fon incendie

acide très-actif & très-développé; ou pour mieux dire, tout nous prouve que le feu n'est que de l'acide en expansion; que l'acide au moins est la matière première de cet être dévorant, & que c'est par elle qu'il brûle, divise & détruit. Cet acide est, comme on fait, très-avide de l'humidité (1); il pompe & absorbe promptement l'eau qui se trouve par hasard répandue dans son voisinage. L'air même ne paroît nécessaire à l'action du feu qu'à cause de l'eau qu'il contient; il ne court s'y précipiter que pour lui porter la substance dont il se nourrit, & dont peut-être il a besoin pour produire de la chaleur; & le feu s'éteint bientôt lorsque, faute d'un courant d'air, il cesse de recevoir de lui l'aliment propre à son acide (2). C'est cet acide existant dans la plante dès sa naissance, & réfugié, lors de sa combustion, dans le charbon, qui rougit le papier bleu exposé à la chaleur du feu. C'est cet acide pénétrant qui cautérise nos chairs : c'est lui enfin qui se neutralise avec les alkalis que l'on emploie pour guérir les maux accidentels qu'il nous fait.

---

(1) Il l'est même d'autant plus, qu'il est plus déflegmé : toutefois le feu s'éteint s'il reçoit trop d'eau ; l'acide de même perd sa vertu dès qu'il est trop étendu.

(2) Toutefois n'oublions pas que, si l'eau peut servir à l'aliment du feu, en servant au développement de son acide, les autres principes de l'air, qui font ceux du feu, peuvent aussi lui fournir de l'aliment.

Si l'acide exifte dans le feu qui fe produit fur la terre, nul doute qu'il n'exifte également dans le feu du foleil, & qu'il ne foit là, comme ici, une matière néceffaire. Dès que cet aftre nous éclaire, il faut qu'il brûle ; point de feu, point de lumière (1) ; & s'il brûle, il ne le doit, comme tout autre combuftible, qu'à l'action qu'exerce dans cette maffe la matière de la chaleur ou l'acide qui s'y trouve répandu. En même temps qu'il nous éclaire, le foleil nous échauffe ; ainfi le feu du ciel va s'affimilant de toutes manières au feu de la terre : & comme fes effets font les mêmes, nous croyons devoir les attribuer à la même caufe, c'eft-à-dire, à l'énergie de l'acide qui eft par-tout le principe dominant du feu ; & nous y fommes d'autant plus portés, qu'en expofant des fub-ftances métalliques au feu du miroir ardent, ou au feu de nos fourneaux, on y trouve, de quelque feu que l'on fe foit fervi, cet acide que les rayons folaires ou les charbons y ont dépofé en grande quantité. On le reconnoît à la caufticité & aux propriétés que ces fubftances ont acquifes en fe convertiffant en chaux ; on le reconnoît encore à l'accroiffement très-confidérable de leur poids. Si le feu de nos foyers peut colorer en rouge les écailles bleues des homards, celui du foleil a,

---

(1) L'émiffion de la lumière n'eft par-tout qu'un effet de l'expanfion donnée à la matière de la lumière par celle de la chaleur.

comme nous l'apprennent les expériences de M.
Huffey de Laval, le même effet fur elles ; & c'eft
celui que produit tout acide fur la teinture bleue
des végétaux. L'on fait enfin de quelle manière
les rayons du foleil mangent & détruifent les couleurs des étoffes qui en font conftamment frappées, combien même ils peuvent altérer ces
étoffes, fur-tout fi elles font formées de matières
animales ; & hors l'acide, il n'eft aucun principe capable de produire fur elles des effets pareils.

Quoique ces faits puiffent fuffire pour conftater
l'exiftence d'un acide dans les rayons folaires, je
vais vous en donner une preuve plus convain-
cante encore ; & cette preuve, je la trouve dans
l'acide végétal qui fe préfente par-tout fur la
furface de la terre, & qui par-tout m'indique fon
origine. Les plantes qui croiffent dans les caves
ou à l'ombre, font prefque toutes inodores, in-
fipides & fans couleurs : les arbres qui, par la
même raifon, ne peuvent recevoir du foleil ou
de l'air les fucs dont ils ont befoin, languiffent
toujours ou périffent promptement ; les végétaux
arrofés trop fouvent, n'ont jamais, malgré l'action du foleil, autant de qualité que ceux qui ne
reçoivent dans les champs que les pluies du ciel.
Les fruits dans les années pluvieufes acquièrent de
la maturité ; mais ils n'ont pas le goût de ceux
que le foleil a mûris : ainfi les eaux trop abondantes empêchent que le fruit n'obtienne la faveur

qui lui eſt propre, parce qu'elles affoibliſſent l'acide qui en eſt le principe (1). Enfin j'obſerve que les productions des pays chauds ont plus de vertus que celles des pays froids ; que les fruits y ſont plus ſucculens , & les venins plus actifs ; & de tout cela , je conclus que l'acide qui ſe trouve dans les plantes , & qui conſtitue leur ſaveur , eſt , ſinon en tout, au moins en grande parite un extrait de l'acide du ſoleil dépoſé par ſes rayons, tant dans la couche végétale du globe, que dans la plante qu'elle produit.

C'eſt en effet cet acide qui , s'uniſſant à l'eau , ſe combine enſuite avec la terre & les principes propres à chaque eſpèce , & prend de la ſorte le caractère qui lui convient.

C'eſt lui qui, concurremment avec le phlogiſtique auquel il s'unit, donne aux fleurs de nos jardins & les couleurs dont elles ſe parent, & les parfums qu'elles exhalent.

C'eſt cet acide qui , d'abord aigre & piquant ; prend enſuite , ſuivant les modifications & les élaborations qu'il éprouve dans les corps, des qualités différentes , & ſubit bien des métamorphoſes ; des plantes où cet acide fut introduit, & où il s'adoucit à meſure qu'elles mûriſſent , il paſſe dans les ſucres, les huiles , les cires, les baumes & les réſines. Pendant la fermentation des ſubſtances , il s'é-

____

(1) Il en eſt de même des fumiers, qui contiennent plus de matières alkalines que d'acide.

chappe en acide méphitique , puis il va formant
ou l'acide du vin ou celui du vinaigre qui en font
les produits ; arrivant leur putréfaction , il s'en
dégage fous forme d'alkali volatil ; par leur incinération il reparoît dans l'acide du feu , & fe
cache enfuite dans l'alkali fixe qu'on retire de
leurs cendres (1) ; enfin il devient par leur tri-

---

(1) Si les alkalis ne font pas des principes fimples , ils
doivent au moins tirer leur origine de quelques-uns de ces
principes ; jufqu'ici donc nous les avons regardés, foit en parlant des acides , foit en traitant de l'affinité , comme des
mixtes qui , à l'aide du mouvement organique , fe font formés dans les corps aux dépens de quelques-uns de leurs
principes , & fur-tout de l'acide qui , quoique mafqué par
ceux qu'il s'affocie , en eft le principe dominant. Mais je re-
viens un peu de cette opinion : ayant remarqué au fujet des
couleurs que les alkalis verdiffoient la teinture bleue des
végétaux, ce qu'ils ne peuvent faire qu'en fourniffant du jaune
dans cette diffolution ; réfléchiffant enfuite à la faveur âcre
plutôt qu'acide qu'affectent ces fubftances , ainfi qu'à la propriété conftante qu'elles ont de neutralifer les acides , ce qui
ne fe pourroit , fi elles contenoient trop d'acide , j'ai penfé
dès ce moment que le principe qui leur fert de bafe pourroit bien , au lieu d'être un acide , appartenir au principe
inflammable , lequel , à l'aide du mouvement organique , auroit pu , auffi bien que l'acide , devenir , en fe fixant dans les
corps & en fe liant à d'autres principes , la bafe fondamentale de ces fubftances. Une feule chofe m'arrête : c'eft que
ce principe n'a plus dans les alkalis la propriété de s'enflammer ; mais l'acide de même n'y a pas confervé celle qu'il
avoit de rougir la teinture bleue des végétaux , &c. &c·
Il faut, au refte, dès que les alkalis ne font point des principes fimples , qu'ils aient pour bafe ou l'acide ou le phlo-

turation dans le corps des animaux, l'acide de leur fang, l'acide phofphorique de leurs os, l'acide des fels tirés de leurs excrémens, l'acide des pierres formées de leurs débris, l'acide du borax (1), l'acide de la chaux. Tous ces acides ne compofent fur la terre qu'une feule & même famille defcendue par l'acide végétal de l'acide du foleil ou du feu. Ne pourroit-on pas même y comprendre nos acides minéraux. En effet, fi l'acide végétal eft, par les modifications qu'il éprouve dans les fubftances, fufceptibles de fe déguifer de tant de manières différentes, qui empêche qu'étant modifié par les principes qui fe dégagent des corps en putréfaction, il ne devienne l'acide du nitre ? Ce fel qui fe préfente tout formé dans quelques plantes, & qui fe produit fur les murs, dans les platras, dans les caves, dans les lieux où les animaux féjournent, & toujours fur la fuperficie de la terre, femble, autant par ces circonftances que par fes propriétés, indiquer & réclamer l'acide qui lui donne naiffance. Qui ne voit d'ici en même temps d'où peut venir celui

giftique : il n'y a point de milieu ; fi ce n'eft l'un, c'eft l'autre : toutefois je ne déciderai point la queftion, & je laiffe à nos chimiftes ce problême à réfoudre, favoir, fi le principe dominant des alkalis fe doit à l'acide, ou s'il fe tire du phlogiftique, aux produits duquel on ne fait pas affez d'attention dans l'analyfe des corps.

(1) Le borax eft un fel qu'on retire des matières graffes animales mêlées avec d'autres fubftances également fufceptibles de putréfaction & de petits cailloux ; il faut, pour

du fel marin (1), qui, toujours mêlé & confondu dans la criftallifation du nitre, annonce par ce

---

l'obtenir, que le tout ait refté quelque temps dans la terre.

(1) On peut par ce moyen expliquer fans peine la formation du fel marin. Il me femble que la falure de la mer doit venir de l'acide que le foleil a dépofé fur fes eaux, lequel étant modifié par le principe qui fe dégage des corps qui s'y putréfient, peut-être même par la matière graffe bitumineufe qui s'y trouve, conftitue l'acide marin; cet acide ainfi conftitué fe combine enfuite avec les principes alkalins qu'il y rencontre, & que la nature a fans doute le pouvoir de tirer de la deftruction des fubftances autrement que par l'incinération; il forme de la forte le fel marin qui refte en diffolution dans les eaux de la mer, jufqu'à ce qu'il puiffe par le rapprochement de fes parties fe dépofer en criftaux. Mais ce rapprochement ne peut fe faire dans la mer, fon agitation s'y oppofe; d'ailleurs elle n'éprouve aucune diminution; les pluies & les rivières lui rapportent fans ceffe l'eau qu'elle a perdue par l'évaporation.

Les eaux de la mer Morte, ou du lac Afphaltique, ainfi nommé à caufe de l'afphalte qui s'y trouve, font beaucoup plus falées que celles de la mer, & cela n'eft pas étonnant. Ce lac eft fitué dans un pays où les pluies font peu fréquentes; il ne reçoit, pour ainfi dire, dans fon fein qu'un grand fleuve, qui eft le Jourdain : ce fleuve paffant luimême avant que de fe jeter dans le lac Afphaltique, par le lac de Tibériade, qu'on peut fuppofer dans le même cas, pourroit bien n'y apporter qu'une eau falée. Dans ce lac d'ailleur, les eaux font moins battues; ainfi le rapprochements des parties falines peut s'y faire plus aifément par la diminution du fluide caufée par l'évaporation. De-là vient que dans le lac Afphaltique la falure eft plus forte, & la matière bitumineufe même plus raffemblée. Mais quoique ce lac ait, par rapport à cela, exclufivement obtenu le nom de

mélange que fa formation tient à une modification peu différente de celle du falpêtre, & que le paffage prefque infenfible de l'un à l'autre dépend moins de l'acide, qui doit être le même, que des bafes avec lefquelles il fe combine ? Il me paroît enfin plus naturel & plus probable de faire defcendre ces deux acides de l'acide végétal modifié ou de l'acide igné, que de l'acide vitriolique qui lui même doit en être forti.

Affurés de l'exiftence d'un acide dans les rayons folaires, nous n'aurons plus de peine à concevoir comment ces rayons, porteurs d'un acide trèsconcentré, ont pu, quoique froids en arrivant dans l'atmofphère, s'y réchauffer à l'inftant en s'uniffant avec les parties aqueufes de l'air, &

---

mer de fel, je préfume que dans l'Arabie, dans l'Afrique, & généralement dans tous les pays chauds, il doit s'en trouver beaucoup d'autres dont les eaux foient par les mêmes raifons également falées (a).

Ne pourroit-on pas expliquer par là l'origine des mines de fel qui fe trouvent dans la terre ? La mer, en baignant fucceffivement les différentes parties du globe, aura dans fa retraite laiffé dans ces grandes cavités ou réfervoirs qu'on appelle lacs, des eaux falées : ces eaux étant moins agitées dans l'enceinte qui les contient, auront, en s'évaporant, facilité le rapprochement des parties falines qu'elles tenoient en diffolution ; & par le defféchement total de ces efpèces de marais falans, fe feront formés ces amas confidérables de fel, que les terres entraînées des montagnes ont recouverts par la fuite.

(a) Voyez *Hift. Nat.* de M. de Buffon, fuppl. tome 5, in-4., p. 345.

produire de la forte la chaleur qu'ils nous apportent. Quoique ces rayons foient partis d'un foyer très-ardent, & qu'ils viennent à nous chargés d'acide, & portant avec eux la matière même du feu, ils font, comme ayant été extraordinairement refroidis dans leur marche, fans chaleur & fans vertu, jufqu'à ce qu'ils aient trouvé dans l'air la matière propre à développer leur acide, & cette matière n'eft autre que l'eau; d'où je juge que, fans la rencontre de ces deux principes, que fans l'air qui fournit à l'acide l'eau dont il a befoin, que fans l'atmofphère qui facilite cette réunion, les rayons du foleil arriveroient fur la terre fans chaleur, comme ils arrivent fur les montagnes. Cela pofé, l'on conçoit auffitôt d'où vient le froid exceffif que l'on éprouve fur ces montagnes, tandis que la chaleur fe fait fentir dans les plaines; c'eft que l'air qui les furmonte eft en même temps trop rare & trop déflegmé pour que les rayons folaires puiffent y former aucune combinaifon; il leur faut un air plus denfe & plus aqueux, tel qu'il fe trouve dans la région inférieure de l'atmofphère; & c'eft là que fe forme, par la rencontre de l'acide & de l'eau, cette chaleur qui, fuivant la marche des rayons, defcend fur la terre, & ne remonte point dans l'air.

En vain l'on diroit que les neiges qui couvrent les montagnes fuppofent assez d'humide dans l'air pour que les rayons folaires puiffent y former quelque combinaison; l'efpace qu'ils ont parcouru dans l'atmosphère n'est pas assez considérable, & leur passage est trop rapide pour que cette combinaison puisse se faire de la sorte à sa superficie : la chaleur qu'ils pourroient y causer y seroit sans cesse amortie par le froid de l'air supérieur, ou entraîné plus bas par le rayon qui l'emporte avec lui. Les neiges, qui se trouvent toujours sur ces montagnes, paroissent plutôt chaf-fées d'une région moins élevée, que descendues d'en-haut. Ces hauteurs escarpées sont sans doute le *nec plus ultra*, au-delà duquel les vapeurs aqueu-ses de la terre ne peuvent rester suspendues ni con-server leur fluidité : elles sont ainsi, malgré le soleil qui les frappe, & à cause de la subtilité de l'air qui les surmonte, obligées de se déposer sur ces crêtes glacées : aussi les voyageurs ont-ils observé que souvent elles se couvrent de neiges alors même que la foudre tombe à leurs pieds. Il semble que les rayons solaires aient, en passant dans l'atmos-phère, enlevé de la partie supérieure tout ce qui peut s'y trouver de principe de chaleur, pour n'y laisser que du froid, de la neige & des glaces.

La chaleur que les rayons solaires nous appor-tent est capable d'acquérir sur la terre beaucoup d'intensité par toutes les modifications que le local & d'autres accessoires peuvent occasionner ; mais elle est en même temps susceptible d'être affoiblie par d'autres circonstances également relatives au local. Les montagnes, les bois, les rivières, les végétaux même dont la terre est couverte, sont capables

capables de produire cet effet (1). Malgré cela on obtient quelquefois des momens de chaleur très-vive ; mais cette chaleur n'est jamais de durée ; les vapeurs qui s'élèvent dans l'air, les nuages qui s'y forment, les pluies qui en descendent la tempèrent promptement, & souvent la dissipent. A St. Domingue, où la chaleur est excessive, on jouit du côté des montagnes d'une température

---

« (1) Dans l'immense étendue des terres de la Guiane, qui
» ne sont que des forêts épaisses où le soleil peut à peine
» pénétrer, où les eaux répandues occupent de grands es-
» paces, où les fleuves très-voisins les uns des autres, ne sont
» ni contenus ni dirigés, où il pleut continuellement pendant
» huit mois de l'année, l'on a commencé seulement depuis
» un siècle à défricher autour de Cayenne un très-petit canton
» de ces vastes forêts : & déjà la différence de température
» dans cette petite étendue de terrein défriché est si sensible,
» qu'on y éprouve trop de chaleur, même pendant la nuit ;
» tandis que dans toutes les autres terres couvertes de bois
» il fait assez froid la nuit pour qu'on soit forcé d'allumer
» du feu. Il en est de même de la quantité & de la continuité
» des pluies : elles cessent plus tôt & commencent plus tard à
» Cayenne que dans l'intérieur des terres ; elles sont aussi
» moins abondantes & moins continues. Il y a quatre mois
» de sécheresse absolue à Cayenne ; au lieu que dans l'inté-
» rieur du pays, la saison sèche ne dure que trois mois, &
» encore y pleut-il tous les jours par un orage assez violent,
» qu'on appelle *le grain du midi*, parce que c'est vers le
» milieu du jour que cet orage se forme : de plus il ne
» tonne presque jamais à Cayenne, tandis que les tonnerres
» sont violens & très-fréquens dans l'intérieur du pays où
» les nuages sont noirs, épais & très-bas. Ces faits, qui sont
» certains, ne démontrent-ils pas qu'on feroit cesser ces

B b b

à-peu-près égale à la nôtre ; on eſt même quelquefois obligé d'y prendre les manteaux & les habits
d'hiver pour ſe garantir de la fraicheur de l'air ;
& par-tout, le voiſinage des mers , des rivières &
des bois , nous force d'y recourir.

L'on attribue aſſez généralement à la perpendicularité des rayons ſolaires la quantité de
chaleur que ces rayons nous donnent en plus

» pluies continuelles de huit mois , & qu'on augmenteroit
» prodigieuſement la chaleur dans toute cette contrée, ſi
» l'on détruiſoit les forêts qui la couvrent , ſi l'on y reſſerroit
» les eaux en dirigeant les fleuves , & ſi la culture de la
» terre , qui ſuppoſe le mouvement & le grand nombre des
» animaux & des hommes , chaſſoit l'humidité froide &
» ſuperflue , que le nombre infiniment trop grand des vé-
» gétaux attire, entretient & répand.

» Une ſeule forêt de plus ou de moins dans un pays ſuffit
» pour en changer la température : tant que les arbres ſont
» ſur pied , ils attirent le froid , ils diminuent par leur
» ombrage la chaleur du ſoleil , ils produiſent des vapeurs
» humides qui forment des nuages & retombent en pluie
» d'autant plus froide , qu'elle deſcend de plus haut. —
» Dans les pays de prairies , avant la récolte des herbes ,
» on a toujours des roſées abondantes , & très-ſouvent de
» petites pluies , qui ceſſent dès que ces herbes ſont levées ;
» ces petites pluies deviendroient donc plus abondantes, &
» ne ceſſeroient pas , ſi nos prairies , comme les ſavannes
» de l'Amérique , étoient toujours couvertes d'une même
» quantité d'herbes , qui, loin de diminuer , ne peut qu'aug-
» menter par l'engrais de toutes celles qui ſe deſſéchent &
» pourriſſent ſur la terre. *Buffon , Hiſt. Nat. Supp. Tom. V,*
» *in-4°., p.* 241 *& ſuiv.*

pendant l'été ; & quoiqu'on doive, d'après ce qui précède, regarder cette perpendicularité même comme une cause nulle & sans effet, s'il n'y avoit point d'atmosphère, j'accorde, dès qu'il y en a une, qu'elle puisse avoir quelque part à cet augment de chaleur, non que les rayons perpendiculaires éprouvent plus de frottement dans leur passage ; mais parce qu'ayant moins de chemin à faire, ils font moins que les rayons obliques dans une atmosphère humide ; parcequ'au lieu de raser la terre, comme ces derniers, ils tombent à-plomb sur elle, qu'ils la foulent, la pénètrent & qu'enfin ils y arrivent, comme moins traversés dans leur marche, en bien plus grand nombre, la terre n'ayant plus, pour se défendre de leur approche, l'abri qu'elle trouvoit contre les rayons obliques dans les ombres agrandies & multipliées, tant des végétaux, que des corps intermédiaires dont elle se couvre.

Cependant, quelque puissante que soit cette cause, je crois que la longueur du jour contribue beaucoup à la rendre efficace ; & la chaleur qui se produit en été provient autant de son influence que de la perpendicularité des rayons. Ces deux causes semblent, quoique d'une manière différente, concourir au même effet. Sans la perpendicularité, les rayons affoiblis par une course fatigante & prolongée dans les brouillards de l'atmosphère nous arriveroient n'ayant ni force ni vertu : sans le prolongement du jour, l'air se trouveroit, à raison de celui de la nuit, beaucoup plus chargé des vapeurs humides qui lui sont, dans ce temps sur-tout, envoyées par la terre; & l'acide des rayons solaires, fuffent-ils perpendiculaires, ne pourroit, en traverfant une atmofphère furchargée d'humide, produire comme ci-deffus, qu'une chaleur foible & peu fenfible. Il faut, pour qu'il nous donne une chaleur plus forte, qu'il trouve, en arrivant, un air pur & à-peu-près déflegmé, & qu'il n'y ait par conféquent du côté de la terre que peu ou point d'évaporations. Or, c'eft la longueur du jour qui, en diminuant la durée de la nuit, fait que ces évaporations font moins abondantes; & moins l'acide des rayons fera noyé d'eau, plus il aura d'effet: d'où l'on voit que, fi les chaleurs font plus fortes en été, & les pluies moins fréquentes, cela vient fur-tout de ce qu'alors il y a moins d'évaporations. L'air dans cette faifon eft pour l'ordinaire pur & ferein, parce que les parties aqueufes qui y font envoyées en moindre quantité par la terre, y font journellement abforbées par l'acide du foleil, & employées à la formation de la chaleur. Cette chaleur n'augmente annuellement dans nos climats, qu'au moment où l'on commence à dépouiller la terre des végétaux qui fervoient, foit en la défendant des ardeurs du foleil, foit en attirant fur elle les eaux du ciel, à la maintenir en fraicheur; & cette augmentation n'a lieu dans ce temps, que parce qu'il y a moins d'évaporations (1).

La chaleur extrême & constante qu'on éprouve sous la zone torride provient en même-temps, & de la perpendicularité des rayons solaires, & d'une égalité continue dans la durée du jour ; cette égalité fait qu'il n'y a point de saisons différentes dans cette partie du monde ; la chaleur du jour qui suit y est sans cesse égale à celle du jour qui précède, & rien ne tempère cette chaleur: la terre épuisée d'eau ne peut, par des envois nocturnes, abreuver l'air de son humide, & l'air à son tour ne peut en raffraîchir la terre ; ainsi, faute de trouver une atmosphère surchargée de vapeurs, l'acide des rayons solaires est comme forcé, pour satisfaire son avidité, d'enlever à l'air même de cette atmosphère l'eau qu'il recèle & qu'il semble avoir admis, en s'approchant du globe, au

------

(1) Robertson, dans l'histoire qu'il nous a donnée de l'Amérique, s'est assez étendu sur la température de ce continent ; & en la comparant avec celle de l'ancien, il a trouvé que dans ce nouveau monde elle est par-tout ou plus froide ou moins chaude ; & parmi les raisons qu'il nous donne de cette différence, il est à remarquer que c'est principalement à la quantité des végétaux non récoltés & entretenant l'humidité de la terre, ainsi qu'à la quantité des eaux tant stagnantes que courantes qui la baignent, & qui fournissent sans cesse aux évaporations, que doit se rapporter ou le froid extrême, ou la moindre chaleur qu'on y éprouve par comparaison aux autres pays. Voyez *Hist. de l'Amérique par Robertson.* Tome II, pag. 152 & suivantes.

nombre de fes principes élémentaires ; en s'empa-
rant de fon eau, il le raréfie, il le décompofe, il
le diffout ; & c'eft à cela fur-tout qu'il faut attribuer l'extrême chaleur qu'on éprouve dans ces
contrées : elle eft exceffive & accablante dans
l'intérieur de l'Afrique & de l'Arabie, parce
que, outre les raifons ci-deffus, il n'y a dans ces
pays éloignés des mers ni lacs, ni rivières, ni
végétaux, ni forêts qui puiffent donner ou conferver de l'humidité, (1) & faute d'évaporations la terre s'embraferoit, & les plantes, s'il
y en a, privées d'un air capable de les abreuver
de fon eau, comme il en abreuve le feu, y pé-
riroient toutes, fi cet air, accourant de toutes
parts pour maintenir l'équilibre, n'arrivoit la
nuit pour les fecourir ; mais en difant que la

---

(1) « L'homme, dit M. de Buffon, ne peut faire def-
» cendre le froid des régions fupérieures de l'atmofphère
» où il exifte, comme il fait monter le chaud ; il n'a
» d'autre moyen pour fe garantir de la trop-grande ardeur
» du foleil, que de créer de l'ombre ; mais il eft bien plus
» aifé d'abattre des forêts à la Guyane pour en réchauffer la
» terre humide, que d'en planter en Arabie pour en ra-
» fraichir les fables arides ; cependant une feule forêt dans
» le milieu de ces deferts brûlans fuffirait pour les tem-
» pérer, pour y amener les eaux du ciel, pour rendre
» à la terre tous les principes de fa fécondité, & par con-
» féquent pour y faire jouir l'homme de toutes les dou-
» ceurs d'un climat tempéré. *Hift. nat. fupp. Tome V,*
» *in-4°,* page 245. »

terre s'embraseroit faute d'évaporations, n'oublions point que l'atmosphère est le premier produit de ces évaporations, & que sans cette atmosphère il n'y auroit point de chaleur, parce que, sans l'eau qui s'y trouve, l'acide du soleil n'auroit aucun moyen de se développer avant que d'arriver à nous, & la terre seroit glacée.

Je vous ai dit que le prolongement des jours est une des causes qui contribuent le plus à l'augmentation de la chaleur ; cependant ce prolongement, tel que nous l'obtenons au solstice d'été, peut être, comme vous l'avez vu, avantageusement compensé sous la zone torride par une durée moins longue, mais plus constamment la même. Il me reste à vous faire observer que c'est à son tour l'inégalité dans la durée des jours qui occasionne le plus de variations dans la température de l'atmosphère ; c'est elle qui constitue les saisons, & qui donne, en fixant de la sorte des époques pour le travail & le repos, des moyens à la terre de réparer dans un temps les pertes qu'elle peut avoir faites dans un autre.

En vous entretenant, Madame, des causes de la chaleur, je ne vous ai point parlé des vents qui, suivant le point d'où ils sont partis, viennent nous réchauffer par la douceur de leur haleine, ou nous morfondre de leur soufle glacé ; c'est qu'en cela ils ne font que nous communiquer une impression qu'ils ont reçue eux-

mêmes dans des pays plus éloignés ; & quoiqu'ils puissent changer tout-à-coup, & souvent
en dépit de la saison, la température de l'atmos-
phere. ils sont plutôt un effet de la chaleur que
la cause qui la produit : ainsi j'ai regardé toute
recherche à leur égard comme indifférente à
notre théorie. Toutefois elle ne pourroit qu'y
gagner, si, à l'aide des moyens qu'elle nous
donne, nous pouvions découvrir leur origine, &
expliquer leurs variations.

Le vent n'est que de l'air agité : les agitations
de l'air viennent, 1°. de sa compressibilité, ce
qui fait qu'aux premières influences du printemps,
& lorsque la nature se développe, il s'échappe
avec effort des prisons dans lesquelles il avoit
été retenu durant l'hiver ; 2°. de la raréfaction
dont il est susceptible, & sur-tout de la propriété
qu'il a, comme fluide, de se maintenir en équilibre : cela posé, il n'est plus question que d'appliquer ces données.

Si la raréfaction de l'air est, comme on n'en
peut douter, un effet de la chaleur, il est aisé
de concevoir ce qui doit résulter sous la zone
torride de cette raréfaction nécessairement relative à la chaleur qu'on y éprouve. Pour con-
server l'équilibre dans cette partie de la terre,
où l'air semble détruit & absorbé, celui qui est
au-delà des tropiques, poussé naturellement vers
un espace qui n'offre plus de résistance, doit
accourir des deux côtés, & se réunir sous l'équa-

teur. Alors ces deux airs , doués d'une même énergie, & capables également de se résister , sont
obligés de prendre un mouvement composé,
& de suivre dans leur direction le cours du soleil,
parce qu'en marchant à sa suite, ils trouvent de
ce côté-là beaucoup moins de résistance : de-là
viennent ces vents alizés qui règnent sous la zone
torride, & soufflent constamment de l'est à l'ouest,
à moins qu'ils ne soient dans quelques contrées
dérangés ou combattus par d'autres impulsions
accidentelles ; de-là vient également cet air frais
qu'on obtient la nuit dans les pays chauds ; c'est
un tribut ou un secours qui leur est journellement envoyé par les pays froids & tempérés. Du
vent d'est réfléchi, soit par les côtes & les montagnes de l'Amérique, soit par celles de l'Asie
ou de l'Afrique, se forme le vent d'ouest, qui, se
dirigeant suivant le point de réflexion , souffle fré-
quemment dans les zones tempérées , & fait par
fois dans plusieurs de nos îles, comme plus voisines de l'obstacle qui le repousse , des dégâts
considérables (1). Ainsi, de la même cause, c'est-

---

(1) « Le vent réfléchi, dit M. de Buffon , est plus
« violent que le vent direct , & d'autant plus, qu'on est
« plus près de l'obstacle qui le renvoie ; l'air dans le vent
« direct n'agit que par sa vitesse & sa masse ordinaire ;
» dans le vent réfléchi, la vitesse est un peu diminuée,
« mais la masse est considérablement augmentée par
« la compression que l'air souffre contre l'obstacle qui le

à-dire, de la raréfaction que l'air éprouve sous l'équateur, proviennent déja trois sortes de vents, qui sont, 1°. les vents de nord, qui, pour remplir le vide d'air qui se trouve dans cette partie, viennent des deux extrémités du monde s'y précipiter l'un contre l'autre ; puis le vent d'est, qui résulte de la direction composée que prennent ces deux vents contraires au moment de leur contact ; & enfin le vent d'ouest, qui nous vient de la réflexion du vent d'est. Il me reste à vous parler des vents qui nous arrivent du midi, & qui, laissant les hauteurs aux vents du nord, soufflent communément dans les régions basses de l'atmosphère ; mais quoiqu'ils procèdent également de la raréfaction de l'air, il n'est pas aussi aisé d'expliquer leur origine. Il n'est guères à penser que ces vents nous viennent directement de la zone torride, tant à cause de la disette d'air qu'il y a dans cette partie, que parce que celui qui accourt des deux pôles pour la secourir s'y trouve à l'instant employé à former le vent d'est, à moins qu'une partie de cet air, repoussée par celui qui arrive en sens contraire, ne revienne ainsi

---

» réfléchit ; & comme la quantité de tout mouvement est
» composée de la vitesse multipliée par la masse, cette
» quantité est bien plus grande après la compression qu'au-
» paravant. C'est une masse d'air ordinaire qui vous pousse
» dans le premier cas, & c'est une masse d'air une ou deux
» fois plus dense, qui vous repousse dans le second cas.
» *Hist. nat. suppl. Tom V, in-4°. pag. 362.*

terre-à-terre regagner le nord. Je croirois plus volontiers que ces vents nous viennent encore par réflexion des mêmes vents du nord dont il vient d'être parlé, qui, s'abaissant plutôt à raison des raréfactions particulières que l'air peut éprouver dans des parties plus voisines, nous font renvoyés, soit par les côtes de la Barbarie, soit par les montagnes qui se trouvent dans nos contrées méridionales ; & la violence que ces vents ont quelquefois, doit, d'après ce qui précède, nous démontrer en même-temps qu'ils font plus réfléchis que directs, & que nous ne sommes pas très-loin de l'obstacle qui les renvoie (1). Je ne vous dirai rien des vents qui se placent entre ceux que nous venons d'observer ; l'origine trouvée de ces quatre vents principaux, nous fait assez connoître d'où les autres peuvent venir.

A Saint-Domingue, pendant quatre mois de l'année, chaque jour voit arriver un orage, & cela n'est pas étonnant : il suffit de jeter un coup-d'œil sur la situation du pays pour en découvrir la cause. Nos possessions, situées entre la mer d'un côté, & des montagnes de l'autre, occupent une plaine sans cesse exposée à l'ardeur d'un soleil brûlant ; il commence dès le matin à exercer son action sur l'air qu'on y respire : son acide s'empare peu-à-peu des parties aqueuses qu'il y

---

(1) Voyez à ce sujet la note qui se trouve au commencement de cet ouvrage, pag. 55.

rencontre ; & lorsque cet air est bien épuisé, raréfié ou détruit, alors l'air de la mer & celui des montagnes, voiturant avec eux les nuages que les évaporations nocturnes y ont élevés, viennent se précipiter ensemble dans cet espace inoccupé. En se rencontrant, les nuages se brisent l'un contre l'autre, & donnent lieu à l'orage qui s'établit. Cet orage étant cessé, on respire un air frais, un air nouveau apporté par un vent de terre, par le vent des montagnes qui, sorti victorieux du combat qu'il a livré, règne pendant la nuit ; & le lendemain la même scène se renouvelle.

Les orages se forment à peu-près de même dans nos climats ; mais soumis aux circonstances plus variées des temps & du local, ils se renouvellent plus rarement dans le même lieu, à moins que ce ne soit dans le voisinage des montagnes, à cause des nuages qui s'y forment : pour l'ordinaire ils se retirent du lieu où l'action s'est passée, pour voler du côté où ils sont attirés par des déterminations égales : ils vont ainsi de place en place représentant la même scène.

Pour que l'orage s'établisse dans un endroit, il faut que l'air soit chargé de nuages, & par conséquent qu'il y ait à quelque distance des rivières, des montagnes ou des bois, qui puissent les attirer, ou en fournir la matière. Il faut de plus qu'il y ait dans un milieu donné une privation d'air, une raréfaction de ce fluide causée par la chaleur, une espèce de vide ; c'est ce vide qui donne lieu aux deux vents contraires qui exiſtent toujours au moment des orages, & dont l'un ne s'annonce ſouvent qu'à l'inſtant où l'action va commencer ; c'eſt cela du moins qui les détermine à ſe précipiter l'un contre l'autre. De-là les tourbillons, les ouragans qui précèdent l'orage (1): chaſſés par ces deux vents, les nuages

---

(1) Ceci peut nous donner une idée de la manière dont ſe forment les trombes ſur la mer : lorſque le vide s'eſt, par une grande raréfaction d'air, établi quelque part , & que les vents qui viennent pour remplir cet eſpace, ſont ſur le point de ſe réunir , l'eau , preſſée des deux côtés par ces vents, ſe trouve forcée de s'élever entre-eux , comme dans un ſiphon aérien, & elle y eſt ſoutenue par ces deux appuis. Si ces vents ſont de force égale , ils ſont alors obligés de prendre un mouvement compoſé , & ils vont ainſi transportant cette colonne à des diſtances plus ou moins éloignées ; ſi l'un deux eſt moins fort , la colonne eſt dans le cas, faute d'être également ſoutenue, de ſuccomber plus vîte. A l'endroit où ſe forme la trombe , il ſe fait ſur la mer une ſorte de bouillonnement, & cela vient des parties d'air qui s'échappent de la colonne à travers l'eau qui y monte: la même choſe s'obſerve dans la machine hydropneumatique , lorſqu'on y forme le vide ; l'one voit ici des globules d'air ſortir également de l'eau qui ſt dans cette machine, alors qu'elle monte dans le récipient. Le même moyen peut ſervir à expliquer les autres eſpèces de trombes , tant celles qui ſeroient formées de nuages tournés & enveloppés par les vents, que celles qui ſe rempliroient de ſable & de pouſſière également enlevés par eux.

Je me figure en outre qu'ainſi que nous avons trouvé

arrivent, & fe heurtent d'autant plus fortement, qu'ils ont été moins arrêtés dans le milieu qui les féparoit : de-là ce bruit roulant & ces éclats répétés qui font trembler la terre : mife en défla-

---

dans la raréfaction de l'air fous l'équateur la caufe première des vents, l'on pourroit bien y trouver auffi celle du flux & du reflux de la mer, ainfi que celle du mouvement qu'elle a d'orient en occident. L'on conçoit en effet qu'étant moins preffées fous la zone torride par l'air raréfié qui les domine, les eaux doivent s'y élever confidérablement, non à raifon de l'attraction du foleil, mais à raifon de l'impulfion qui leur eft donnée par celles qui, étant preffées par une colonne d'air plus pefante, doivent fe porter du côté où elles trouvent moins d'obftacles à leur afcenfion, & refluer fur elles-mêmes quand l'obftacle renaît, c'eft-à-dire, quand l'air fe rétablit, & fucceffivement féduit par cet aperçu, je m'étois propofé, en commençant cet ouvrage, d'y agiter la queftion du flux & du reflux. Mais l'extenfion qu'il a acquife me force d'y renoncer. Newton d'ailleurs nous a donné fur cette matière une théorie fi généralement adoptée, qu'il feroit plus que téméraire à moi d'en hafarder une autre. J'entrevois pourtant bien des chofes qui, par la théorie que j'annonce, pourroient s'expliquer aifément & mieux peut-être que par celle que nous avons reçue : elle nous apprendroit, par exemple, pourquoi dans la mer Caspienne, la mer Noire, la mer Méditerranée, la mer Baltique, la mer Blanche, & généralement dans tous les golfes qui n'ont pas des iffues directes vers l'équateur, les marées y font nulles ou peu fenfibles, &c. &c. Mais, il faut en convenir, il eft des faits auffi, tels que le retard journalier des marées, &c. qui, s'accordant mieux & avec les jours & avec les phafes de la lune, s'expliquent plus

gration par le choc des nuages, la matière électrique qui s'y trouve s'annonce par des jets de lumière, & forme ces éclairs qui s'étendent dans l'atmosphère, & pénètrent jusques dans nos demeures.

---

aisément par l'autre hypothèse ; non qu'en faisant sur
cela des études plus exactes & plus suivies, on ne puisse
parvenir à les expliquer aussi par la nôtre. Quoi qu'il en
soit, j'ai peine à voir que, pour rendre raison d'un fait aussi
sensible & aussi marqué que le flux & le reflux, on se
serve d'un moyen aussi abstrait & aussi éloigné que l'attraction lunaire ; au moins voudrois-je que l'on eût auparavant tenté tous les moyens possibles & reconnu leur
insuffisance. Je suis loin sans doute de rejeter cette force
d'attraction qui règle le cours des astres & régit l'univers ;
mais je doute qu'elle s'exerce entre les corps de la terre
comme elle le fait entre les corps célestes, & qu'elle influe autant qu'on le suppose dans les mouvemens de nos
fluides ainsi que dans les phénomènes qui ont lieu sur le
globe. J'ai sur-tout peine à croire que la lune, qui attire la
terre comme elle en est attirée, puisse agir en particulier sur
les eaux de la mer & les attirer à elle : eh ! comment pourroit-elle le faire ? elle qui sur la terre ne peut soulever une
plume, ni le moindre fétu ; elle qui n'agit point sur l'air,
car si elle agissoit sur ce fluide, cela se démontreroit dans
l'atmosphère par des fluctuations réglées semblables à celles
de nos mers ; comment donc pourroit-elle agir sur les
eaux qu'elles contiennent, sans agir en même-temps &
beaucoup plus sur le fluide qui leur sert d'enveloppe ?
Non, je ne puis me persuader que la lune qui, par sa force
attractive, ne peut vaincre la gravité d'une plume & des
corps les plus légers & les moins attachés à la terre, puisse
par le même moyen vaincre la résistance d'un liquide gravitant bien autrement vers le centre du globe.

En fe brifant l'un contre l'autre, ces nuages donnent également à cette matière électrique le moyen de fe raffembler en corps, & de former une maffe de feu : de-là la foudre qui s'échappe de ia nuée comme l'étincelle fuit du caillou frappé par l'acier. Les termes nous manquent pour exprimer la force , la vîteffe & l'activité de cette flamme incoercible, de cet extrait de feu incumbant fur nous; le trait part , & l'on s'en trouve frappé avant qu'on s'en doute, & fans qu'on puiffe s'en garantir ; fouvent l'on ne s'apperçoit de fon paffage que par l'odeur de foufre & de phofphore qu'il laiffe après lui ; il renverfe, deffèche, étouffe, diffout, brûle & détruit tous les corps qu'il touche , & quelquefois ceux auprès defquels il n'a fait que paffer. Attiré furtout par les fubftances qui portent le figne du phlogiftique , il va fondant fur elles pour y chercher ce principe congénère, s'en nourrir , & le mettre en équilibre avec lui : ainfi fe brifent , foit par fon fait , foit par l'expanfion forcée qu'il donne au phlogiftique des corps , tous les liens qui tenoient leurs parties raffemblées ; & des corps frappés par la foudre , il ne refte fouvent que des débris incohérens qu'elle a difperfés ça & là , ou des cendres qu'elle laiffe à la place qu'ils occupoient.

Le ciel s'appaife enfin , & la pluie fuccède au fracas du tonnerre ; quelquefois chaffée d'un nuage épuifé de matière électrique par la confommation qui s'en eft faite en éclairs, cette pluie fe convertit en grêle : elle reffemble fous

cette

cette forme à des morceaux de glace brifée ar-
rondis par le frottement. Après l'orage, on trouve
l'air changé, & fouvent refroidi, parce que c'eft
toujours le vent du nord qui refte parmi nous
le vent dominant : l'air qui vient de là étant
plus abondant, plus entier, doit néceffairement
avoir l'avantage en luttant contre un air pauvre
& affoibli par la chaleur, tel que celui du midi.

Quoique nous regardions la raréfaction de l'air
comme la caufe ordinaire des orages, & que
cette raréfaction n'ait habituellement lieu qu'en
été, cela ne fait pas qu'en hiver deux vents
contraires, pouffant des nuages l'un contre l'autre, ne puiffent quelquefois occafionner du tonnerre, de même qu'en été deux airs dépouillés de
nuages peuvent, s'ils viennent en fens contraire,
occafionner des éclairs fans orages.

Après vous avoir parlé des vents & des orages,
dont j'ai cherché à vous rendre raifon à l'aide de
notre théorie, voyons, en paffant, fi elle ne
pourroit pas nous aider encore à découvrir pourquoi fur le bord des ruiffeaux & des rivières l'air
qu'on y refpire s'y conferve en été, & plus pur,
& plus frais que dans les campagnes. Quelle en
eft la caufe ? L'air échauffé de l'atmofphère y trouveroit-il un bain dans lequel il vienne fe rafraîchir ? Non, mais il vient y reprendre l'eau qui
lui manque ; & par le moyen de l'acide & du
phlogiftique dont il refte, pour ainfi dire, chargé,
& qu'il dépofe fur ces eaux, il s'y forme fans ceffe

un nouvel air paré dans fon berceau de fa fraîcheur originelle : la diminution fenfible des eaux
pendant les chaleurs de l'été femble appuyer
cette conjecture. Ces eaux ne font point, comme on le croit, réellement enlevées par l'action
du foleil, mais elles fervent, en fe combinant
avec l'acide & le phlogiftique de fes rayons, à
régénérer l'air, & à réparer fes pertes. Par-tout
où il y a beaucoup d'humidité, il y a moins de
chaleur & moins de raréfaction dans l'air. Sur la
mer, en tout temps, on éprouve moins de chaleur
que fur la terre.

Puifque la fraîcheur & la place nous y invitent,
il faut, Madame, nous repofer un moment, &
jeter d'ici un regard en arrière fur le chemin que
nous avons parcouru. Nous avons vu que l'air
atmofphérique, formé en partie des évaporations
de la terre, fe compofe d'eau, d'acide & de
phlogiftique, & que cette conftitution le rend
fufceptible de différentes modifications. Nous
avons vu que l'acide, que nous regardons comme
un des premiers élémens des corps, a la propriété, dès qu'on le mêle avec une certaine quantité d'eau, d'engendrer de la chaleur : nous avons
vu que les rayons folaires, quoique chargés de cet
acide, font fans force, fans chaleur & fans vertu,
jufqu'à ce qu'ils ayent pu fe réchauffer dans notre
atmofphère, & former avec l'eau qu'ils y rencontrent, la chaleur qu'ils nous apportent. Nous
avons dès-lors regardé cette atmofphère comme

un intermède néceffaire à la reproduction de cette chaleur ; & l'air particulier qui la conftitue, nous a paru jouer un rôle important dans cette opération. Indépendamment des principes dont il fe compofe, cet air s'y trouve chargé de différentes fubftances volatiles qu'il a recueillies des évaporations du globe ; & c'eft à ces matières étrangères confondues avec lui, c'eft aux modifications, & par fuite aux altérations qu'il éprouve lui-même, en qualité de fluide mixte, tant dans fa conftitution que dans fon état, c'eft enfin à la propriété qu'il a de fe raréfier par la chaleur & de fe condenfer par le froid, que fe doivent non-feulement les qualités différentes qu'il peut avoir, mais encore tous les phénomènes qui se produifent dans l'atmofphère, ainfi que les météores qui s'y préfentent. L'atmofphère eft ainfi comme le laboratoire de la nature : c'eft là que fe forme la chaleur ; c'eft là que fe forge la foudre ; c'eft là même que fe mélangent les couleurs primitives de la lumière ; & tout cela s'exécute en partie avec les matières que la terre y a envoyées, & qu'elle a tirées de fon fein pour fournir de fon côté le contingent néceffaire aux combinaifons qui s'y forment.

Dès que la chaleur s'engendre dans l'atmofphère, il eft cenfé que l'air doit en retenir pour lui beaucoup plus qu'il ne s'en communique à la terre & à l'eau : ces fubftances capables, en été même, d'imprimer fur les corps qui en approchent un fentiment de froid, femblent en effet n'en prendre que fort peu en comparaifon de l'air ; & fi la chofe n'eft pas plus fenfible à l'égard de ce fluïde, ce n'eft qu'à fon inintenfité feule qu'il faut l'attribuer. Détaché du globe, d'où pourtant il provient en partie, l'air eft comme abandonné à l'action du foleil, & s'il a quelque chaleur, ce n'eft que de lui feul qu'il la tient ; mais auffi cette chaleur dont par fois, & quand cet aftre domine fur l'horifon, il eft trop vivement frappé, il la perd toute dès qu'il eft privé de fes regards ; & comme il n'en peut tirer d'ailleurs, il refte ainfi fans aucune défenfe contre le froid dont il fe pénètre, & dont il nous frappe à fon tour. Il n'en eft pas de même de la terre & de l'eau qui, tenant conftamment au globe, participent néceffairement à la chaleur qui lui eft propre ; de forte que, fi ces fubftances perdent en hiver, par la retraite du foleil, l'excédent de chaleur qu'elles peuvent en avoir reçu pendant l'été, elles reftent nonobftant cela, avec une chaleur affez confidérable pour les défendre du froid, & les préferver de la gelée, laquelle en conféquence n'attaque jamais que leur furface, & cela parce qu'elles font en contact avec l'air (1).

----

(1) La température de l'eau de la mer eft à peu-près égale à celle de l'intérieur de la terre, dit M. de Buffon ; ayant plongé un thermomètre dans la mer en différens lieux & en différens temps, il s'eft trouvé que la température à 10, 20, 30 & 120 braffes, étoit également de 10 degrés

A préfent, Madame, pourfuivons notre marche. Après nous être affurés que la chaleur attribuée aux rayons folaires, n'eft que le réfultat de la combinaifon de leur acide avec les parties aqueufes de l'air, & que l'air atmofphérique lui même n'eft qu'un produit des évaporations de la terre, il nous refte à examiner quelle eft la caufe de ces évaporations, fi elles proviennent de l'action du foleil, ou de la chaleur qui fe trouve dans la terre, & qui eft, ainfi qu'on l'a reconnu, de dix degrés au-deffus du terme de la congélation (1).

---

ou 10 ¾ degrés. *Voyez l'hiftoire phyfique de la mer, par Marfigli, pag.* 16. M. de Mairan fait à ce fujet une remarque très-judicieufe : c'eft que les eaux les plus chaudes, qui font à la plus grande profondeur, doivent, comme plus légères, continuellement monter au-deffus de celles qui le font le moins, ce qui donnera à cette grande couche liquide du globe terreftre une température à-peu-près égale, conformément aux obfervations de Marfigli, excepté vers la fuperficie actuellement expofée aux impreffions de l'air, & où l'eau fe gèle quelquefois avant que d'avoir eu le temps de defcendre par fon poids & fon refroidiffement. *Differtation fur la glace, page 69. Voyez hift. nat. de M. de Buffon, fuppl. tom. V, pag.* 496.

(1) Voila ce qui refte à la terre de fon ancienne chaleur : il a fallu, felon M. de Buffon, foixante & feize mille ans pour l'attiédir au point où elle eft ; & il en faut (quoiqu'elle paroiffe avoir plus perdu qu'elle n'a à perdre,) au moins autant pour qu'elle en vienne au terme où nul être vivant ne pourroit y fubfifter : d'où l'on voit

Cette question ne me paroît pas difficile à ré-
soudre : dès qu'on accorde à la terre une chaleur
de dix degrés indépendante de celle du soleil,
cette chaleur qui, lorsqu'elle n'est pas combattue
par des obstacles extérieurs, est capable d'exciter
seule & de favoriser la végétation, paroît plus
que suffisante pour établir une transpiration,
une évaporation quelconque, sur-tout si l'on

---

avec quelle lenteur se fait la déperdition de sa chaleur, &
combien les progrès de son refroidissement doivent être
insensibles pour des êtres qui ne font, pour ainsi dire,
que s'y montrer : ces progrès toutefois nous sont prou-
vés, & par l'accroissement des glaces sous les pôles, &
par celui des glaciers dans la Suisse, & plus encore par les
émigrations annuelles & nécessitées de différentes espèces
d'oiseaux, &c.

» Il ne faut pas creuser bien avant pour trouver da-
» bord une chaleur constante & qui ne varie plus, quelle
» que soit la température de l'air à la surface de la terre.
» On sait que la liqueur du thermomètre se soutient tou-
» jours également pendant toute l'année à la même
» hauteur, dans les caves de l'observatoire, qui n'ont pour-
» tant que 84 pieds ou 14 toises de profondeur depuis
» le rez-de-chaussée ; c'est pourquoi l'on fixe à ce point
» la hauteur moyenne ou tempérée de notre climat. Cette
» chaleur se soutient encore ordinairement & à peu de
» chose près la même depuis une profondeur de 14 ou
» 15 toises, jusqu'à 60, 80 ou 100 toises & au delà,
» plus ou moins, selon les circonstances, comme on l'é-
» prouve dans les mines ; après quoi elle augmente, &
» devient quelquefois si grande, que les ouvriers ne
» sauroient y tenir & y vivre, si on ne leur procuroit

confidère que la terre renferme dans fon fein différens principes capables de s'élever à ce degré de chaleur. L'évaporation de la terre eft analogue à la fumée des corps qui brûlent, à la vapeur de l'eau qui bout : fi elle eft moins fenfible, c'eft que la chaleur de la terre eft moins forte que celle de l'eau bouillante : cette fumée eft proportionnée au degré de feu qui l'excite ;

» pas quelques rafraîchiffemens & un nouvel air, foit » par des *puits de refpiration*, foit par des chutes d'eau… » M. de Genfanne a éprouvé dans les mines de Giroma- » gni, à trois lieues de Léford, que le thermomètre étant » porté à 52 toifes de profondeur verticale, fe foutint à » 10 degrés, comme dans les caves de l'obfervatoire ; » qu'à 106 toifes de profondeur, il étoit à 10 $\frac{1}{2}$ degrés ; » qu'à 158 toifes, il monta à 15 $\frac{1}{5}$ degrés, & qu'à 222 » toifes de profondeur il s'éleva à 18 $\frac{1}{6}$ degrés. *Differta-* » *tion fur la glace, par M. de Mairan. Paris*, 1749, *in*-12, » *page* 60 & *fuivantes.* »

» Plus on defcend à de grandes profondeurs dans l'in- » térieur de la terre, dit ailleurs M. de Genfanne, plus » on éprouve une chaleur fenfible, qui va toujours en » augmentant à mefure qu'on defcend plus bas : cela eft » au point qu'à 1800 pieds de profondeur au-deffous du » fol du Rhin, pris à Huningue en Alface, j'ai trouvé » que la chaleur eft déja affez forte pour caufer à l'eau » une évaporation fenfible. On peut voir le détail de mes » expériences à ce fujet, dans la dernière édition de l'excel- » lent *Traité de la glace*, de feu mon illuftre ami M. Dortous » de Mairan. » *Hift. nat. du Languedoc*, tom. I, page 24.

» Tous les filons riches des mines de toute efpèce, » dit M. Eller, font dans les fentes perpendiculaires de

mais elle devient aussi abondante par la continuité d'une chaleur égale.

Je ne vous parlerai point des recherches que
l'on a faites pour constater de combien cette
chaleur intérieure de la terre diffère ou se rapproche de celle que le soleil nous donne en été.
Que nous importe cette différence ? Il nous suffit
d'être assurés que cette chaleur existe, & nous

» la terre, & l'on ne sauroit déterminer la profondeur
» de ces fentes : il y en a en Allemagne où l'on descend
» au delà de 600 perches ; (qui font environ 3000 pieds)
» à mesure que les mineurs descendent, ils rencontrent une
» température d'air toujours plus chaude. » *Mémoire sur la
génération des métaux*, académie de Berlin, *année* 1783, ou
hist. nat. de M. de Buffon, *suppl. tome V*, *pag.* 495 & 496.

En parlant des expériences de M. de Gensanne, M. de
Lisle prétend qu'un fait unique ne prouve rien quand il
est combattu par un millier d'autres ; & cela est vrai en
général : mais ici, outre que ceux qu'il oppose à ce fait
prétendu unique, ne font pas, quoiqu'il ait fouillé par-tout,
en aussi grand nombre, ne seroit-ce pas le lieu de lui
rappeler qu'en bien des cas les autorités se pèsent & ne
se comptent point ? D'ailleurs ne peut-on pas lui reprocher
de n'avoir rien dit des observations de M. Eller, qui confir-
ment celles de M. de Gensanne ? Ne peut-on pas l'arguer encore d'avoir mis en opposition aux mines de Giromagni
en Alsace, celles de Silisca en Pologne, qu'il sait être des
mines de sel, mines par conséquent que l'on peut regarder, vu la matière qu'elles contiennent, commes des espèces de glacières qui, se defendant d'elles-mêmes des approches de la chaleur, doivent nécessairement se maintenir plus froides que toutes les autres ?

devons y croire alors même qu'elle eft infenfible pour nous (1) ; car cela n'arrive, le dirai-je
après M. Bailly? oui , que parce que nos fens
nous trompent ; & l'erreur vient de ce que, pour
juger du froid & du chaud , nous prenons pour
mefure de comparaifon la chaleur qui nous anime , la chaleur de notre fang : ainfi nous eftimons froid ou chaud tout ce qui eft au-deffus
ou au-deffous de cette température: voilà pourquoi nous trouvons nos caves froides en été
& chaudes en hiver, quoique leur température

---

(1) » Il paroît, d'après tout ce qui précède , (dit M.
» de Buffon) que l'on doit reconnoître deux fortes de
» chaleur, l'une lumineufe, dont le foleil eft le foyer im-
» menfe, & l'autre obfcure, dont le grand réfervoir eft
» le globe terreftre. Notre corps, comme faifant partie
» du globe, participe à cette chaleur obfcure ; & c'eft par
» cette raifon qu'étant obfcure par elle même, c'eft-à-dire,
» fans lumière, elle eft encore obfcure pour nous, parce
» que nous ne nous en appercevons par aucun de nos
» fens. Il en eft de cette chaleur du globe comme de
» fon mouvement; nous y fommes foumis, nous y par-
» ticipons fans le fentir & fans nous en douter : de là
» il eft arrivé que les phyficiens ont porté d'abord toutes
» leurs vues, toutes leurs recherches fur la chaleur du
» foleil, fans foupçonner qu'elle ne faifoit qu'une très-
» petite partie de celle que nous éprouvons réellement ;
» mais ayant fait des inftrumens pour reconnoître la dif-
» férence de chaleur immédiate des rayons du foleil en
» été , à celle de ces mêmes rayons en hiver, ils ont
» trouvé avec étonnement que cette chaleur folaire eft
» en été foixante-fix fois plus grande qu'en hiver dans

soit égale en tout temps : voilà pourquoi les vieillards & les enfans jugent d'une manière si différente de la chaleur & du froid. Lorsqu'après les chaleurs de l'été, nous éprouvons en hiver un froid insupportable, nous sommes portés à croire que le soleil seul fait tout, ou le plus sur le globe, en communiquant ou en retirant sa chaleur : &, d'après nos sensations, nous estimons énorme la différence qui résulte de cette alternative, parce que tout ce qui nous incommode devient considérable pour nous. Semblables à ces êtres éphémères que le souffle détruit, nous sommes si foibles qu'il faut peu de

---

» notre climat, & que néanmoins la plus grande chaleur
» de notre été ne différoit que d'un septième du plus
» grand froid de notre hiver : d'où ils ont conclu, avec
» grande raison, qu'indépendamment de la chaleur que
» nous recevons du soleil, il en émane une autre du
» globe même de la terre, bien plus considérable, &
» dont celle du soleil n'est que le complément ; en sorte
» qu'il est aujourd'hui démontré que cette chaleur qui
» s'échappe de l'intérieur de la terre, est dans notre
» climat au moins vingt-neuf fois en été, & quatre cents
» fois en hiver plus grande que la chaleur qui nous vient
» du soleil : je dis au moins, car quelque exactitude que
» les physiciens, & en particulier M. de Mairan, ayent
» apportée dans ces recherches, quelque précision qu'ils
» ayent pu mettre dans leurs observations & dans leurs
» calculs, j'ai vu, en les examinant, que le résultat pouvoit en être porté plus haut. *Hist. nat. de M. de Buffon,*
Supp. tome I, pag. 32.

chofe pour nous bleſſer. Accoutumés à la chaleur maternelle de la terre d'où nous avons été
tirés, exiſtans, vivans par un équilibre qu'un
rien dérange, la moindre addition à cette chaleur eſt un excès, la moindre diminution eſt
une diſette. La baſe de la chaleur appartient
à la terre ; nous ne nous en appercevons pas ;
nous ne ſommes affectés que du peu que le
ſoleil y ajoute. Ce n'eſt donc pas à nos ſens,
à ces juges infidèles, qu'il faut s'en rapporter pour
apprécier l'influence de cet aſtre ; c'eſt au thermomètre, qui eſt un inſtrument impaſſible, &
qui marque avec indifférence & avec vérité les
variations de la température : or, le thermomètre nous indique que l'effet de l'influence
ſolaire, la différence de l'hiver à l'été n'eſt pas
auſſi conſidérable que nous le préſumons (1).

L'antagoniſte de MM. de Mairan, de Buffon
& Bailly, M. de Romé de l'Iſle, eſtime, comme nous, que l'évaporation des fluides doit
être relative à la chaleur qu'ils éprouvent ;
mais je ne ſais ſur quelles obſervations, ſur
quels fondemens il a jugé que les évaporations
de la terre ſe faiſoient à raiſon de la chaleur
que le ſoleil y dépoſe, & non d'après celle que

____

(1) La différence entre le plus grand chaud de nos
étés & le plus grand froid de nos hivers, n'eſt exactement, ſelon M. de Buffon, que d'un trente-deuxième. *Hiſt.
nat. ſuppl. tome V*, pag. 241.

cette terre possède. Cependant elle existe, cette chaleur, il la reconnoît lui-même : pourquoi dès-lors lui refuser ce qui lui appartient ? pourquoi lui disputer des effets dont elle peut être cause ? En l'admettant, cette chaleur, n'a-t-il pas rendu inutiles & contradictoires tous les efforts qu'il fait pour combattre sa puissance ? Cette espèce d'injustice vient, ou de l'envie de critiquer, ou de ce qu'il s'est persuadé que tout devoit se rapporter à l'action unique du soleil. Pour fonder ce système, il fait des suppositions qu'il établit en principes : il assure contre l'évidence que les évaporations sont plus abondantes en été qu'en hiver ; au lieu de prendre, comme il étoit naturel, la mesure de ses estimations dans la quantité des pluies qui tombent, il la prend dans la chaleur du soleil, sans faire attention à celle qui pourroit venir d'ailleurs, sur-tout quand le soleil agit moins sur le globe ; & le moindre souffle suffit pour renverser ses suppositions, ses principes, & toutes les conséquences qu'il en tire.

En vain il dit & répète cent fois que cette chaleur interne de la terre doit être censée nulle dans ses effets, puisqu'elle n'a pas même le pouvoir de fondre dans nos glacières la glace qui s'y trouve à quinze ou vingt pieds sous terre. Cette objection, sur laquelle il s'appuie fortement, tombe d'elle-même, & je suis étonné qu'un physicien comme M. de Lisle, n'ait pas

penſé , avant que de la faire, qu'une glacière
forme un amas de glace, une maſſe de matière
congelée dans laquelle le froid doit ſe con-
centrer & ſe conſerver à raiſon de ſon volume :
elle doit, ainſi que toute maſſe de feu , avoir
en ſens contraire une ſphère d'activité ; il y a
même entre-elles cette différence, que l'une,
indépendamment des cauſes extérieures qui peuvent l'affoiblir, ſe détruit par ſa propre énergie , & a beſoin, pour ſe conſerver, d'un aliment ſans ceſſe renouvelé ; au lieu que l'autre,
privée d'action & de mouvement, ſe conſerve
d'elle-même & ſans ſécours : après avoir refroidi la petite atmóſphère qui l'enveloppe ,
cette atmoſphère preſque glacée lui ſert de dé-
fenſe, & repouſſe pour un temps plus ou moins
long les atteintes de la chaleur : c'eſt ainſi que
la glace s'y conſerve ; mais ce n'eſt jamais que
pour un temps , & l'on a ſoin de la retirer
avant qu'elle puiſſe céder aux efforts de la chaleur. Si on abandonnoit un ſimple morceau de
glace dans un ſouterrain ou même dans l'eau
(quoique M. de Liſle aſſure le contraire), il
n'y a pas de doute qu'il ne s'y fondît aſſez
promptement, par la raiſon que dans les corps
contigus, la chaleur cherche toujours à ſe mettre en équilibre, & que la glace doit ſe réſou-
dre en eau pour atteindre à la température du
ſouterrain , qui eſt celle de dix degrés.

Après avoir ſatisfait à l'objection des glacières,

ne pourrion-nous pas, à notre tour, demander
à M. de l'Ifle d'où vient que les mers ne gèlent
point en hiver? pourquoi la gelée ne pénètre
point au-delà de la fuperficie dans l'intérieur
des rivières & des terres? d'où provient enfin la
chaleur qui maintient la fluidité de ces eaux qui
ne font ni en contact immédiat avec l'air, ni
foumifes aux impreffions du foleil? Il fera, fans
doute, pour en donner la folution, plus embar-
raffé que nous ne l'avons été au fujet des glâ-
cières. Ecoutez ce qu'il va nous répondre : Ce
n'eft point, dit-il, au feu central qu'il faut attribuer cet effet, mais à la chaleur de dix degrés
qui fe trouve dans la terre, c'eft-à-dire, que ce
n'eft point le feu central, & cependant que
c'eft le feu central, car ce feu n'eft dans le fait
autre chofe que cette chaleur de dix degrés que
nous demandons (1); or, dès que cette cha-

____

(1) Cette chaleur de dix degrés n'eft pas, à proprement parler, ce que l'on nous contefte; il feroit difficile
de nier un fait auffi frappant : ce qu'on refufe de reconnoître, c'eft que cette chaleur foit, comme nous le difons, le refte d'une chaleur antérieure beaucoup plus forte :
il faut pourtant, dès qu'elle exifte, qu'elle ait une caufe;
& fi l'on rejette celle que nous lui donnons, quoique la
plus probable de toutes celles qui peuvent s'offrir, il
faut néceffairement lui en trouver une autre; les uns en
conféquence prétendent que cette chaleur eft occafionnée
par la gravitation même de la matière; mais cette affertion n'eft fondée fur rien : nous n'avons jufqu'ici, je
ne dirai pas aucune preuve, mais aucune apparence de

leur a le pouvoir de maintenir en fluidité les eaux qui n'ont pas le contact d'un air froid, pourquoi n'auroit-elle pas également celui de porter son influence sur la superficie du globe, lorsqu'elle n'est pas répercutée par le froid extérieur, & que l'air se trouve dans une température égale à la sienne ? Pourquoi cette chaleur, également distribuée dans toutes les parties de la terre, ne seroit elle pas capable d'y exciter une transpiration relative à sa force ? C'est

---

preuve que la gravitation puisse par elle-même produire la moindre chaleur ; si cela étoit, il s'ensuivroit qu'un morceau de glace ne pourroit subsister ; à peine formée, cette congélation se détruiroit à raison de la chaleur que produiroit en elle la gravitation de ses parties. D'autres, au nombre desquels est M. de l'Isle, nous disent hardiment que la chaleur dont nous cherchons la cause vient, ou d'un acide méphitique répandu dans le globe, ou des pyrites qui s'y trouvent ; mais s'ils y avoient réfléchi, ils sentiroient que les émanations méphitiques ou autres qui peuvent avoir lieu, ainsi que les efflorescences pyriteuses, sont moins la cause que l'effet de cette chaleur, & qu'elles la supposent plus qu'elles ne la produisent ; car, sans une chaleur préexistante, capable de mettre quelques-uns de nos principes en expansion, d'où viendroient ces émanations ? D'où viendroient nos fluides ? Est-il même à croire qu'il en existât aucun ? Et comment, de leur côté, les pyrites pourroient-elles effleurir, prendre feu, & pénétrer la terre de la chaleur qu'elles développent alors, si l'eau, qui contribue comme partie nécessaire à leur inflammation, n'étoit rendue fluide par une chaleur antécédente ? Qui ne sait d'ailleurs que les pyrites, quoique

elle, je le répète après M. Bailly, & quoiqu'en dite M. de Lisle, qui sourdement va fondant la neige qui se trouve immédiatement déposée sur la terre ; & elle le fait, parce qu'elle trouve dans la couche rapprochée de cette neige un abri contre l'air, une espèce de couvercle sous lequel les vapeurs terrestres s'arrêtent & s'amassent; c'est elle pareillement qui, si on couvre la terre de quelques matières capables de recueillir ces mêmes vapeurs, va la dégelant, ou

---

abondamment répandues dans la terre, ne se trouvent pas partout, & que là où elles se trouvent elles ne sont pas toujours en efflorescence, ni dans un état prochain d'inflammation : d'où l'on voit que la chaleur causée par elles, alors qu'elles s'enflamment, ne peut être qu'une chaleur locale & accidentelle, & que cette chaleur, fût-elle capable de produire des volcans, s'il y a abondance de pyrites, ne peut d'ailleurs répondre en rien à la chaleur douce égale, & continue dont la terre est généralement pénétrée dans toutes ses parties. Telle est pourtant la cause que l'on veut substituer à celle que nous donnons à cette chaleur terrestre : & voilà ce qui arrive quand, au lieu de prendre les voies qui s'offrent naturellement à nous, on cherche, pour aller au but, des chemins détournés; plus on s'y enfonce, plus on s'y perd, & ce sont souvent de petits intérêts, de petits motifs, de petites prétentions qui nous entraînent dans ces fausses routes. Quelques morceaux d'histoire naturelle, dont M. de Lisle n'aura pu rendre raison qu'en les supposant formés par l'eau, ont suffi peut-être pour lui faire rejeter l'hypothèse que nous avons embrassée, & lui en faire adopter une autre mille fois moins probable que celle là.

l'em-

l'empêchant de geler ſous cet abri; & ces faits, on
ne peut ſe défendre de les rapporter à cette chaleur, vu qu'il n'eſt point d'autre cauſe à laquelle
on puiſſe les attribuer (1) ; il faut en tout être

---

(1) Il faut ici qu'au défaut du ſoleil, M. de Liſle re-
connoiſſe lui-même l'influence de la chaleur du globe, ou
qu'il cherche, pour expliquer la fonte de cette neige dé-
poſée ſur la ſurface de la terre, des raiſons ailleurs que dans
un fumier épars, qui, le plus ſouvent, n'y a pas été apporté, & qui, malgré ſes principes de chaleur ſeroit, ſans
la neige qui le couvre, auſſi froid que la terre, & gele-
roit comme elle. Le mouvement végétatif auquel il a
recours encore pour expliquer cet effet, ne nous offre pas
un moyen plus ſatisfaiſant, vu qu'il n'y a pas toujours des
végétaux là où la neige fond; ce mouvement d'ailleurs, ſuſ-
pendu pour l'ordinaire dans le temps dont nous parlons,
& arrêté par le froid, ne pourroit, au cas qu'il exiſtât, pro-
venir lui-même que de la chaleur du globe. Il faut auſſi
qu'il renonce à l'objection d'une pierre nue ſur laquelle
la neige ne fond point, parce qu'un corps détaché de la
maſſe dont il faiſoit partie ne peut, comme avant, participer à la chaleur propre à cette maſſe : un pavé d'ailleurs n'eſt guère perméable aux évaporations, &c. &c.

Ayant un jardin ſous mes fenêtres, j'ai remarqué depuis
pluſieurs années que, lorſqu'il eſt tombé de la neige, ce
ſont toujours les parties nues & ſablées de ce jardin qui
ſe découvrent avant celles où il peut y avoir des arbres
& des plantes, quoique celles-ci ſoient aux mêmes expo-
ſitions ; j'ai remarqué, qui plus eſt, que la neige tient
plus long-temps là où il y a des végétaux qu'ailleurs ; d'où
l'on voit que la fonte accélérée de la neige établie dans
les allées, ne vient ni du fumier répandu ſur la terre, ni
du mouvement végétatif, ni de la fermentation du ſol, &

Ddd

juſte & de bonne foi : on ne doit point appau-
vrir l'un pour enrichir l'autre. Donnons donc
au ſoleil ce qui lui eſt dû, & laiſſons à la terre
ce qui lui appartient ; les évaporations ſont de
ſon apanage, il faut les reſtituer à la cauſe
dont elles dépendent, à la chaleur qui lui eſt
propre ; mais il eſt à propos d'obſerver ici, pour

qu'ainſi ce n'eſt à aucune de ces cauſes prétendues, mais
ſeulement aux tranſpirations du globe, qu'il faut attribuer
celle qu'éprouve dans un temps froid la neige qui touche
immédiatement au ſol. J'obſerve même à ce ſujet que, ſi
la neige devient, comme on le prétend, un engrais pour
la terre quand elle y eſt maintenue par le froid, c'eſt
moins par les principes qu'elle lui fournit, que parce
qu'elle peut, en la couvrant, arrêter les émanations du
globe, & les répercuter long-temps ſur ſa ſurface, qu'elle
ſert à l'engraiſſer.

Dans la ſeconde édition de ſon ouvrage, M. de Liſle eſt
revenu à nous avec un moyen de plus pour expliquer le
phénomène dont il s'agit ; & ce moyen le voici : L'homme qui ſe noie ſe raccroche à ce qu'il peut. Après avoir
ré été ce qu'il avoit déja dit, il ſuffit, ajoute-t-il, pour
fondre les couches inférieures de la neige, *de l'action
de l'air ſouterrain, moins froid que l'air extérieur, & qui,
long-temps concentré, s'échappe, & vient frapper la neige.*
Mais que veut-il dire par là ? Rien, je crois, ſi ce n'eſt
que cette fonte de neige eſt un effet des tranſpirations
du globe, occaſionnées par la chaleur qui lui eſt propre ;
& c'eſt ce que nous diſons nous-mêmes.

Je n'ai rien à dire touchant les obſervations que M.
Meſſier a pu faire ſur le dégel de 1786, ſi ce n'eſt qu'elles
ſont vainement & mal à propos citées dans l'ouvrage auquel nous répondons, attendu qu'elles n'ont ancun rap-

éviter toute contestation, que les évaporations
de la terre, dépendantes d'une chaleur constamment égale, ne se font point, & ne doivent
point se faire comme se feroit l'évaporation
d'un fluide déposé dans un vase quelconque : ce
fluide, abandonné de la sorte à la température
inégale de l'air, peut recevoir des impressions

---

port avec le fait qui nous occupe, lequel a lieu, non
dans un temps de dégel, temps auquel il n'est pas étonnant que la neige extérieure, frappée d'un air plus chaud,
fonde aussitôt & plutôt même que celle qui touche à la
terre, mais dans un temps où cette dernière fond alors
même que rien ne fond & ne degèle au dehors.

Il faut que M. de Lisle me pardonne un peu d'humeur : j'en ai vraiment, non de voir l'opinion que je
défends en butte à ses attaques réitérées, (nous ne sommes pas sans moyens pour les repousser) mais de voir
qu'à l'instar du ver, qui ne s'attache aux choses les plus
belles que pour les détruire, un homme recommanda-
ble par ses connoissances, & fait pour se distinguer autrement, se livre, comme un écrivain qui n'auroit d'autres
ressources, à de vaines critiques, & contre qui ? ... A-t-
donc cru qu'il pourroit s'élever par-là au-dessus de ces grands
hommes ? Eh ! doit-il ignorer qu'entachant ceux qui les
produisent plus qu'ils ne les honorent, ces sortes d'écrits
font (dussent la malignité & l'envie s'en repaître un moment) dès en naissant condamnés à l'oubli, & qu'ils n'em-
pêcheront point que les ouvrages qu'ils attaquent ne
passent à la postérité, & ne fassent l'admiration de nos
neveux comme ils font la nôtre aujourd'hui ! Que peuvent
contre ces rocs élevés au-dessus des mers, les vagues mu-
gissantes qui viennent & reviennent se briser contre eux ?

D d d ij

de chaleur & de froid très-différentes de celles que la terre éprouve, & porter contre la vérité le témoignage fautif d'une évaporation plus grande en été, & beaucoup moindre en hiver, parce qu'alors l'évaporation du liquide, fuppofé qu'on puiffe donner ce nom à la diminution qu'il annonce, eft totalement dépendante de la chaleur du foleil ; mais il en eft autrement, & l'obfervation le démontre, des évaporations de la terre : voilà, je crois, ce qui a induit M. de Lifle en erreur.

Les évaporations de la terre, beaucoup plus fortes, beaucoup plus abondantes le foir, la nuit, l'hiver, & généralement lorsque le foleil s'abfente ou s'éloigne de nous, doivent nous prouver que fon action eft plus contraire que favorable à l'émiffion des vapeurs terreftres ; les rayons folaires qui fondent pendant le jour fur la furface du globe, femblent combattre & repouffer ces vapeurs, de même qu'en tombant fur le tuyau des cheminées ils s'oppofent au paffage de la fumée ; j'ai même remarqué qu'étant dirigés fur le feu de nos foyers ils en amortiffent l'activité. Lorsque deux caufes agiffent l'une contre l'autre, la plus foible doit céder, & l'effet qu'elle produit doit ceffer en même-temps.

L'obftacle que rencontrent ici les évaporations de la terre vient, non-feulement de la projection des rayons du foleil en fens contraire, mais encore de la pefanteur de ces rayons. On voudroit

en vain le contester , cette pesanteur est réelle ,
elle est même considérable , & la colonne d'air
qui incumbe sur nous , pèse , étant chargée de ces
émanations solaires , beaucoup plus qu'elle ne fait
étant chargée des vapeurs de la terre. Dans les
pays chauds on a peine à en soutenir le poids ;
l'accablement qu'éprouvent en été les gens qui
travaillent à la campagne , ou qui voyagent expo-
sés à l'ardeur du soleil , provient autant de la pression continue de ses rayons , que de la chaleur qu'ils
apportent. Les plantes foibles ne peuvent résister
à cette pression ; leur tige se courbe , leurs feuilles
affaissées semblent , en tombant vers la terre , y
chercher un appui : tout dans la nature plie sous
le poids du soleil ; & cela se doit sur-tout au principe acide dont ses rayons sont chargés , principe
qui , quoique plus léger que l'eau , lorsqu'on le
considère partie à partie , peut devenir , étant rapproché , & parce qu'il se trouve alors plus de
parties à lui appartenantes réunies dans le même
espace , trois fois plus pesant qu'elle : l'on ne
peut donc s'étonner que les rayons solaires puissent s'opposer , par leur pression , au passage de la
fumée , comme à celui des évaporations de la
terre , ni même qu'ils éteignent le feu qui leur est
opposé , s'il n'est vivement excité ; & l'on conçoit pourquoi le mercure , pressé par l'air chargé
de cet acide , s'élève plus haut pendant l'été , &
reste plus bas dans le baromètre lorsque l'air
n'est , comme en hiver , chargé que des émana‑

D d d iij

tions humides du globe. Il eft à croire pourtant
que l'eau qui entre par adjonction dans la conftitution de l'air atmofphérique, doit, par fon
poids, contribuer beaucoup à la pefanteur de ce
fluide, & par fuite à l'afcenfion du mercure dans
le baromètre (1).

____

(1) Tout le monde fait que l'afcenfion du mercure
dans le baromètre eft un effet de la pefanteur de l'air ; &
l'on a recours à cet inftrument pour en connoître les degrés. Les indications qu'il donne du beau temps & de la
pluie, ne font que des conféquences déduites de cette pefanteur, & ces indications font quelquefois fautives &
difficiles à expliquer ; ce qui vient :

1°. De ce qu'on ne connoît pas affez l'état naturel de
l'air, & qu'on ne fait à quel degré l'air pur, dépouillé
des matières qui rendent fa conftitution inégale, & pris
dans un jufte milieu entre la raréfaction & la condenfation,
peut faire monter le mercure dans le baromètre.

2°. De ce qu'on ignore la hauteur précife de la colonne
d'air qui pèfe fur nous, ou du moins qu'on ne fait fi
cette hauteur, fixée à tel ou tel degré, n'eft point fujette
à varier, & ne peut pas devenir plus confidérable dans
un temps que dans un autre, fuivant que les rayons folaires
frappent plus ou moins fur l'atmofphère.

3°. De ce qu'on n'a point calculé le poids des différentes fubftances qui, en fe mêlant avec l'air, peuvent
augmenter fa pefanteur.

4°. De ce qu'on ignore dans quelles proportions ces
matières fe joignent à l'air, & dans quelle région fe fait
ce mélange ; d'où il arrive fouvent qu'une colonne d'air
plus pefante dans une partie, & plus légère dans une autre,
indique fur le baromètre une pefanteur quelquefois contra-

Puisque l'évaporation ne s'établit qu'au moment qu'elle n'est plus gênée par une cause exté-

dictoire avec le temps qu'on éprouve ; & comme la cause en est éloignée, il est difficile de rendre raison de ces sortes de discordances.

Ce n'est point le baromètre qui nous trompe : fait pour indiquer la pesanteur de l'air, il en marque les variations avec fidélité, non d'après l'état apparent de l'air qui est autour de nous, mais d'après l'état vrai de ce fluide pris dans toute l'étendue de la colonne incumbante sur le globe. C'est donc la, & non ailleurs, qu'il faut chercher la cause des indications en apparence mensongères de l'instrument dont nous parlons ; & quoique inaccessible, je me figure qu'au moyen de ce qui suit, l'on pourra sur cela se procurer quelques apperçus.

L'état & la pesanteur de l'air varient selon qu'il est raréfié ou condensé : l'air très-raréfié occupe, suivant M. de Buffon, un espace treize fois plus étendu que celui de son volume ordinaire, & il perd autant de son ressort ; donc il doit peser douze fois moins : il s'ensuit qu'étant condensé, l'air peut occuper un espace treize fois moindre que celui de son volume ordinaire, & acquérir d'autant plus de ressort, au moyen de quoi il doit peser douze fois plus que lorsqu'il est en son état ordinaire, & vingt-cinq fois plus que lorsqu'il est très-raréfié. Quoique justes, ces proportions peuvent être augmentées ou diminuées, cela n'importe, pourvu que l'on reconnoisse une différence considérable dans la pesanteur de l'air, selon qu'il est raréfié ou condensé.

Cela posé, l'on voit à l'instant à quoi se doivent les variations continuelles du baromètre, & l'on sent combien la colonne d'un fluide, qui n'est & ne peut être également raréfié ou condensé dans toute sa hauteur, doit varier dans

rieure, il s'enfuit qu'elle n'eft point attirée au dehors par cette caufe, mais qu'elle eft chaffée

---

fa pefanteur; ainfi le mercure monte quand les parties condenfées de la colonne l'emportent fur les parties raréfiécs; il baiffe quand les dernières font prédominantes, & il fe tient au variable quand les unes font fuffifamment compenfées par les autres. Sujet aux impreffions du chaud, du froid & des vents, l'air, peu ftable dans fon état, va paffant continuellement de la raréfaction à la condenfation, & de la condenfation à la raréfaction; il paroît néanmoins plus habituellement condenfé dans les parties hautes de la colonne, & raréfié dans les parties baffes (a); mais nous ignorons jufqu'où s'élèvent les parties raréfiées de cette colonne, & encore plus jufqu'où defcendent fes parties condenfées; c'eft pourtant du plus ou du moins d'efpace que les unes ou les autres y occupent, que dépendent toutes les indications du baromètre, & nous jugeons par elles de ce que nous ne pouvons découvrir par nos fens. Suppofé donc que le mercure monte alors qu'il fait chaud & qu'il pleut, nous pouvons inférer de-là qu'il exifte au-deffus de la région d'air raréfié qui nous entoure un air plus denfe, qui, tout prêt à s'abaiffer, doit inceffamment nous amener du froid & de la gelée fi c'eft en hiver, &c. &c. &c. Je ne puis ici m'étendre davantage fur cette queftion, j'y reviendrai peut-être quelque jour.

(a) Quoique plus foibles, ces parties baffes peuvent foutenir, au moins pendant quelque-temps, les parties plus pefantes qui les dominent, & cela parce qu'en fe raréfiant, l'air jouit de fon reffort, & qu'au moyen de la force qu'il développe alors, il peut non-feulement réfifter à l'air condenfé qui le preffe, mais même le repouffer, & ce n'eft que lorfque fa force eft ufée qu'il ceffe de lui réfifter.

de la terre par une cauſe particulière; car ſi elle
étoit un effet de l'attraction du ſoleil, les vapeurs ſeroient plus abondantes le jour que la
nuit, & l'été que l'hiver: d'ailleurs, ſi les
rayons ſolaires avoient la force de les arracher
de la terre, pourquoi n'auroient-ils pas également le pouvoir de les élever au-delà de l'atmoſphère où elles reſtent ſuſpendues, & de les conduire juſqu'au foyer d'où ils ſont partis ? L'aſcen-
ſion limitée, & le reverſement de ces vapeurs ſur
le globe, dès qu'elles ne peuvent plus ſe ſoute-
nir dans l'air, nous prouvent aſſez que leur exhauſ-
ſement dans ce fluide vient d'une autre cauſe
que de l'attraction ſolaire. Je le répète, les
rayons de cet aſtre, projetés vers nous, ne
pompent, n'attirent & n'emportent rien : loin
de rien attirer, ils ſont eux-mêmes attirés
par la terre, & d'autant plus qu'ils en ſont plus
rapprochés. Eh ! comment ces rayons, attirés en
ſens inverſe, repouſſés par ceux qui les ſuivent,
& ſans chaſſe, pourroient-ils, chargés d'humide
& alourdis par cette charge, ſe reporter avec elle
dans l'atmoſphère ? Tout l'effet donc de ces
rayons arrivans ſur la terre ſe réduit à augmenter
un peu, par celle qu'ils répandent à ſa ſurface, la
chaleur dont elle eſt déjà pourvue; & ce n'eſt
qu'ainſi, ce n'eſt qu'en renforçant l'action impulſive de cette chaleur, & non autrement,
qu'ils peuvent contribuer aux évaporations du
globe : nul doute même que ces évaporations

n'en fuſſent plus abondantes, ſi d'ailleurs la briè-
veté des nuits, temps auquel elles ſe font, & la
rareté de l'humide, n'empêchoient que cela fût ;
& d'après ces empêchemens, l'on doit regarder
l'effet des rayons à peu-près comme nul à cet
égard. En été, il y a peu d'humide ; en hiver
il n'y a point de ſoleil, ou ſa chaleur eſt peu
ſenſible ; & ſi l'on excepte la première ſaiſon de
l'année, temps auquel la chaleur du ſoleil commence à ſe faire ſentir, & où la terre n'eſt pas
encore dépourvue d'humide, l'on peut dire que
ſes rayons ne contribuent en rien à l'émiſſion
de cet humide, ſur-tout ſi l'on conſidère combien eſt légère & ſuperficielle la chaleur qu'ils
donnent en plus à la terre dans les temps les plus
chauds. Duſſent-ils même y contribuer un peu au
temps que nous venons de dire, l'on peut croire
que ſans eux ces évaporations n'en ſeroient pas
moins abondantes, d'autant qu'elles ſeroient moins
gênées le jour par l'action répulſive de ces rayons.
Il eſt dès-lors comme démontré que ces évaporations ne ſe doivent aucunement à la chaleur du
ſoleil, & qu'elles ſont plus empêchées qu'excitées
par ſon action : autrement, d'où proviendroient
les évaporations qui ſe font en hiver ? Elles ne
peuvent venir ni de la température de l'air, qui eſt
plus froide alors que celle du globe, ni de la chaleur accumulée pendant l'été à ſa ſurface, puiſ-
que cette ſurface ſe trouve également plus froide
dans ce temps que l'intérieur de la terre : ainſi
les évaporations qui ſe font alors, & qui aug-

mentent loin de diminuer, ne peuvent fe devoir,
l'action du foleil étant ceffée, qu'à la chaleur
feule dont la terre eft pourvue : d'où l'on voit en
même temps qu'elles ne diminuent pendant l'été
que parce qu'elles font gênées & arrêtées par
l'action de cet aftre.

En hiver, il n'y a plus de conflit entre la chaleur
du foleil & celle de la terre; celle-ci domine : auffi
les évaporations, n'étant plus gênées, s'exercent
librement & le jour & la nuit : les brouillards
dont l'air eft fans ceffe obfcurci, les neiges dont
la terre eft couverte, les pluies dont elle eft inon-
dée, font des témoins authentiques de l'abondance
de ces évaporations ; c'eft par là fur-tout, c'eft
par la quantité de vapeurs répandues alors dans
les airs, que cette faifon fe diftingue : en fe
raffemblant, ces vapeurs occafionnent les pluies,
les neiges, les frimats ; en noyant l'acide du foleil,
elles affoibliffent, elles annullent fon effet : fi les
rayons folaires s'oppofent, l'été, à l'émiffion des
vapeurs terreftres, celles-ci, l'hiver, s'oppofent à
leur tour au paffage de ces rayons. Si nous avons
cherché les fouterrains pour nous rafraîchir, on
les cherche quelquefois alors pour fe réchauffer :
l'été eft, quant à la chaleur, le règne du foleil;
l'hiver eft celui de la terre.

Mais, dira-t'on, fi la chaleur de la terre eft
en tout temps égale, l'effet qu'elle produit ne
doit-il pas être toujours le même ? Comment
donc les évaporations feroient-elles moindres en

été, vu qu'elles font également excitées par cette chaleur, & qu'en outre celle du foleil peut au-moins alors, en dilatant les conduits, aider à leur émiffion ? L'objection eft jufte, il faut y fatisfaire.

Je viens de vous dire qu'en fe portant vers nous, les rayons folaires rempliffoient l'atmof-phère, & pefoient fur la terre d'autant plus qu'ils font plus perpendiculaires ; ainfi ils mettent obfta-cle eux-mêmes à l'émiffion de ces vapeurs, & en cela vous voyez déjà pourquoi ces émiffions font moindres en été ; & fi les évaporations font interrompues le jour par la préfence de ces rayons, il s'enfuit que plus le jour dure, moins encore elles ont lieu la nuit ; raifon de plus pour qu'elles foient, comme nous avons dit, moins abondantes dans cette faifon.

2°. Les évaporations font moindres en été, & partout où la chaleur eft très-forte, parce qu'il y a moins d'humidité fur la terre. Abforbée par l'acide du foleil, une partie de cette humi-dité fert à régénérer de l'air ; une autre eft em-ployée à nourrir les végétaux ; & ces diftrac-tions de l'humide terreftre, diftractions qu'il ne faut pas confondre avec les évaporations (1), font

____

(1) Il ne faut pas non plus confondre avec les éva-porations de la terre les exfudations des corps, les fécré-tions des plantes, les émanations odorantes des fleurs, &c. Ces efpèces d'exhalaifons font en général plus abondantes

qu'il en reſte moins pour celles-ci, au moyen de quoi elles ne peuvent être alors auſſi abondantes qu'en hiver.

3°. L'air, en été, trop atténué, trop raréfié par la chaleur, n'eſt ſouvent pas en état de porter & de

---

l'été que l'hiver, & cela, parce que les corps d'où elles ſont chaſſées, frappés de l'air de tous côtés, ſont, comme de l'eau dans un vaſe, dans une température plus chaude, & qu'ils diſſipent à raiſon de la chaleur qui leur eſt communiquée; mais, uniquement capables d'altérer l'air dans lequel elles ſe répandent, ces émanations ſubtiles n'ajoutent rien à ſa quantité; ce qui paſſe de ces fluides facticcs dans l'atmoſphère, peut à peine répondre à la quantité d'air qui eſt ſans ceſſe abſorbée tant par les plantes elles-mêmes que par les animaux, & cela ne forme point la matière des nuages & des pluies. Par le mot enfin d'évaporation, nous n'entendons parler ici que des émiſſions particulières de l'humide qui, de la terre où il réſide, ſe porte, à l'aide de la chaleur, dans l'atmoſphère, & forme, en s'y raſſemblant, les brumes & les nuages.

Le docteur Ingen-houſz prétend que la nuit les feuilles des végétaux répandent un air très-méphitique, & que le jour, au contraire, elles exhalent l'air le plus pur que l'on puiſſe reſpirer. Mais quelque foi que l'on doive aux obſervations de ce phyſicien, je doute que l'air dont il parle en dernier ſoit auſſi pur qu'il l'annonce; & j'en juge par l'expérience qui ſuit: ſi l'on coupe des plantes après le coucher du ſoleil, & qu'on les mette enſuite dans la machine hydro-pneumatique, l'air qui s'en dégage & va dans le récipient eſt bien, comme il dit, un air méphitique, mais celui que rendent ces mêmes plantes, coupées pendant que le ſoleil luit, eſt un air inflammable, & non pas un air pur.

foutenir les vapeurs que la terre pourroit y en-
voyer; & ces vapeurs, incapables de percer, pendant le jour, à travers les rayons folaires, ne peuvent s'élever la nuit faute de foutien : pour nous en
convaincre, il fuffit de nous rappeler ce qui arrive dans les beaux jours d'été. L'évaporation,
qui cherche toujours à s'établir à raifon de la
chaleur qui l'excite, s'annonce au coucher du
foleil, c'eft-à-dire, au moment où elle ne trouve
plus de réfiftance dans l'air; mais les vapeurs
qui s'y élèvent, ne trouvant pas dans cet air
raréfié par la chaleur du jour un appui fuffifant,
retombent auffi-tôt en pluie infenfible : delà
vient le ferein qui, le foir, nous couvre d'un humide pénétrant, & qui n'eft fi mal-fain que parce
qu'il eft empreint de la fraîcheur de la terre qu'il
vient de quitter, fraîcheur qui contrafte trop avec
la chaleur précédente du jour : delà vient auffi
la rofée du matin, qui, de même que le ferein,
n'eft qu'un produit des vapeurs qui, n'étant pas
affez élevées pour voguer librement dans l'atmofphère, font obligées de prendre terre, & de
fe dépofer fur les plantes jufqu'à ce qu'elles
puiffent être abforbées par l'acide du foleil ou
de l'air. La rofée paroît moins malfaifante que
le ferein, & la raifon, c'eft qu'au moment où
elle tombe, la fraîcheur qu'elle peut avoir,
contrafte moins avec la température précédente
& actuelle de l'air, & que d'ailleurs elle peut
en avoir perdu une partie par un plus long

fejour dans l'atmofphère; il eft à croire qu'en traverfant la furface de la terre, ces deux efpèces
d'évaporations, le ferein & la rofée, ont enlevé
une partie de l'acide que le foleil y avoit dépofé pendant le jour, & c'eft vraifemblablement à cela qu'elles doivent la propriété qu'elles
ont de blanchir la cire, les toiles, &c. &c.

Lorfqu'au mois de juillet, qui eft parmi nous
le temps des plus fortes chaleurs, le ferein manque, il n'y a pas lieu de s'en inquiéter : on peut
croire feulement que cela vient ou d'un manque
d'humidité dans la terre, ou d'un défaut de
puiffance dans l'air; mais dans d'autres temps,
la fuppreffion du ferein annonce ordinairement
de la pluie ou de l'orage, & cela arrive, parce
que les vapeurs de la terre, au lieu de retomber vers nous, fe font, à l'aide d'un air mieux
conftitué, élevées dans l'atmofphère, & qu'en s'y
raffemblant elles y forment des nuages.

L'on a cru mal à propos que le ferein n'avoit
lieu que parce que les rayons du foleil aban-
donnoient, en s'éloignant de l'horifon, les vapeurs qu'ils avoient attirées de la terre : la fraîcheur dont elles font empreintes, attefte au
contraire qu'elles n'ont reçu du foleil aucune impreffion; & je vous laiffe à juger fi l'explication
que je viens de vous donner de ce phénomène
n'eft pas préférable à celle-là. L'on pourroit
croire de même que les vapeurs qui s'élèvent
le matin, & que les rayons obliques du foleil

rendent plus viſibles encore , ſont un effet de leur attraction ; mais tout nous prouve également qu'elles ne ſont , ainſi que la roſée qui en provient, que des produits encore des évaporations nocturnes. Les rayons qui ſe préſentent alors , loin de les attirer , ſemblent le plus ſouvent les repouſſer vers la terre. D'autres fois, malgré le ſoleil, dont l'action eſt très-foible encore, à cauſe de l'obliquité de ſes rayons , ces vapeurs vont s'élevant dans l'atmoſphère , & elles s'y ſoutiennent, parce que l'air qui s'eſt réparé dans la nuit, eſt plus en état de les ſupporter le matin que le ſoir ; mais alors leur direction, tantôt verticale , tantôt oppoſée à celle des rayons, toujours dépendante des vents qui règnent dans l'atmoſphère , n'annonce aucun rapport avec la cauſe qu'on lui ſuppoſe : il n'y a donc point d'attraction dans tout cela ; auſſi penſe-t-on communément que le ſoleil levant eſt , par la projection impulſive de ſes rayons, plus propre à purger l'air de ces vapeurs étrangères , qu'à les y introduire par ſa force attractive. (1)

____

(1) Dans l'explication que l'on nous donne du flux & du reflux , conſidérés comme un effet de l'attraction de la lune, il eſt dit que l'élévation donnée par cet aſtre aux eaux de la mer, eſt de neuf pieds, tandis que celle cauſée par le ſoleil n'eſt que de deux ; & remarquez qu'alors même il ne peut, non plus que la lune, en détacher une goutte ; or , ſi la maſſe ſolaire ne peut élever les eaux de la mer que de deux pieds, eſt-il probable que les rayons

Je crois,

Je crois, Madame, en avoir affez dit pour vous convaincre que les évaporations ne dépendent en rien de l'action que le foleil peut exercer fur le globe ; & vous fentez que les évaporations, plus arrêtées qu'excitées par la préfence de fes

émanés de cet aftre, & projettés en fens contraire, puiffent attirer, & qui plus eft, détacher de la terre des parties d'humide plus pefantes qu'eux, & les élever dans l'atmofphère? Non, il y auroit contradiction.

En vain donc l'on prétendroit que le ferein & la rofée ne viennent que des vapeurs que le foleil a élevées le jour ou la veille ; tout en démontre l'impoffibilité : il n'eft perfonne d'ailleurs qui, pour peu qu'il ait voyagé, & qu'en voyageant il ait obfervé ce qui fe paffe, il n'eft perfonne, dis-je, qui n'ait pu s'affurer du contraire, & qui n'ait vu au-deffus des rivières, des prés & des bois, des vapeurs s'élever, non le jour, mais le matin avant le lever du foleil, & le foir après fon coucher. Eh ! qui de nous n'a pas mille fois, en été, remarqué la même chofe au retour de fes promenades ?

Pour me prouver que les vapeurs que nous voyons, le foir & le matin, fe répandre tout-à-coup fur les bois, les prés, &c. defcendent & ne fortent point alors de la terre, l'on m'alléguera peut-être, comme on l'a déja fait, qu'il eft des plantes, tel que le chou, dont les feuilles, conftamment mouillées en deffus & jamais en deffous, doivent nous convaincre que l'humide qui s'y recueille n'eft venu d'autre part que du ciel. En réponfe à cette objection, je pourrois dire à ceux qui feroient tentés de la renouveler, que, pour que les évaporations puiffent laiffer de l'humide fur les corps, il faut qu'elles foient plus rapprochées, plus condenfées qu'elles ne le font pour l'ordinaire au fortir de la terre, & que, faute d'être ainfi que

D d d

rayons, ne doivent fe rapporter à d'autre caufe qu'à la chaleur de la terre. J'ai enfin rempli la tâche que je m'étois impofée dans cette lettre ; & les conféquences qu'entr'autres vous pouvez tirer de ce que je vous ai dit, font, 1°. que

---

nous le difons, elles peuvent alors gliffer fur l'envers des feuilles fans les mouiller. Mais je n'infifterai pas fur ce moyen ; & pour leur prouver à mon tour que la ficcité de cet envers n'eft dûe, loin de venir d'un manque d'évaporations , qu'au liffe & à la contexture particulière de ces feuilles, qui , fi elles étoient convexes en dedans comme elles le font au dehors, ne retiendroient l'humidité d'aucun côté , je me contenterai d'oppofer aux feuilles de choux qui leur fervent d'exemple , les feuilles du melon, du concombre , de la citrouille , des capucines , &c. &c. qui toutes fe trouvent le matin également mouillées en deffous comme en deffus. Une table laiffée la nuit fur la terre, fera le lendemain, comme les feuilles, s'il y a eu ferein & rofée , mouillée des deux côtés , & à cela il n'y a rien à répliquer.

Je me fuis d'ailleurs procuré , par une expérience bien fimple & facile à répéter , la preuve de tout ce que j'ai pu dire ici au fujet des évaporations , & des moyens en même-temps pour me défendre contre ceux qui pourroient de nouveau m'attaquer fur ce point. Voulant, après avoir publié ma brochure fur la chaleur du globe, reconnoître par moi-même quels peuvent être, fuivant les temps & les lieux , les produits des évaporations terreftres, je plaçai différentes fois, foit une cucurbite de verre, foit un chapiteau d'alambic ordinaire, tantôt fur un fol garni de végétaux , tantôt fur une terre nue & defféchée, & mes vues furent remplies. Mais de crainte d'alonger cette

la chaleur des rayons folaires n'eft qu'une chaleur acquife, & dépendante des combinaifons que
ces rayons ou les parties acides de ces rayons
forment, en paffant dans l'atmofphère, avec
l'eau qui s'y rencontre : 2°. que l'atmofphère
n'eft dûe qu'aux évaporations du globe; & 3°.
que c'eft à la chaleur feule dont ce globe eft
pénétré que fe doivent ces évaporations : d'où
l'on voit que fans cette chaleur il n'y auroit ni
évaporations, ni atmofphère (1), & que, faute de

---

note, en vous difant ce qui eft réfulté de chacune de ces
expériences en particulier, je ne vous donnerai que la fomme de ces réfultats, qui eft que, le jour, mes récipiens
placés le matin & levés le foir, ne m'ont jamais donné
aucun figne d'humidité, fi ce n'eft vers la fin d'octobre,
temps auquel les évaporations commencent à fe faire le
jour comme la nuit ; tandis que les mêmes récipiens placés le foir & laiffés la nuit fur la terre, m'ont toujours
paru le lendemain, tant celui que j'avois pofé fur un fol
nud, que celui que couvroit des végétaux, également em-
preints en dedans d'un humide bien fenfible, & quelquefois affez abondant pour fe raffembler en gouttes ; &
loin que le dernier fût plus mouillé que l'autre, j'ai cru
maintefois m'appercevoir qu'il l'étoit un peu moins, &
l'on en fent la raifon.

(1) Rien, felon moi, ne prouve mieux l'exiftence de la
chaleur du globe que cette atmofphère fluide qui l'entoure.
Cette atmofphère eft, par-tout où elle fe trouve, un indice
certain de la chaleur que les corps céleftes ont éprouvée,
& qu'ils confervent encore. La terre ne jouit pas feule de
cet avantage; elle le partage avec le foleil ceint lui-même

cela, nous ferions par fuite privés encore de celle que le foleil nous donne en plus. L'action alors de cet aftre fur la furface du globe feroit nulle & fans effet, comme elle l'eft fur les hautes

---

d'une enveloppe pareille, & avec les autres planètes qui roulent dans les cieux : il n'eft que la lune, qui, fe montrant conftamment la même, en paroit dépourvue (*a*) ; aucun voile n'obfcurcit fa furface ; elle n'ofre point ces ombres que la terre, vue de loin, préfenteroit à l'obfervateur, lorfqu'elle eft enfevelie dans une atmofphère épaiffie par les nuages (*b*) ; & ce défaut d'atmofphère dans la lune, annonce un refroidiffement abfolu, une privation

(a) Nous voyons que la lune n'eft pas dans un état femblable à celui de la terre ; une quantité de vapeurs s'élèvent dans notre atmofphère, des nuages s'y amaffent, qui doivent cacher les continens, & varier leurs apparences, vues au loin comme les taches du globe. Celles de la lune font toujours vifibles, jamais aucun voile ne les couvre : la lune n'a donc ni vapeurs ni nuages ; il lui manque une atmofphère pour les recevoir, & des eaux fluides pour les former, &c. *Hift. de l'Aftron. Moderne*, par M. Bailli, tome II, page 714.

(b) Lorfqu'on voit la lune fur le foleil, fa circonférence paroit nette & tranchée ; elle feroit moins bien terminée fi fon globe étoit environné d'une atmofphère qui affoibliroit toujours la lumière du foleil, & produiroit une forte de nuance entre le difque obfcur & le difque lumineux. Les étoiles & les planètes, lorfqu'elles font éclipfées par la lune, devroient fournir des indices de cette atmofphère. Si la lune a une atmofphère lorfqu'elle s'approche pour couvrir une étoile, elle l'atteint d'abord par cette atmofphère, avant de l'atteindre par la partie folide de fon globe : l'étoile eft donc vue un moment à travers ce voile ; elle doit montrer tous les effets de la réfraction ; fon image doit fe colorer comme l'aurore, & fe déformer, parce que les différentes parties, répondant à différentes portions de fluide, doivent fouffrir des réfractions inégales. Ibid. page 383.

montagnes. Mais auffi l'on peut croire que fans
la chaleur qu'il nous difpenfe, chaleur que fes

totale de chaleur (c). Un coup d'œil fur le fluide atmofphérique & fur la hauteur qui lui eft affignée, fuffit pour
nous convaincre qu'il eft une dépendance réelle du
globe auquel il eft attaché, & qu'il fe doit effentiellement à la chaleur dont ce globe eft pourvu, & dont la
lune eft privée ; car fi l'atmofphère étoit un effet de l'action du foleil, pourquoi fa hauteur feroit-elle ainfi déter-
minée & bornée ? Pourquoi la lune n'auroit-elle pas reçu
du foleil le même avantage que la terre? Cet aftre n'auroit dont pas fur elle le même pouvoir qu'il a fur tous
les globes qui roulent autour de lui ? Il réfulte de cette exception que l'atmofphère de la terre, comme celle des autres
corps céleftes, n'eft dûe qu'à la chaleur qui leur eft propre.

(c) Les eaux qui arrofent la terre, & qui ne fe retrouvent point
dans la lune, exiftent en abondance fur le globe de Jupiter. Soit
que la lune ait eu des eaux, & qu'elle n'en ait plus, foit qu'elle
n'en ait jamais eu, il lui manque le degré de chaleur qui rend la
matière liquide & coulante. L'eau transformée en glace devient
folide quand la chaleur l'abandonne : le feu eft la feule fubftance
effentiellement fluide : c'eft par lui que toutes les fubftances le
deviennent ; il n'y a pas de fluide où le feu n'exifte pas. La quantité de feu peut fe mefurer par la quantité des fubftances coulantes ;
le feu qui ne fe manifefte point dans la lune, doit donc abonder
dans Jupiter. Mais fi cette idée des eaux paroit incertaine & hy-
pothétique, nous nous bornerons à une feule confidération ; c'eft
celle de ces grands changemens opérés fur l'une des planètes en
contrafte avec l'apparence conftante de l'autre. Jupiter eft le tableau du mouvement, la lune celui du repos & de l'inertie. La
terre femble à cet égard dans un état moyen ; elle éprouve dans
fa maffe un mouvement qui fuffit pour la rendre vivante, fans produire
des ravages deftructeurs. L'obfervation démontre donc que les pia-
nètes renferment un principe plus ou moins développé, plus ou
moins agiffant ; ce principe anime la terre : il manque abfolument
à la lune, & dans Jupiter il a toute fon énergie. Voilà des faits
qu'on ne peut révoquer en doute. Ibid. page 717.

D d d iij

rayons acquièrent ou reprennent, ainsi que nous
venons de le dire, en traversant l'atmosphère, celle
qui appartient au globe seroit également incapable d'échauffer sa surface au point qu'il convient;
& que, faute de trouver hors de son sein un air
échauffé par le soleil, les évaporations qui en
émanent retomberoient en glaces sur elle comme
il arrive aux pôles. Cette chaleur donc plus
qu'ordinaire qui se fait sentir en certains temps
à la surface du globe, paroît être le résultat de
deux chaleurs réunies & confondues qui viennent, l'une de la terre, & l'autre du ciel. Et
si l'on juge que la première seroit, sans le secours
de l'autre, insuffisante, tant pour produire cette
chaleur renforcée dont nous parlons, que pour
repousser le froid dont la surface terrestre seroit alors frappée, l'on doit sentir en même
temps que, sans les évaporations auxquelles
elle donne lieu, la dernière, à son tour, ne produiroit aucun effet sur elle; & remarquez que,
si l'une fait un peu moins sans l'autre, l'autre
ne feroit rien du tout sans celle-ci.

Après vous avoir parlé des évaporations, &
montré d'où elles proviennent, il faut par suite,
& avant que de finir, que je vous dise deux
mots encore au sujet des glaces qui se trouvent aux pôles, & que je vous explique comment ces glaces ont pu s'y accumuler, malgré
la chaleur du globe qui, répandue dans toute
sa masse, doit se faire sentir là comme ailleurs.

Ainfi que d'autres, vous pourriez penfer que, faifant partie du tout, ces glaces ont dû céder aux
impreffions continues de cette chaleur, & conclure de ce qu'elles n'ont point cédé, que
celle-ci n'exifte point. Mais vous renoncerez à
cette opinion dès que vous réfléchirez à l'inten-
fité du froid dont ces maffes glacées doivent être
faifies, & conféquemment à la réfiftance qu'elles
peuvent oppofer aux attaques d'une chaleur affoiblie, plus faite pour céder à fon effet que pour en
triompher. Pour peu d'ailleurs que vous fongiez
aux congélations qui fe produifent l'hiver dans nos
climats, vous concevrez fans peine combien dans
des pays où l'aftre du jour, caché fix mois de
l'année, ne fe montre pendant les fix autres que
comme un foleil couchant qui tourne aux bords de
l'horifon, & où l'hiver n'a, pour ainfi dire,
point de fin, les congélations doivent être fortes
& durables. Eh ! comment ne le feroient-elles
pas ? Les évaporations qui ont lieu à ces extrémités du monde (1), autant & plus qu'en tout
autre endroit, vu qu'elles font plus rapprochées
du centre, ne trouvent hors du globe qu'une
atmofphère exceffivement refroidie, & dans cette
atmofphère (encore faut-il qu'elle foit pour lors
éclairée du foleil,) que des rayons dont l'acide

---

(1) Il eft à croire pourtant qu'arrêtées aux pôles par
cette calotte de glaces qui les couronne, & qu'elles ne
peuvent percer, ces évaporations ne commencent que vers
les lieux où ces glaces fe terminent.

D d d iv

trop étendu, trop affoibli, ne peut, en se combinant avec elles, produire aucune chaleur : ces évaporations donc, trop abondantes pour rester long-temps suspendues dans l'air, & trop refroidies pour y conserver leur fluidité (1), doivent,

(1) » Le froid commence dans le Groënland à la nou-
» velle année, & devient si perçant aux mois de février
» & de mars, que les pierres se fendent en deux, & que
» la mer fume souvent comme un four dans les baies.
» Cependant le froid n'est pas aussi sensible au milieu de
» ce brouillard épais que sous un ciel sans nuages ; car
» dès qu'on passe des terres à cette atmosphère de fumée
» qui couvre la surface & le bord des eaux, on sent un
» air plus doux, & le froid moins vif, quoique les ha-
» bits & les cheveux y soient bientôt hérissés de bruine
» & de glaçons ; mais aussi cette fumée cause plutôt des
» engelures qu'un froid sec ; & dès qu'elle passe de la
» mer dans une atmosphère plus froide, elle se change en
» une espèce de verglas que le vent disperse dans l'hori-
» son, & qui cause un froid si piquant, qu'on ne peut
» sortir au grand air sans risquer d'avoir les pieds & les
» mains entièrement gelés. C'est dans cette saison que l'on
» voit glacer l'eau sur le feu avant de bouillir : c'est alors
» que l'hiver pave un chemin de glace sur la mer entre
» les îles voisines, & dans les baies & les détroits...
» La plus belle saison du Groënland est l'automne ;
» mais sa durée est courte, & souvent interrompue par
» des nuits de gelée très-froides. C'est à-peu-près dans
» ces temps-là que sous une atmosphère noircie de va-
» peurs, on voit les brouillards, qui se gèlent quelque-
» fois jusqu'au verglas, former sur la mer comme un
» tissu glacé de toiles d'araignées ; & dans les campa-

peu après qu'elles se sont élevées, retomber sur la terre, & y retomber glacées ; elles vont de la sorte ajoutant sans cesse aux amas de glace prodigieux qui se sont ainsi peu à peu formés aux deux pôles , & nous défendent d'en approcher (1) ; & si par suite vous voulez savoir pourquoi ces glaces sont en moindre quantité à l'un de ces pôles qu'à l'autre , il m'est facile encore de vous satisfaire sur ce point ; & je vous dirai qu'au pôle boréal ces glaces sont en moins , par la raison qu'il y a ici plus de continent , & que si elles sont en plus au pôle austral, cela vient de ce qu'il y a de ce côté beaucoup plus d'eau, & que les évaporations qui donnent lieu à ces glaces sont nécessairement plus abondantes là où il y a plus de matière évaporable. La première congélation qui s'est faite , alors que la terre a été refroidie au point qu'il falloit , a servi de base à la seconde , & successivement à toutes les autres. De-là ces amas , ces montagnes de glaces qui , à raison de leur masse , ne sont plus susceptibles d'être attaquées par une chaleur de dix degrés,

---

» gnes , charger l'air d'atômes luisans, ou le hérisser de » glaçons pointus, semblables à de fines aiguilles. *Hist.* » *génér. des voyages* , *tome XIX*, page 20.

(1) Suivant tous les rapports des voyageurs , les mers se trouvent glacées, ou du moins chargées de glaces vers le 72 ou 73.º degré de latitude, & il n'est guère possible d'aller au-delà du 80.º degré.

chaleur qui, loin d'y pénétrer, semble devoir s'affoiblir à mesure qu'elle en approche, & s'anéantir tout-à-fait dès qu'elle y touche : toutefois il est à croire que les mers ne gèlent pas très-avant ; qui sait même si les glaces qui se forment à leur surface, comme celles qui s'établissent sur le continent, ne fondent pas tant soit peu en dessous, ainsi que nous l'avons remarqué à l'égard de la neige qui se répand sur la terre ; & cela, parce qu'elles sont par leurs bases en contact avec un liquide ou un sol qui, garanti par elles des impressions de l'air, & participant en outre à la chaleur foncière du globe, sont loin d'être aussi froids. Au reste, ce qu'elles perdent de la sorte, n'est guère capable de compenser ce qu'elles gagnent d'ailleurs ; elles augmentent du côté qu'elles sont exposées à l'air baucoup plus qu'elles ne diminuent par où elles touchent à la terre ou à l'eau.

Les pôles ne sont pas les seuls endroits où il y ait de ces amas de glaces ; il s'en présente pourtant où il se trouve des montagnes fort élevées, ce qui se doit au froid extrême qui règne au-dessus d'elles ; & ces glaces y existent & s'y conservent, dussent ces montagnes se trouver dans des régions plus tempérées, même sous la zône torride : d'où l'on voit que l'action des rayons solaires sur ces hauteurs, quelque efficace qu'elle puisse être lorsqu'ils arrivent à nous, n'est pas ici cause suffisante pour empêcher ces congélations, & encore moins pour les détruire. Il est douteux même que ces rayons, fuffent-ils là aufli chauds qu'ils le font aux approches de la terre, puiffent, vu le froid qui les défend, parvenir à les fondre : elles réfiftent à des feux plus puiffans. N'en voit-on pas qui, malgré les flammes que jettent nos volcans, vont entourant la bouche même qui les vomit ? En Iflande, en Norvège, en Suiffe, il fe trouve, ainfi que dans l'Afie, dans l'Amérique & par-tout, des montagnes conftamment couvertes de neiges & de glaces, & dans ces montagnes, lorfqu'elles fe prolongent, des glaciers qui, fans interruption, occupent, comme en Suiffe, une très-grande étendue de terrein, & ne ceffent de s'étendre (1),

____

(1) » Dans les hautes régions, les eaux provenantes an-
» nuellement de la fonte des neiges, fe gèlent dans tous
» les afpects, & à tous les points de ces montagnes, de-
» puis leurs bafes jufqu'à leurs fommets, fur-tout dans les
» vallons & fur le penchant de celles qui font groupées ;
» enforte que les eaux ont formé dans ces vallées des
» montagnes qui ont des rochers pour noyau, & d'autres
» montagnes qui font entièrement de glaces, lefquelles ont
» fix, fept à huit lieues d'étendue en longueur, fur une
» lieue de largeur, & fouvent mille à douze cents toifes de
» hauteur : elles rejoignent les autres montagnes par leurs
» fommets. Ces énormes amas de glaces gagnent de l'éten-
» due en fe prolongeant dans les vallées, en forte qu'il eft
» démontré que toutes les glacières s'accroiffent fucceffive-
» ment, quoique dans les années chaudes & pluvieufes,
» non-feulement leur progreffion foit arrêtée, mais même
» leur maffe immenfe diminuée....
» La hauteur de la congélation fixée à 2440 toifes fous

ce qui ne peut être autrement, vu que la chaleur qui pourroit s'y oppofer & le froid qui en

» l'équateur, pour les hautes montagnes ifolées, n'eſt
» point une règle pour les groupes de montagnes gelées
» depuis leur bafe jufqu'à leur fommet : elles ne dégèlent
» jamais. Dans les Alpes, la hauteur du degré de congé-
» lation pour les montagnes ifolées, eſt fixée à 1500 toifes
» d'élévation , & toute la partie au-deffous de cette hau-
» teur fe dégèle entièrement; tandis que celles qui font
» entaſſées gèlent à une moindre hauteur, & ne dégèlent
» jamais dans aucun point de leur élévation depuis leur
» bafe , tant le degré de froid eſt augmenté par les
» maſſes de matières congelées réunies dans un même
» efpace. . . .

» Toutes les montagnes glaciales de la Suiſſe réunies , oc-
» cupent une étendue de 66 lieues du levant au couchant,
» mefurées en ligne droite, depuis les bornes occidentales
» du canton de Vallis vers la Savoie, jufqu'aux bornes
» orientales de Bendner vers le Tirol ; ce qui forme une
» chaîne dont plufieurs bras s'étendent du midi au nord
» fur une longueur d'environ 36 lieues. Le grand Gothard,
» le Fourk & le Grimfel, font les montagnes les plus
» élevées de cette partie ; elles occupent le centre de ces
» chaînes qui divifent la Suiſſe en deux parties : elles
» font toujours couvertes de neiges & de glaces, ce qui
» leur a fait donner le nom générique de glacières...

» La chaleur intérieure de la terre mine plufieurs de
» ces montagnes de glaces par-deffous, & y entretient des
» courans d'eau qui fondent leurs furfaces inférieures ;
» alors les maſſes s'affaiffent infenfiblement par leur pro-
» pre poids , & leur hauteur eſt réparée par les eaux , les
» neiges & les glaces qui viennent fucceſſivement les
» recouvrir. . . .

» Les pluies douces fondent promptement les neiges ;

eſt cauſe, ne vont, l'une qu'en décroiſſant chaque jour, & l'autre qu'en ſe renforçant à meſure.

» mais toutes les eaux qui en proviennent ne ſe précipi-
» tent pas dans les abymes inférieurs par les crevaſſes;
» une grande partie ſe regèle, & tombant ſur la ſurface
» des glaces, en augmente le volume....

» Les vents chauds du midi, qui règnent ordinairement
» dans le mois de mai, ſont les agens les plus puiſſans qui dé-
» truiſent les neiges & les glaces; alors leur fonte, annoncée
» par le bruiſſement des lacs glacés, & par le fracas épouvan-
» table du choc des pierres & des glaces qui ſe précipitent
» confuſément du haut des montagnes, porte de toutes
» parts dans les vallées inférieures les eaux des torrens,
» qui tombent du haut des rochers de plus de 1200 pieds
» de hauteur.

» Le ſoleil n'a que peu de priſe ſur les neiges & ſur
» les glaces pour en opérer la fonte. L'expérience a
» prouvé que ces glaces, formées pendant un laps de
» temps très-long, étoient d'une matière ſi denſe & ſi
» purgée d'air, que de petits glaçons expoſés au ſoleil
» le plus ardent dans la plaine, pendant un jour entier,
» s'y fondoient à peine.

» Quoique la maſſe de ces glacières fonde en partie tous
» les ans, dans les trois mois de l'été; que les pluies, les
» vents & la chaleur, plus actifs dans certaines années,
» détruiſent les progrès que les glaces ont faits pendant
» pluſieurs autres années, cependant il eſt prouvé que ces
» *glacières prennent un accroiſſement conſtant & qu'elles s'é-*
« *tendent*: les annales du pays le prouvent, des actes
» authentiques le démontrent, & la tradition eſt invaria-
» ble ſur ce ſujet. Indépendamment de ces autorités, &
» des obſervations journalières, cette progreſſion des gla-
» cières eſt prouvée par des *foréts de mélèze qui ont été*

Ainſi ces glacières s'augmentent , & je ne vois aucune cauſe qui puiſſe , aux pôles ſur-tout, em-

---

» abſorbées par les glaces , & dont la cime de quelques-uns de ces » arbres ſurpaſſe encore la ſurface des glacières ; ce ſont » des témoins irréprochables qui atteſtent le progrès des » glacières, ainſi que le *haut des clochers d'un village* qui » a été englouti ſous les neiges , & que l'on apperçoit » lors qu'il ſe fait des fontes extraordinaires. Cette pro-» greſſion des glacières ne peut avoir d'autre cauſe » que l'augmentation de l'intenſité du froid , qui s'accroît » dans les montagnes glacées en raiſon des maſſes de » glaces....

» M. Bourit , qui eut le courage de faire un grand nom-» bre de courſes dans les glacières de Savoie , dit qu'on » ne peut douter de l'accroiſſement de toutes les glacières » des Alpes; que la quantité de neige qui y eſt tombée » pendant les hivers, l'a emporté ſur la quantité fondue » pendant les étés ; que non-ſeulement la même cauſe » ſubſiſte , mais que ces amas de glaces déja formés doi-» vent l'augmenter toujours plus, puiſqu'il en réſulte & » plus de neige & une moindre fonte.... » Ainſi , il n'y a pas de doute que les glacières n'aillent en augmentant , & même dans une progreſſion croiſſante.

Cet obſervateur infatigable a fait un grand nombre de courſes dans les glacières ; & en parlant de celles du *Glat-chers* , ou glacières des Boſſons , il dit : » qu'il paroît » s'accroître ſenſiblement; que le ſol qu'il occupe pré-» ſentement étoit , il y a quelques années , un champ » cultivé , & que les glaces augmentent encore tous les » jours. Il rapporte que l'accroiſſement des glaces paroît » démontré non-ſeulement dans cet endroit , mais dans » pluſieurs autres; que l'on a encore le ſouvenir d'une » communication qu'il y avoit autrefois de *Chamounis au*

pêcher les progrès de ces grandes congélations.
Dans nos climats, les vents du midi, & la chaleur que les rayons folaires verfent en été fur
la terre, caufent affez fouvent des fontes, qui,
fans les arrêter tout-à-fait, peuvent rendre ces
progrès plus lents & moins fenfibles ; mais aux
pôles, ces vents, cette chaleur n'ont pas lieu,
& n'ont pas la même influence ; & quoique dans
les pays qui les avoifinent il fe faffe des fontes
auffi pendant les efpèces d'été dont ils jouiffent,
ce dont on peut juger par les glaces flottantes
qui fe rencontrent dans les mers contiguës à ces
pays, l'on conçoit que ces fontes doivent peu

» *val d'Aoft* & que les glaces l'ont abfolument fermée ;
» que les glaces en général doivent s'être accrûes en s'é-
» tendant d'abord de fommités en fommités, & enfuite de
» vallées en vallées, & que c'eft ainfi que s'eft fait la
» communication des glaces du mont Blanc avec celles
» des autres montagnes & glacières du Valais & de la
» Suiffe. Il paroît, dit-il ailleurs, que tous ces pays de
» montagnes n'étoient pas anciennement auffi remplis de
» neiges & de glaces qu'ils le font aujourd'hui.... L'on
» ne date que depuis quelques fiècles les défaftres arrivés
» par l'accroiffement des neiges & des glaces, par leur
» accumulation dans plufieurs vallées, par la chute des
» montagnes elles-mêmes & des rochers : ce font ces ac-
» cidens prefque continuels, & cette augmentation annuelle
» des glaces, qui peuvent feuls rendre raifon de ce que l'on
» fait de l'hiftoire de ce pays, touchant le peuple qui l'ha-
» bitoit anciennement. *Hift. nat. de M. de Buffon, Sup-*
» *plément, tom. V, in-4°. page, 574 & fuivantes.*

prendre fur les progrès annuels que font les glaces pendant les longues nuits & les longs hivers de ces contrées. Il femble que toute la
matière évaporable qui eft dans la terre , & qui
y eft tenue en fluidité par la chaleur qui lui
eft propre , doive fervir , à mefure qu'elle en eft
chaffée , à augmenter par des dépôts fucceffifs
la fomme de ces concrétions glacées : & delà
l'on peut prévoir quel doit être un jour le fort
de cette terre où Dieu nous a placés , de cette
terre qui , après avoir brûlé , eft devenue par fucceffion de temps , à l'aide de la chaleur qu'en
s'éteignant elle a confervée dans fon fein , habita-
ble , féconde & acceffible à la nature vivante.
Eh bien , au-lieu de ces êtres animés qui paif-
fent à fa furface , de ces arbres qui l'ombragent,
de ces fleurs & de cette verdure dont elle fe pare
annuellement , cette terre , qui fut le fiège de la
vie , le théâtre du mouvement , l'afyle des fciences & le domaine de l'homme ; cette terre,
dis-je , n'offrira plus à qui pourroit l'obferver ,
alors qu'elle aura perdu la chaleur qui lui refte ,
qu'un immenfe tombeau , qu'une maffe nue ,
décolorée , & toute encroûtée de glaces.

F I N.